U0195666

叶舒宪 / 著

玉石之路踏查续记

重走万里玉帛之路　挖掘千年文化遗存

上海科学技术文献出版社
Shanghai Scientific and Technological Literature Press

图书在版编目（CIP）数据

玉石之路踏查续记／叶舒宪著．—上海：上海科学技术
文献出版社，2017
（玉帛之路文化考察丛书）
ISBN 978-7-5439-7467-8

Ⅰ．①玉…　Ⅱ．①叶…　Ⅲ．①玉石—文化—中国—古
代②丝绸之路—文化史　Ⅳ．① TS933.21 ② K203

中国版本图书馆 CIP 数据核字 (2017) 第 143633 号

本书由上海文化发展基金会图书出版专项基金资助出版

责任编辑：胡欣轩　王茗斐
装帧设计：有滋有味（北京）
装帧统筹：尹武进

丛书名：玉帛之路文化考察丛书
书　名：玉石之路踏查续记
叶舒宪　著
出版发行：上海科学技术文献出版社
地　　址：上海市长乐路 746 号
邮政编码：200040
经　　销：全国新华书店
印　　刷：上海新开宝商务印刷有限公司
开　　本：889×1194　1/32
印　　张：12.375
字　　数：275 000
版　　次：2017 年 10 月第 1 版　2017 年 10 月第 1 次印刷
书　　号：ISBN 978-7-5439-7467-8
定　　价：88.00 元
http://www.sstlp.com

"玉帛之路文化考察丛书"编委会

　　本丛书是兰州市科技局"基于甘肃省玉矿资源的丝绸之路敦煌玉文化创意产品的开发与推广"阶段性成果。项目编号 2016-3-137

序

　　万卷书和万里路，自古就是知识人的人生理想。以探究未知世界为学术目的的读书和探查旅行，自郦道元和徐霞客以来，代不乏人。可惜的是，自古及今，很少有知识人像郦道元注《水经》那样，认真对待《山海经》和《穆天子传》所记述的"群玉之山"和玉路，更没有人把《楚辞》中的"登昆仑兮食玉英"说法，当成一种需要考证落实的对象。先秦时代的昆仑，究竟何指？昆仑特产的玉英，有没有实物原型？同样的，《山海经》所记黄帝在峚山所食用的白玉膏，有没有实物原型？ 140座产玉之山，是虚构想象还是实指？ 16座产白玉之山，怎样去求证？

　　效法文化人类学的田野作业研究范式，国内的中文专业有文学人类学一派学人，带着上述中国本土历史遗留下来的未解之谜，一次次地踏上国土西部大地，开启了系列的探索征程。

　　以中国文学人类学研究会的名义，联合上海交通大学、西北师范大学《丝绸之路》杂志社、中国社会科学院和中国甘肃网等单位组织的玉帛之路田野考察项目，自2014年6月启动以来，近两年时间共组织考察组或考察团的驱车集体考察活动九次，集中探查史前期玉文化在西北地区的分布和西部玉石原料产地及西玉东输的路线。涉及山西、陕西、河南、宁夏、甘肃、青海、新疆和内蒙古八个省区，总行程约二万公里，完成了西部玉矿资源区的整体性新认识，大致摸清了先于丝绸之路而存在的玉石之路的路网情况。

第一次和第二次考察的成果，汇集成一套丛书——"华夏文明之源·玉帛之路"共七种，2015年10月由甘肃人民出版社出版。笔者在前两次考察前后撰写的考察笔记和相关文章结集，题为《玉石之路踏查记》。本书则是该书的续篇，收录自2015年春以来的第三次至第九次考察的田野记录，故名《玉石之路踏查续记》，并收入为"文化遗产关键词"项目撰写的《玉石之路》(与唐启翠合写)，以及若干相关的媒体访谈录、答记者问及讲演稿等。两篇论文在收入本书时删去了注释。

借本书出版之际，特向九次考察以来的协作单位和全体成员，以及八省区近一百个县市的地方政府官员和接待人员、各地博物馆工作人员等，表示由衷的感谢。没有你们的鼎力支持，这个系列考察活动是不可想象的。

不知不觉之中，西去的踏查之旅，已经历过九次。背起行囊出发的感觉，已经变成一种自觉的习惯。日本著名探险家关野吉晴，用十年时间重走人类迁徙之路，环游地球，一路所记，成为《伟大的旅行》一书。其引言中说到自己出门旅行的强迫症一般的使命感：

就算说我痴傻，我要开始下一次旅行的热情也燃烧起来了，而且已经无药可救了。这时候的我，完全是失去了自控能力，不顾世俗的眼光，忘记安稳的生活。对于别人的意见充耳不闻，人变得偏执、粗鲁、无所畏惧，胆子大得要命。心里除了那份旅行计划外，再也容不下任何东西。

乙未年的腊月，恰逢百年不遇的极寒天气。腊月二十五为小年，人们都在回家过年和采办年货的喜庆之中。我们第九次玉帛之路考察团在冰雪封山的险境中摸索关陇古道，体验到古人所云"关山飞度"的那一份豪迈。只有边关行旅之人，才会在历尽辛苦之后滋生出一种精神的愉悦。是为序。

目 录

玉教、玉石之路、新教（白玉崇拜）革命

过去几十年来国内学者对玉石之路的论述和调研，一般多出于考古学专业、地矿专业和媒体的视角。很少有人文学界中的思想史、宗教学和神话学方面专家的参与，所以相关的探讨被局限在考古学和历史地理学的范畴之内，难以从文化总体上把握驱动玉文化发生、发展和全国大传播的内在精神动力要素。

一 玉教神话信仰：玉文化发生的动力

以往的玉石之路研究，仅仅着眼于确认和描绘出西玉东输的路线图，以人文地理学的视角为主。笔者主持的中国社会科学院重大项目A类"中华文明探源的神话学研究"

图1　湖北天门石家河文化新出土玉器：圣坛双鹰

（2009—2012），特别强调东亚及中国玉文化发生的动力因素在于玉石神话信仰，即史前文化观念驱动先民的用玉行为。玉石之路的开辟也是在距今四五千年之际，玉教信仰传播到中原王权地区之后的直接结果。理由是，中原地区缺少优质玉矿资源，使得漫长的仰韶文化期间（公元前5000年至公元前3000年）基本上没有形成玉礼器生产和使用的体系，不能像北方的红山文化及南方的良渚文化那样，凸显玉文化的地域性繁荣。然而从二里头文化开始，延续到商周秦汉四个朝代，中原国家玉文化异军突起，逐渐压倒一切地方性的玉文化发展，一跃成为中国玉文化的主流和典范。中原玉文化后来居上并且凌驾到一切地方玉文化之上的惊人现象，可以用此消彼长或"月明星稀"来形容。其间的动力要素，主要是"玉教"及其"新教革命"（即白玉崇拜）在发挥观念支配和拉动作用，塑造成中原王朝的早期意识形态。而在物质条件方面保证中原玉文化繁荣的第一前提，就是西玉东输的玉石之路。

那么，什么是玉教神话观念呢？玉教的最基本信仰教义是：1. 玉代表天（"玉宇"——玉清——玉皇大帝）。2. 玉代表神（显圣物）。3. 玉代表永生不死。以上三教义，足以将中国人讲究的"天人合一"原理，通过玉的中介作用凸显出来，具体落实为"天（抽象）——玉（具体）——人（具体）"的三位一体。中原国家建立的帝王和贵族的佩玉制度，是在政教合一的意义上，用"规定动作"来兑现天人合一的玉教三位一体教义。统治者通过与自己身体合一的佩戴玉器，来证明自己获得的天命和德行。需要注意的是，儒家的德行观认为德也是天赐的，如孔圣人在《论语·述而篇》中的自我表白："天生德于予，桓魋其如予何？"至于如何一目了然地证明"天生德"给每一个统治阶层成员，那就是看其身体上是否配备有玉礼器。老子《道德经》第七十章所说的"圣人被褐怀玉"一句，实际上将圣人自我证明其天人合一精神境界的物化符号方式，和盘托出，一语道破。

可惜的是，钻研儒家思想和道家思想的现代学者，基本是在西学东渐以来的科学无神论教育之下培养出来的。无神论者若没有一个设身处地的身份转换和体验功夫，注定无法从内部去理解玉教信仰者的"天——玉——人"的三位一体，以至于将非常简单而明确的天人合一信仰教义，完全抽离其玉礼器的中介作用，一味地解说成类似西方形而上的哲学原理，弄得玄而又玄，反而距离中国人更加遥远了。这是外来的西方观念搞乱中国本土原生态文化观念的典型例子，值得后学高度警醒。

跳出外来的"哲学"话语窠臼，回到华夏本土特色的信仰语境之内，把儒家的"天生德"和天命信仰联系起来，再把儒家的天命观、玉德观同道家的圣人怀玉理念贯通起来，最后将儒道两家的天人合一理念，同礼书规定的君子佩玉制度及秦始皇传国玉玺上镌刻的"受命于天"四字，联系为一个完整的思想整体，则中国文化和思想如何受到玉教神话支配的全部原理，就从一个十分典型性的窗口呈现出来了。

进入21世纪，伴随中华文化崛起的时代呼唤，一个文化重新自觉的浪潮正在到来。睹物思人，借助于考古发现的玉文化八千年传承不断的大量出土实物，一个重建玉教神话信仰的史无前例尝试刚刚起步；一个依照玉教观念重新解读中国历史与中国思想的浩大工程也正在开启。可以说，这是一个全新的学术使命，既是任重道远的，也是前景光明的。

二 玉石之路改变中国玉文化生态格局

　　玉石之路的开通比德国人命名的丝绸之路早大约2 000年。有中原地区出土的史前至商周和田玉制品为实物证据，如二里头和安阳出土的王朝玉器。就中国境内而言，玉石之路与今人熟知的丝绸之路，在具体的地理路线图对照上，两者有部分重合，部分不重合。主要的不重合部分，就在于从甘肃陇中地区进入中原的路径走向。有关丝绸之路的路线图，今日国人大都依照外国人（从李希霍芬到斯文·赫定）的描述，从长安向西，出宝鸡，经过甘肃天水至兰州，再向西进入河西走廊。我们说在玉石之路的时代，这样的一条"终南捷径"般的路径根本不存在。因为这是现代挖掘机打通陇山两端的众多隧道之后的当今交通景观。汉唐以前的交通史，基本上不会走这样的路线。西玉东输进入中原地区，主要靠水路运输，即黄河水道及其支流的运输网络，承担着早期的物资交通任务。我们只要把距今四千年前后的出土玉器遗址在地图上标注出来：陕西神木石峁、陕西神木新华、陕西延安芦山峁、山西兴县、山西柳林、山西襄汾陶寺、山西芮城清凉寺……原来这些批量的出土史前玉器的地方都在黄河两岸一带，清楚地表明水路运输玉石资源与玉器生产之间的依存关系。仰韶文化时期并没有打通这条西玉东输的通道，所以在仰韶文化之后的龙山文化时代，成规模的玉礼器生产才逐步登陆中原国家。

　　玉石之路得以开辟的动力来自玉教神话观念，玉石之路的实际作用又反过来改变了玉教信仰本身，使之从泛泛的各地方性玉石崇拜，转移到西部优质玉石崇拜，特别是新疆和田玉中的白玉崇拜，这又像多米诺骨牌一样引起重要的连锁反应：引发出昆仑圣山崇拜、西王母崇拜、黄河源崇拜等。根据笔者发起的2014年"玉帛之路文化考察活动"的调研意见：中原文化最初想象的昆仑山是与西部美玉资源崇拜联系在一起的，那时的昆仑概念不光指某一座山峰，而是泛指白雪覆盖的西部大山脉，包括甘肃、青海、新疆的祁连山、阿尔金山、天山、昆仑山等。直到张骞通西域后，汉朝使者从于阗的大山下白玉河中采回和田玉标本，汉武帝才根据古书的记录第一次命名此一座大山为昆仑。换言之，战国时期就流行起来的"昆山之玉"的观念，以西汉的汉武帝时代为界限，有泛指和特指之区别。此前是泛指西部各地大山出产的美玉，此后才专指新疆和田一地出产的美玉。即使新疆和田玉在美学品质和物理品质形成独尊的局面下，西部地区的其他玉矿资源也还是继续为中原国家所需要。有甘肃考古研究所新发现的肃北马鬃山战国至汉代玉矿遗址为实际参照。毕竟，和田玉中的优质白玉，古人在新疆以外的地区并没有批量的发现，所以成为西玉东

图2　2016年6月第十次玉帛之路考察团在渭河天水至宝鸡段，笔者摄

输的所有玉料中独霸天下的帝王玉，顶级圣物，驱动着和氏璧和传国玉玺的天下唯一性想象，铸就大一统国家最高权力象征物。同时又借助于儒家的玉德理论建构，将和田玉特有的油性、油脂光泽特征，类比为君子人格理想的象征——温润或润泽。在儒家教化的普及和影响之下，一切没有油脂般感觉或触觉体验特征的地方玉料，从此就开始在和田美玉的比较下，一落千丈，逐渐退出中原国家玉文化发展的主流舞台，等待着现代市场经济流动性过剩条件下的再度升温和替代性炒作。

玉石之路的文化功能非常明确，造就华夏文明国家的特殊资源依赖现象，从夏商周到元明清，甚至直到今日，这条西玉东输的路线一直没有真正消停过。玉石之路使得中国玉文化的生态格局发生巨变，从就地取材的多元性玉料供应，到和田玉独尊的一元独大局面。三四千年来，其作用可谓巨大而深远。八千年的玉文化史，可以用玉石之路为标志，划分为前后两段：前四千年是地方玉唱主角的历史，后四千年是和田玉取代地方玉唱主角的历史。

三 玉教新教革命奠定华夏文明核心价值 ·············

玉教驱动了玉石之路，玉石之路反过来改变玉教的神话观念内容，和田玉崇拜、白玉崇拜得以相继出现，并通过统治者的推崇而化为国家的意识形态内容，铸就华夏文明的核心价值。在先秦古籍《山海经》《竹书纪年》中，分别记录着华夏民族共祖黄帝在密山上吃白玉膏的神话，西王母到中原王朝来献白玉环的神话。笔者将此类神话看做白玉崇拜的意识形态形成的标志性神话事件。换言之，没有西玉东输的现实物质条件，中原统治者就不知道昆仑山和田玉中的白玉，也就不会有玉教发展史上的新教革命——白玉崇拜。就此而言，是物质决定精神。

反过来看，白玉崇拜的观念通过种种神话叙事的传播作用，普及流行开来，从统治者的喜好，转移覆盖到风俗民情，形成以"白璧无瑕"为完美价值的全民性理想。这就更加强化了白玉玉器在所有玉器生产中的顶级象征性资本意义，配合封建国家的贵贱等级制度。流行到今日，羊脂白玉成为经济价值的至高体现。就此而言，是精神决定（反作用玉）物质。

玉教及其新教革命带来的华夏文明核心价值，主要可区分为个人理想和国家理想两个层面。个人理想就是儒家表达的君子比德于玉和君子温润如玉（其所效法的神话原型就是圣人怀玉）；国家理想的标准化表达就是：化干戈为玉帛。这句中国式格言在天下太平的理想追求中透露出民族互惠与多元共存的理念。这也是古老的玉教思想中足以让暴力横行的现代社会获得启示的一面。

（原载《中国玉文化》2014年第5辑）

玉石之路

——文化遗产关键词

摘要：人类文明史经验表明，文明形成往往需要超越时空的文化传播、认同与资源再配置运动的拉动，而神话信仰和王权秩序等意识形态建构所需象征物的生产和使用是原动力。在中国"多元一体"的文明进程和王权意识形态建构中，最活跃的动力要素是玉石神话信仰（简称"玉教"）的跨地域传播和优质玉料的远距离定向输送所形成的道路网。广义的"玉石之路"概念可以兼指上述两种运动，即玉文化传播线路和玉料运输线路。就东亚地区而言，玉文化传播大约从8 000年的西辽河流域开始，延续到三四千年前的华夏文明诞生，大体上覆盖了全中国。而定向性的玉料运输路线则在距今约4 000年前后开始，从西部的优质玉矿资源地区向中原国家传播，简称西玉东输，这一玉料传播现象一直延续至今日，仍在进行，构成一种举世罕见的文化线路遗产。在史前东亚地区，出土玉器的时空布局整体上呈现出"北玉南传"（公元前5000—前3000年）、"东玉西传"和"南玉北传"（公元前3000—前2000年）的文化传播现象。而玉料供应造成华夏王权国家的特殊资源依赖现象即"西玉东输"（公元前2000年至今），拉动中原国家与西域多民族的经济贸易互动格局，也孕育出昆仑玉山的神话想象模式与瑶池西王母的人格化女神（仙）形象，同时铸就上古中国人以玉为天和神的象征物，以玉为国家至宝的价值观，衍生为"君子比德于玉"儒家伦理及"美人如玉"的文学修辞格式，可概括出"玉成中国"的华夏文明发生学原理。虽然西来的优质和田玉是华夏文明玉德观与玉礼器符瑞体系独尊的物质基础，但更早的玉教信仰与玉器体系的传播与认同是玉料远距离输送的前提和根基。因此本文从广义上使用"玉石之路"概念，使之兼指西部优质玉石资源的向东运输这一持续性的历史现象，以及直接驱动这种玉料资源定向输送现象的玉石神话信仰（玉教）的传播及由此带来的文化认同过程和地理路径。后者也是中华民族多元走向一体的见证，是使中国成为中国的非常独特的世界文化遗产。

一 文化线路遗产：从丝绸之路到玉石之路

  2014 年 6 月 22 日，由中国、哈萨克斯坦、吉尔吉斯斯坦联合申报的"丝绸之路：长安—天山廊道路网"申遗成功，随后"丝绸之路经济带"成为国际经贸关注焦点和中国政治、经济、外交的重要战略。媒体上的宣传热潮，使得 20 世纪后期中国学界提出的比"丝绸之路"更为古老的"玉石之路"之命题，显得更加被冷落。然而学术研究终究需要超脱功利，探寻事物的真相并力求正本清源。三千多年来，中国浩如烟海的文献典籍从无"丝绸之路"之说，只因"舶来语"的话语建构和约定俗成作用，为世人所惯用，并成为中西交流大通道的代名词。1869—1872 年德国地质学家李希霍芬在中国考察后，在其所著《中国》中以"丝路"指称汉代张骞出使西域后所开通的东西陆上商贸通道，虽获得部分学人认同，但并未通用。一直到 1987—1997 年间，联合国教科文组织进行了一个为期 10 年的"丝绸之路：对话之路综合考察"项目之后，"丝绸之路"方始流行。实际上，西方学界也一直有质疑"丝绸之路"名实的声音，2004 年大英图书馆举办"丝绸之路：贸易、旅行、战争与信仰"特展，用以纪念探险家、考古学家斯坦因。有意思的是，参观者不停地追问何以名为"丝绸之路"，负责人不得不重新界定"丝绸之路"：并非单指丝绸贸易之路，其他珍稀物品，如象牙、宝石、玻璃、玉石、大麻、铁、铜等也是常见的交易物。2007年法国学者Thierry Zarcone在其专著《玉石之路》中提出，李希霍芬的"丝绸之路"说完全出于异国想象的历史幻想，误导了世人。历史上并不存在一条明晰的"丝绸之路"，而是欧亚大陆间诸多贸易路线的统称，欧亚商贸往来的物资不仅有丝绸、茶叶，更有玉石、黄金、青铜、大麻、犬、马等多种，而且玉石之路的存在要比丝绸之路更为古老也更为清晰。更重要的是，玉石在政治、经济、宗教和文化上均具有重要意义，因此，应依据学术研究的进展和新知识，将"丝绸之路"正名为"玉石之路"或"玉帛之路"。近年来，中国学者们在考古物证、文献书证和实地调研的基础上，不仅发现了诸多"丝绸之路"的前身，如玉石之路、彩陶之路、青铜之路、黄金之路、玻璃之路、小麦之路、粟黍之路、马羊之路等，而且就中西商贸中最典型的物资而言，"玉帛之路"的命名更显得名副其实。2012年5月结项的中国社会科学院重大项目《中华文明探源的神话学研究》第二十一章第三节"研究展望"部分写到"重建中国神话历史"的关键子题之一：

中国史前玉石之路研究。

具体而言，有三个突破口，有待于进一层的深入调研和资料数据分析，从而得出重要新认识。第一，是和田玉进入中原文明的具体路线和时代的研究。这是解决夏商周王权与拜玉主义意识形态建构的关键问题。第二，从前期调研中获得的初步观点是：史前期的玉石之路有沿着黄河上游到中游的文化传播路线。这和古文献中所传"河出昆仑"的神话地理观密切相关，也对应着周穆王西游昆仑为什么要到河套地区会见河宗氏，并借河宗氏将玉璧祭献给黄河的奥秘所在，值得做重点研究。具体步骤是先认清龙山文化玉石之路的河套地区段，以陕西神木石峁遗址出土大件玉礼器系统为代表，暗示着一个强大的方国政权的存在（当地已经发掘出龙山文化古城遗迹），或许就是对应文献提示的（殷）高宗伐鬼方的地理位置。寻找出石峁玉器的玉料来源、其玉器神话观的来龙去脉，及其和陶寺文化、齐家文化、夏家店下层文化、夏商两代文化的关系，意义十分重要。第三个可能的突破口，是对山西运城地区的坡头玉器的源流关系的认识。从坡头玉器出土地点靠近黄河的情况看，这里是西部的齐家文化玉器、陕北的龙山文化玉器与中原文明玉器体系发生互动关系的三角交汇地区，也是主要一站。需要扩大周边的搜索范围，找寻更多的文物关联线索，建立因果分析的模型等。

2013年6月，中国文学人类学研究会与中国收藏家协会学术研究部合作举办在陕西榆林召开的"中国玉石之路与玉兵文化研讨会"，考察四千多年前的石峁古城遗址和建城用玉的情况，研究西部玉矿资源的新发现及其历史意义，梳理西玉东输的具体路径，并提示"玉文化先统一中国"的新命题[1]。这是国内第一次以"玉石之路"为专题的学术研讨会。2014年7月，中国文学人类学研究会又与《丝绸之路》杂志社等合作在兰州举办甘肃史前文化齐家文化研讨会及田野考察活动，鲜明地打出"玉帛之路文化考察"以及"玉帛之路：比丝绸之路更早的国际大通道"的旗号。

"玉帛之路"的提法，不全然是权宜之计的"统合"，实乃"玉"与"帛"两种神话化物质的并置，符合国人本土的古汉语

1　叶舒宪、古方主编：《玉成中国——玉石之路与玉兵文化探源》，中华书局，2015年，第3—29页。

表达习惯。比现代汉语中出现的丝绸之路和玉石之路的称谓都要久远得多的历史。早在先秦文献中，就有"玉帛"并置为词的习惯。"玉帛为二精"（《国语·楚语》）的说法，表明它们都是通神、祀神的圣物；"玉帛"又习惯与"干戈"、"兵戎"相对而言，同为国家祭祀、会盟及朝聘礼器（《左传》）。文献追述的玉帛使用历史远及唐尧虞舜和夏代开国之君大禹。虽然在我国新疆、中亚和西亚的考古遗址中，迟至战国时期才有来自中原的丝织品，但早在《穆天子传》中，西巡昆仑的周穆王赠送给西域诸国的礼物就是丝织品和玉璧玉佩，而获得的回赠则是美玉原料和良马。丝绸的生产与使用始于何时，尚有待深究，然而考古遗存提供的物证显示，至少在距今6 000年前，河南和山西的仰韶文化遗址中已出现蚕茧，浙江钱山漾遗址中出土了距今4 200年的丝绸实物，而余姚河姆渡文化遗址蚕纹象牙杖首饰、金坛三星村钺柄骨蚕、良渚文化与红山文化石玉蚕、仰韶文化陶蚕等的出土，证明中国蚕桑养殖业的起源最晚不迟于新石器中期，与传说中的开创玉器时代和养蚕丝织的人文始祖黄帝、嫘祖夫妇的时代大体一致。另据《尚书·禹贡》所载禹别九州，任土作贡，其中兖州、青州、徐州贡赋丝、𫄧（葛布）、缟（白绢）等丝织物，而扬州贡瑶琨，梁州贡璆，雍州贡球、琳、琅玕等玉石。《史记·货殖列传》所载"山西饶玉石，山东多漆丝"，以太行山为界，也体现出东西地域之间的物产不同，而来自东海沿海的丝与西方内陆的玉，正是中原王权意识形态建构的两大圣物。这些都说明"玉"、"帛"在中华文明物质与精神史上的同等重要，而且超越了既有的"丝路"或"玉路"名实，与中国文明起源发展进程更名副其实，值得深入探讨。只不过由于丝质品不如玉石留存久远，物证的获取相对困难，因而目前能够获得实证资料而展开研究的主要还是玉石之路。

⬤二 玉成中国：全球视野中的中国文明特质

公元前3500—前2500年，欧亚非大陆兴起了四大古老文明：北非尼罗河流域的埃及文明、西亚两河流域的美索布达米亚文明、南亚印度河文明和东亚的中国文明（黄河、长江、西辽河）。在称得上人类历史上最具影响力的两大原初文明——西亚的美索布达米亚文明和东亚的中国文明中，只有中国文明是唯一持续发展不曾中断的生命体。根据现代考古学提供的物证来审视世界最早的几大文明发祥地，有三大共相不容忽视：其一，皆孕育于大河流域的农业社会，且河流充当着重要的商贸交通航道功能；其二，旧石器时代晚期以来，都曾钟情于黑曜石、青金石、绿松石、孔雀石、玉石、水晶、玛瑙等"美石"，使之成为普遍追求和交易的宝物，并支配着早期文明人的神话信仰和仪式行为，驱动着跨地区的远距商贸运输、文化传播与认同；其三，圣物制造中"就地取材"和"远程运输"取决于环境和物质珍稀度所具有的特殊魔力和使用者不可抗拒的内在需求所催生的观念动力。继文明前夕最早成为圣石和商贸物的黑曜石之后，北非、西亚文明钟情于青金石、绿松石、黄金，因而有横贯欧亚非的"青金石之路"、"绿松石之路"、"黄金之路"；唯独东亚的中国文明青睐玉石，尤其是"昆山玉"之精纯者和田玉，因而催生出长达4 000公里的"玉石之路"，作为文化线路遗产，其深厚的历史传承堪称举世无双。从某种意义上说，玉石原料、玉石信仰和琢玉技术的播传流布构成中国文明起源、形成与发展的核心标志之一。

中国史前文化总体上是"有中心的多元一体格局"，"玉石之路"核心要义是探讨源于四方的玉文化或玉料资源如何进入中原王权和华夏价值观的建构体系，那么，"早期中国"的形成及其与四方文化的交流融汇就成为论述的前提。在西周中期青铜器何尊上的铭文"宅兹中国"之前，是否有"中国"这一概念至今无法确定，但以中原为核心的历史趋势和文化认同却早在西周王朝确立前的数百甚至数千年前已然展开。

学界一般依据经济类型和考古文化特征（以陶器和玉器为物证）的基本区别，将新石器时代以来的史前中国文化分为：以仰韶文化（彩陶盆、钵、罐、尖底瓶、陶鬲、粟作农业）为代表的中原文化区，以红山文化（筒形罐、玉璧、玉玦、玉匕及象生性玉器、渔猎加粟作农业）为代表的东北文化区，以大汶口文化和良渚文化（鼎、豆、壶、盘和璧琮璜钺等玉礼器、稻作农业）为代表的东南文化区。这三大文化区各自独立个性化发展，在距今5 000—4 000年间（即"龙山时代"）南北、东西频繁交汇融合，为"早期中国"文化共同体打下了基础。其中最活跃的因素就是中原文化区的陶器和东方系（东北与东南）文化区的玉器。中原腹地新石器时代文化自裴李岗文化中后期（公元前6200—前5000年间）已开始显著辐射、影响四方文化，西向对渭河流域和汉水上游（白家文化即老官台文化）、北向对冀南豫北地区（磁山文化）、东向对海岱地区（北辛文化）的影响和渗透相当明显，使得黄河流域早在公元前6000年时已初具文化认同的物质雏形，为仰韶文化-庙底沟时代（公元前4000年前后）"早期中国"的到来奠定了基础（从晋南豫西及关中东部核心区向外强力扩张影响至黄河中下游、长江中下游和东北西辽河流域）。同时，四方文化也反向影响中原文化。东北区从距今约8 000年前的查海-兴隆洼筒形陶罐和精美玦、匕等玉器始，向四方辐射影响，甚至远至俄罗斯远东地区、朝鲜半岛、日本列岛和长江、珠江流域等新石器时代遗址。在距今约5 500年前后，大小凌河、西辽河流域红山文化接受中原仰韶彩陶文化的辐射影响的同时，也以其独特的地方性象生系玉器（龙、凤、鸮、龟、蚕等）和坛庙冢礼仪建筑南下影响东南文化区和中原文化区。东南的鼎豆-玉文化区在约距今7 000年前后经历了区域性文化整合（如由早期后李文化、河姆渡文化釜形鼎和支座型鼎向北辛文化、马家浜文化三足鼎演变），接受北来玉玦文化影响的同时，其独具地方性的玉璜文化也向四方辐射。尤其以距今5 000年前后的良渚文化（以璧琮璜钺玉礼器、鼎豆壶陶礼器和坛墓组合为特征）对中原文化影响至大。长江中游自大溪文化始向北渐中原，至屈家岭文化晚期与中原仰韶文化碰撞交汇的同时，占据或影响了豫西南、豫中以至晋南等地，石家河文化时期更是强势北上，影响远达陶寺、石峁，对二里头文化直接源头的王湾三期文化（公元前2500—前2200年）影响尤大，极有可能是二里头文化的终极根脉。

处于中原核心地区的山西芮城清凉寺-坡头墓地（属于庙底沟二期晚期，距今约4 500—4 300年）出土玉器200余件，是迄今所见中原出土玉器群组最集中最早的遗址，其中圆璧、方璧、牙璧、联璜璧、琮、环、多孔玉石刀、钺、梳形玉饰、虎头玉饰、玉管以及镶嵌绿松石玉璧等器类器形，表明其已经颇具汇聚红山文化、良渚文化、石家河文化、山东龙山文化玉器类型与技术于一体的特征，而且与齐家文化、陶寺文化关系匪浅。诸多器类如玉琮、联璜璧、牙璧、虎头玉饰等都是首次在中原地区出现，这是中原玉器文明开始形成的重要标志。而稍晚的龙山文化晚期（公元前2300—前2000年间）的陶寺遗址、石峁遗址出土的璧、琮、圭、璋、璜、环、戈、多孔刀、牙璧、联璜璧、虎头玉饰、玉神人像、玉鹰等器形及其玉料来源均呈现出"四方汇聚、多元一体""玉国"雏形的到来。经王湾三期文化延续至公元前1800年前后洛阳盆地的二里头文化，东部包括南方玉礼器体系、中原陶礼器体系和西部青铜技术、优质玉料资源交融汇通，成就了先于秦帝国的"最早中国"的核心文化圈王权象征体系：玉礼器与仿陶青铜礼器。青铜礼器在经历了商周的辉煌之后迅速衰落，为传统更深远且更易制作的陶瓷礼器取代，而玉礼器经历了商周秦汉的高峰之后，虽曾在魏晋六朝一度衰落，但从未在王朝礼仪中消失，经隋唐宋元的恢复，明清两代因为和田玉的大量供应而发展到新的辉煌境界。皇室用玉依旧继承着商周以降独尊"昆山之玉"的传统，延续并发扬光大了约4 000年前即已开启的"玉石之路"。这一波三折的"中国文明"形成与演变之路，清晰地说明玉石神话信仰在中华文明起源、形成和发展中充当着"国魂"的重要地位，在南北、东西文化交汇进程中，玉器比陶器更为活跃和凸显，"玉成中国"可谓名副其实。

三 玉石之路的源流与路线

文化传播的前提条件是传体与受体大致同时或时代上有交叉，且无不可逾越的地理障碍。在幅员广阔地貌复杂多样的东亚大陆上，是如何经历长达数千年的区域性文化碰撞交汇而"玉成中国"的呢？

考古物证提示，石之美者——"玉"进入东亚大陆先民的圣俗生活世界，并非一蹴而就，而是源于久远的石器使用历史和经验。距今约30 000—10 000年间，西伯利亚、中国华北、日本等地已出现穿孔石饰。旧石器时代晚期，东亚大陆远古先民们的小型石器用料已开始集中于石英、玛瑙、水晶、燧石、碧玉等石之美者。但直到新石器时代，美玉才真正从美石中脱颖而出，成为东亚大陆先民的珍宝与圣物。据不完全统计，中国版图内已发现新石器时代文化遗址7 000余处，集中分布于辽河流域（兴隆洼、查海—赵宝沟—红山—小河沿—夏家店下层等）、黄河下游（后李—北辛—大汶口—龙山等）、黄河中上游（仰韶—庙底沟二期—豫陕晋龙山文化，甘青马家窑—齐家文化）、江淮地区（北阴阳营—薛家岗—凌家滩）、长江下游（河姆渡—马家浜—崧泽—良渚）、长江中游（大溪—屈家岭—石家河文化）、珠江流域（石峡文化），皆发现或多或少玉器。而中原文明核心文化区玉礼器体系与玉德观，实为东方系（含南方系）玉教信仰和技术与西北玉料共同铸就的。20世纪80年代"玉石之路"引起学界关注以来，不少学人开始从玉料产地和玉器类型着手对中国史前玉文化进行分区，较有代表性观点如下：

玉文化三源说：台湾学者邓淑苹根据出土玉器典型区域，参酌《尚书·顾命》中大玉、夷玉和越玉说，认为中国古代玉器源于且分别对应于华西区（黄河中上游）、东区（红山文化和山东龙山文化）和东南区（良渚文化）。

史前玉文化版块说：杨伯达则依据《禹贡》所载玉产地，与出土玉器区域比较印证，提出东北珣玗琪、东南瑶琨、西北球琳三大玉文化版块之后，又提出东夷（珣玗琪、俄罗斯玉，兴隆洼、红山、小珠山、大汶口）、淮夷（薛家岗、凌家滩）、古越（瑶琨玉，河姆渡、马家浜、崧泽、良渚）三大玉文化版块以及海岱玉文化东夷亚版块、陶寺玉文化华夏亚版块、石峁玉文化鬼国亚版块、齐家玉文化氐羌亚版块和石家河玉文化荆蛮亚版块五大文化亚版块说，正是此三大玉文化版块和五大亚版块的交流、渗透、融合，熔铸为统一的中华玉文化，成为华夏文明的奠基石。杨伯达还认为在长达6 000年的玉石之路网络中，中西文化交通大动脉的"和田玉路"是夏商周三代与唐宋明清玉石文化交流与贡纳的主要通道。

原生次生系统说：黄翠梅将中国玉器区分为两大原生型主系统（以辽河流域为中心的东北系统、以太湖为中心的东南系统）和五大次生型亚系统（以山东为中心的海岱系统、以两湖为中心的华中系统、以巢湖为中心的江淮系统、以陕北晋南为中心的北方系统和以陇东为中心的西北系统）。

以上三说，各自立论依据不同，然而却都以玉产地和玉器出现的时空分布为立论坐标，共同的结论则是中国玉文化从史前的"多元"逐渐走向"华夏一体"。应该补充的是，物质的运动是由人驱动的。在玉文化发展中起着关键推动力的就是玉教信仰传播和玉料远距离输送网路。而玉教信仰的传播与认同又是玉料远距离输送的前提和基础。纵观迄今所见玉料产地和出土玉器的时空布局及其传播，整体上呈现出"北玉南传"（距今8 000—5 000年）、"东玉西传"和"南玉北传"（距今6 000—4 000年，器物、信仰与技术），以及"西玉东输"（距今4 000年以后，玉料资源调配）的几大过程。玉文化传播表现为在频繁交汇中向中原汇聚的特征。从这个意义上说，以往学界讨论的"玉石之路"——特指"昆山之玉"（和田玉料）自西向东输送之路，是不完整的。无论是从"玉成中国"的文明历程，还是今天作为文化线路遗产的玉料运送之路，都需要重新厘清两种范畴的"玉石之路"具体内涵和传布路线。

（一）北玉南传——玉石神话信仰与玉饰、技术的传播路线

这是"玉石之路"得以开启的首波浪潮。西辽河流域的

兴隆洼—查海遗址（距今约8 200—7 200年）发掘出精心琢制的玉玦、匕形器、弯条形器（或勾玉）等玉饰和斧锛凿等玉质工具，是迄今中国境内发现年代最早的透闪石玉器，是其后赵宝沟文化（斧钺玦）、红山文化（斧钺凿璧、玦形龙、像生动物、玉人等）、小河沿文化（钺锛璧环镯璜等）、小珠山文化（斧锛凿璧环牙璧）等的源头。辽东半岛小珠山文化中期（距今6 000—5 000年）发现的玉牙璧可能是黄河中下游大汶口文化-龙山文化、晋南芮城清凉寺、陶寺、陕北石峁玉牙璧的源头。距今约8 000年的兴隆洼文化遗址出土了迄今所知世界上最古老

图3　辽宁阜新茶海遗址出土兴隆洼文化玉玦，距今8 000年

的精美耳玦，在东北的西辽河、大凌河、饶河流域流行约3 000年，并由北而南传播至长江流域（距今7 000—6 500年，长江下游的河姆渡文化、马家浜文化遗址，长江中游的大溪文化相继出现耳玦，并盛行于距今6 000—4 000年间）、岭南粤北和环珠江三角洲（约距今4 500年以后），而后显示由东而西传播的迹象。海南岛、菲律宾、印尼等南海岛屿至今仍有玦饰留存。而位于黄河中下游的中原地区直到商周时期方流行玦饰，除了生产玉玦之外，还出现替代性的石玦生产，至汉代而衰微。

这样一种由北而南的传播路线，不独是玉玦，也是南北瞻耳、圣聪珥蛇等神话信仰的传播路线，也是最早的琢玉技术的南传路线。据刘国祥、邓聪等合作研究发现，玉器制作之首务——玉料开片技术最重要的砂绳、锯片切割技术也起源于8 000年前的东北兴隆洼文化。随后的东北红山文化至江淮流域的凌家滩、良渚文化、岭南的石峡文化等，玉器加工中砂绳、锯片切割技术已登峰造极。距今约4 600年，山东龙山文化玉器锯片切割技术方始流行并取代砂绳切割技术，在玉器开料技术史中的独尊地位，如齐家文化玉器形制承袭良渚文化玉器，但技术却主要以锯片切割为主，这在石家河玉器和龙山文化玉器中也有充分表现。三代玉器开料技术主要承袭龙山文化传统，直到更为先进便捷的轮盘和金属弦切割技术的出现与流行。

（二）东玉西传、南玉北传——玉石神话信仰、礼器与技术的传播路线

东玉西传主要指以山东大汶口-龙山文化和长江下游良渚文化玉器群向西进入中原地区和西北、西南地区的史前文化传播现象。这是"玉石之路"二次浪潮。山东新石器时代文

化发展序列后李文化（距今约8 500—7 500年，玉凿）—北辛文化（距今约7 300—6 100年，北辛文化是在后李文化和裴李岗文化基础上发展起来的，目前尚未发现玉器）—大汶口文化（距今约6 100—4 600年，玉铲、斧、锛、璧、环、镯、璜、牙璧、镞、圭形坠、笄、耳坠）—龙山文化（距今约4 600—4 000年，玉质刀、铲、锛、斧、钺、琮、圭、璧、牙璧、镯、镞等）。中原地区和大汶口文化相对应的考古学文化主要是仰韶中晚期文化和河南龙山早期文化。自仰韶文化晚期开始，大汶口文化开始逆袭沿着颍河、涡河和伊洛河流域等水路由东（海岱）而西逐渐向中原推进，形成了大汶口文化的"颍水类型"和"尉迟寺类型"以及中原龙山文化类型。随着人群东迁而来的是东方文化：信仰及其物化的器物及造物技术，典型的如葬俗（随葬猪头、獐牙、獐牙钩形器及龟甲等）、陶器（鼎、盉、鬶、尊、豆、杯等）和玉器（玉钺、牙璧、圭、璋等）。

山东大汶口文化-龙山时代玉器与北方的红山文化、东南的良渚文化和中原龙山文化玉器都有关系。大汶口文化早中期的年代约与红山文化相当，大汶口晚期-龙山文化与长江下游的良渚文化年代大体相近。这些地方的玉文化各有地方特色，又在玉料、技术和器形上互相影响。这为中原龙山文化玉器时代的到来奠定了基础。良渚文化在其兴盛期（距今约5 000—4 500年间）向北扩展至江淮、鲁南临沂一带，影响直达黄河下游，南及广东北江上游，西至皖南赣北，而中原龙山时代陶寺类型遗存中高领折肩尊、瓶和折腹尊、盆，侈口鼓腹或折腹罐、尖底尊、陶鼓、鼍鼓、玉刀、钺、琮、璧、璜等玉礼器，与以良渚文化、大汶口文化晚期为代表的东方文化相吻合，这清楚地表明陶寺文化的形成是东方文化西移，并与当地庙底沟二期文化（釜灶、斝、深腹筒形罐、扁壶、盆形鼎等）融合的产

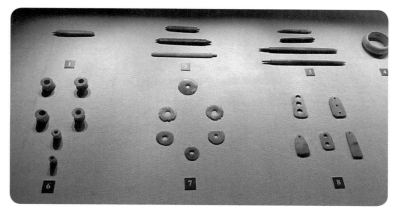

图4　大汶口文化玉器，2014年摄于山东省博物馆

物。部分良渚文化因素，特别是璧、琮、璜、圭、璋、牙璧等东方玉礼器传至陶寺，显示了东玉西传的结果已然播及中原，并一直向西达到甘肃的齐家文化，构成以甘肃武威皇娘娘台遗址为界限的东玉西传之西境边界。

　　从全局观点审视东亚玉文化的发生，可大致分为三期。第一期为玉器发生期，距今10 000—6 000年。其特点是以所谓装饰性的小件玉器和实用工具为主体的玉器生产。第二期为玉器时代的鼎盛期，距今6 000—4 000年。其特征是玉工具、玉兵器和玉礼器的全面繁荣。第三期为玉器时代的终结期，此一时期与青铜时代的兴起相重叠，年代约为距今4 000—3 000年间。经由以上三个时期的发展和积累、筛选和淘汰过程，南北交汇与东西融合，奠定华夏早期国家的玉礼器体系。如果说北玉南传主要集中在砂绳、锯片切割技术和玉玦及其神话信仰上，那么在距今约5 000—4 000年间，主要是长江下游良渚文化的琮、璧玉礼器体系和黄河下游大汶口-龙山文化的圭（或曰铲、锛）、牙璋、牙璧等玉礼器体系及其神话信仰的向西传播。择要分述如下：

玉璜，其祖型或许源自兴隆洼文化的玉弯条形器（勾玉）。浙江萧山跨湖桥遗址第三期文化遗存（距今约 7 200—7 000 年）出土迄今最早的南方玉璜，余姚河姆渡文化遗址（距今约 7 000—5 300 年）出土较多的玉璜，其中第一、二期数量最多。此后的 2 500 余年里，长江下游三角洲区域始终是玉璜出土数量最多、分布范围最集中和形制最多样的区域。其中南京北阴阳营遗址（距今约 6 000—5 500 年）、含山凌家滩遗址（距今约 5 300—5 200 年）、余姚良渚遗址（距今约 5 300—4 300 年）又是其中三大极盛之地。距今 6 500 年左右，长江中游的大溪文化圈（湖南澧县城头山、洪江高庙，湖北宜昌杨家湾、松滋桂花树、中堡岛、清水滩，四川巫山大溪）始现玉璜，距今约 5 100 年后开始式微，屈家岭文化（距今约 5 100—4 500 年）、石家河文化（距今约 4 500—4 000 年）仅少量遗存。距今约 6 000 年前后黄河下游的大汶口文化圈（江苏邳县刘林遗址，安徽萧山金寨村，江苏大伊山、新沂花厅，山东枣庄建新等），中游仰韶文化圈（西安半坡、南郑龙岗寺）出现玉璜或璜形饰，数量较少。若不算玉弯条形器，标准的虹桥状玉璜在距今约 5 500 年前后出现在东北的辽河流域，最北的玉璜发现地是黑龙江依兰倭肯哈达遗址。距今 4 300 年前后，玉璜遗存扩展到黄河下游的山东龙山，中游的芮城清凉寺、陶寺、新华、石峁、后岗，乃至黄河上游的齐家文化圈，而在下游的良渚文化遗存中达到鼎盛。至商周秦汉渐趋一统。而长江、太湖、淮河、黄河及其支流等天然水路是早期拥有和使用玉璜的族群西传和北输，最终普及各地的主要通道。

玉钺（图5），大约在距今约 6 000—5 500 年间，西辽河流域、黄河中下游、长江下游地区出现制作精细的玉石钺。距今

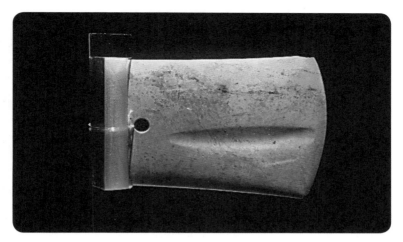

图5　浙江余杭瑶山出土良渚文化玉钺,2010年摄于良渚博物院

5 000—4 000年间,黄河中游、长江中游、东南地区相继出现精细玉石钺。尤以长江下游地区良渚文化遗址出土的数量多,制作精,黄河下游次之,黄河中游地区主要集中于陶寺、石峁、灵宝西坡等少数遗址,但却量多质优。

玉琮,华夏王权"六器"中最神秘难解的玉器,最早见于距今5 300年左右的长江下游地区,集中见于良渚文化遗存中。距今约4 500—4 000年间传播到长江中游的两湖平原;距今约4 800—4 000年间见于黄河下游的大汶口文化晚期至龙山文化时期的遗存中;距今约4 400—3 800年间见于黄河中游的陶寺、芮城清凉寺、神木石峁遗址和延安芦山峁遗址中;距今约4 000—3 800年间,见于黄河上游的齐家文化遗址中;距今约4 300—4 000年间见于珠江流域的石峡文化遗存。大体而言,玉琮自长江下游发源,向东溯江而上至长江中游的两湖平原和长江上游的成都平原;向北穿越黄淮一带,逆黄河而上至中原和西北的齐家文化。其中晋南的清凉寺、陶寺与陕北石

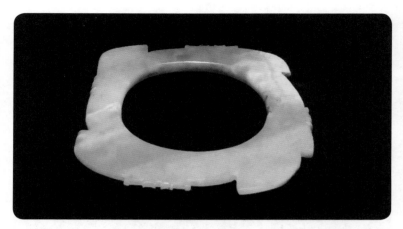

图6 陕西神木石峁遗址采集的龙山文化玉璇玑，2015年摄于良渚博物院夏代文明展

峁充当了重要的中转站作用。在陕西吴起县树洼遗址、甘肃华池县五蛟乡、宁夏隆德县、西吉县等地也发现有玉琮分布。

牙璧（一曰璇玑）（图6），源于辽东半岛，南下山东半岛，进而逆黄河而上，进入中原的清凉寺、陶寺和陕北石峁等地玉礼器体系。

玉圭，较早见于陶寺文化和山东龙山文化。山东日照两城镇的双面神人兽面纹玉圭，是龙山文化的典型器物，其器身长而薄，在其底部正反两面精雕细琢不同的兽面纹。与此相似的一件龙山文化玉圭，是珍藏于台北故宫博物院的鹰纹圭。上面有与兽面纹玉圭相似的神人兽面纹，另一面则雕刻着昂首向天、两翼外展呈飞天之态的鹰鸮纹，两圭造型纹饰奇特而神秘，阴刻与阳刻浅浮雕结合。该玉圭无使用痕迹，显系礼器。而藏于故宫博物院和上海博物馆的鹰攫人首玉佩，则完美地呈现了龙山文化玉器高超的镂雕技艺和与图腾祭祀有关的宗教信仰。

玉璋（牙璋），约出现于公元前2500—前1100年间，考古发现牙璋的地点有20余处，黄河、长江、珠江三大流域皆有其身影，东起于山东海阳司马台、五莲上万家沟村、大范庄，北至陕北石峁，最南至香港南丫岛大湾和大屿山东湾。新石器时代以石峁遗址最多，达28件，夏商时期的璋以三星堆遗址发现最多。其起源与传播脉络一般认为自黄河中下游向华中、华南、西南传播。但近年来对其发源地略有争议，焦点在于究竟是黄河下游还是长江中游，传统认为山东大范庄最早，属于龙山文化早期（公元前2500左右），近年来有学者认为长江中游的大溪文化晚期-石家河文化才是牙璋礼器起源地。实际上，龙山文化时代出现的牙璋，无论是山东半岛的3件（大范庄、五莲上万家沟和海阳司马台各1件，推定为龙山文化早期至岳石文化即公元前2500—前1800年），长江中游湖北汪家屋场遗址采集到的牙璋2件（属于石家河文化晚期即公元前2200—前2000年），还是牙璋发现最多的陕北石峁遗址（约公元前2300—前1900年），由于多为采集或征集而来，地层关系并不清晰，均根据陶片推定的大概年代，而年代又相去不远，究竟源头何处，尚待进一步的证据和研究。不过值得注意的是，位于中原腹地河南偃师二里头墓葬遗址出土4件牙璋，最长66厘米，其他也长达46—48厘米，且形制规范复杂，甚至镶嵌绿松石，比山东牙璋27.5—33.5厘米和石峁牙璋24.7—34.5厘米要大气、华丽，颇具王者之气。而其形制可能直接源自石峁牙璋。江章华认为牙璋起源于北方黄河流域，以两条线索向南传播：东线较早，始于龙山文化时期；西线稍晚，经四川盆地向南一直传播到越南。2015年4月，中国文学人类学研究会和广河县齐家文化研究会合作组织的第四次玉石之路考察团，在临夏州博物馆鉴定馆藏的齐家文化玉器，其中有一件青玉制的玉璋，是20世纪70

图7　四孔大玉刀,齐家文化,距今约4 000年,摄于上海博物馆

年代在积石山县新庄坪遗址采集的。这件玉璋可表明玉璋自东向西传播的迄今所知最远端地点——黄河上游地区。

多孔玉刀,在石峁遗址大量出现的多孔玉刀也延续至二里头文化,其源头亦在东方的长江中下游,距今约6 000—5 000年前的江苏北阴阳营,安徽潜山薛家岗文化二、三期中出现批量多孔玉刀。玉刀循着长江西传湖北屈家岭,北上山东龙山,黄淮平原,直至甘青地区的齐家文化。淮河、汉水、长江、黄河,或许是主要的传播路线。

在东方玉器西入中原和西北、西南的进程中,山东大汶口文化晚期-龙山文化似乎充当了重要的中转枢纽作用。此时期的山东玉器无论是所承载的信仰、玉器造型还是加工技术方面,经南北交汇之后,逐渐定型,对中原玉礼器体系影响深远。

南玉北传,主要指良渚文化和长江中游的屈家岭、石家河文化玉器北进中原的传播过程。石家河文化晚期出现了大量玉器,几乎包括后世所有重要玉礼器和玉装饰器,如琮、璧、圭、牙璋、璜、环、龙、凤、虎、蝉、鹰、神人、兽面、玉人、玉祖、玉笄、玉管、玉柄、玉坠、玉圆牌、玉珠、玉工具(锛、凿、刀、钻、纺轮）等，对陕西、山西、河南等地龙山文化及夏商周乃至后世产生深远影响，如玉虎头、鹰形玉笄、玉神人（戴耳环，两耳附有凤鸟饰）、玉凤（分叉长尾）、玉人（戴冠及蒜头鼻）以及玉柄形器、多孔玉刀等。

可见，仰韶文化-庙底沟二期晚期至龙山文化晚期陕北晋南的石峁、清凉寺、陶寺等遗址中，出土的牙璧、璧、琮、圭、璋、璜、多孔玉刀及神人兽面纹，融汇着各地史前玉文化的影响，特别是东北红山文化和南方石家河文化玉器因素的影响，以及西部马衔山、祁连山及昆仑山等广大的西部玉料资源区的玉料输送所造成的资源依赖。而随后的中原洛阳盆地二里头文化（距今约 3 800—3 500 年）玉器，上承陶寺、石峁等龙山文化和南方石家河文化的玉礼器传承，又下启商周两代玉礼器。同时，四夷的玉文化已然相继衰落甚至消亡，华夏国家时代来临。

（三）西玉东输——玉料资源输送中原国家之路线

当东方地区的玉教信仰输入中原，并逐渐成为华夏潜在的国教之时，随之而来的问题是，对于缺乏玉料资源而又需用优质玉石来建构王权礼仪圣物的中原王权来说，玉料输入成为新的战略问题。而商周秦汉的用玉实践，无论是考古实物还是文献记载，均将当时华夏王权礼仪用玉和君子玉德象征物的最佳玉料指向远在西域的"昆山之玉"。因此，"西玉东输"是目前国内"玉石之路"研究的主要领域，焦点问题有三：第一，西部玉矿资源地的范围。第二，西玉何时东输中原？第三，西玉东输的具体线路如何？其中后两个问题已经讨论多年，第一个问题则是近年来伴随西部玉矿的新发现而来的。

近二十来年，学者们从文献梳理、地质科考、矿物检测、考古遗存、神话信仰（"玉出昆冈"与"河出昆仑"）等不同视域展开,将"西玉东输"线路重构,推向多元、具体而审慎的论证。昆山玉最早何时输入中原,六千年之说(姜寨遗址玉器)目前证据尚不足征,商晚期说(安阳)证据确凿但显然过于保守。四千年之说及其线路的证据随着考古新发现和实地考察的推进,则越来越充实和清晰:河套地区乃至晋陕交界的黄河两岸不断有史前玉器遗存的发现,可为玉石之路黄河道假说提供物证。南距黄河不远的灵宝西坡仰韶文化墓地和山西芮城清凉寺庙底沟二期文化晚期墓地发现的玉礼器率先揭开了中原玉文化序幕,随后北上进入黄河支流汾水岸边的襄汾陶寺遗址,和同样距离黄河不远的陕西延安芦山峁、神木县新华和石峁遗址隔河而望。这几处正是东方系玉教神话信仰、玉器造型和西部玉料的交汇之地,也是晋南陶寺玉器与西北齐家玉器交汇之地,而目前最大的龙山时代古城石峁遗址及其玉器很可能同时充当着史前东玉西传与西玉东输的双重中介作用。黄河(及其支流)水道发挥了重要作用,这与玉出昆冈、河出昆仑的神话想象不谋而合,绝非偶然。

距今约3 000年前,随着家马和马车东入中原,山西雁门关道成为陆路运输通道,从《穆天子传》的"隃之关隥",到《战国策·赵策》《史记·赵世家》的句注,皆为雁门关古名,此乃战国时赵国赖以立国的"三宝"(胡犬、代马、昆山之玉)自北方草原入国的门户。从甘青宁出土的战汉时期中原文物证据反观,古雁门关道当是张骞"凿空"西域之前承载丝绸西往和玉石东来的主要运输通道。这与西周穆王西巡昆仑从洛阳跨黄河,北绝漳河、滹沱河出雁门关进入河宗国,祭河后再西进的路线也是不谋而合。而西汉前黄河下游水道途经河北平原,漳水、洹水、滹沱皆为黄河大支,洹河岸边的殷墟安阳出土有大量和田玉料制作的精美玉器说明,西周穆王选择的这条"远途"很可能早已是通途。这说明4 000年前的河套地区黄河水道和3 000年前的雁门关是西玉东输的东端入口。那么西段起点又在何处呢？据《战国策·赵策》中苏秦为齐王上书说赵王的陈述："秦以三军攻王之上党而危其北，则句注之西非王之有也。今鲁句注禁常山而守，三百里通于燕之唐、曲吾，此代马胡狗不东，而昆山之玉不出也。此三宝者，又非王之有也。"[1]及各家对昆山地理位置的注释可知，战国以来的昆山与今不同，或在青海"金城临羌"，或在于阗国东北，或泛指雍州出产球琳琅玕之昆仑虚，直到汉武帝以张骞探察采集回来的于阗出玉之山、河源之地而命名曰"昆仑"，才将昆山之玉定格为于阗所出。这暗示着西汉以前文献所载"昆山之玉"可能泛指西部高原广大地区的玉石资源，这与新近发现的肃北蒙古族自治县马鬃山古玉矿（从战国时期开采一直持续至东汉）以及祁连山玉和临洮马衔山玉、青海玉等玉产地连成一片，大约相当于齐家文化的整个分布地域。这种优质玉料资源的多元性特征，和齐家文化玉器用料、陕北晋南龙山文化玉器用料的多元化，大体上是吻合对应的。

如此，约4 000年前开始的西玉东输进入中原的具体线路又是怎样的呢？在既有的线路构拟中，新疆通往中原的路大致有三：北线"草原道"，中线"河西走廊道"和南线的"青海道"，皆以优质玉料产地昆仑山下的和田为西端起点，在塔里木盆地南北两缘（天山山脉和昆仑山脉之间）形成南路的和田—民丰—且末—若羌—敦煌线路，和北路的和田—叶城—喀什—阿克苏—库车—库尔勒—吐鲁番—哈密线路，至此向东分为三种路线：

1　刘向辑录：《战国策》，上海古籍出版社，1985年，第606—609页。

一路自哈密向东,经内蒙古西北草原道,穿居延海、黑水城(今额济纳旗),过阴山到包头,出雁门关南下太原到河南洛阳、郑州(或南下经陕西华县到西安),是为北线"草原道"(或"居延道")主干线,这是对应着史前"青铜东传之路"而来的经典路线之一。

一路自若羌南下经柴达木盆地、青海湖,沿湟水,经祁连山南,至甘肃中部兰州向东,经洮河、广通河、渭河和泾河等进入关中抵达中原,这就是古陶器东西交流的古"青海道",河湟沿途众多古文化遗址,尤其是仰韶文化遗存和喇家遗址等齐家文化遗址玉器中青海玉(昆仑玉)料的发现,见证着玉石之路青海道的存在,这是伴随史前"彩陶西传之路"而来的经典路线之一。

一路在敦煌或者瓜州会合,然后向东经河西走廊(玉门关—嘉峪关—酒泉—张掖—武威)至兰州,又兵分两路,一为依照汉丝绸之路拟定的"关陇线":越关中平原,出潼关,过豫西、晋南进入中原地区(西安—洛阳—郑州—安阳);一为依照考古物证构拟的"内蒙古—河套—山西线":经宁夏、内蒙古南部、陕北,穿越黄河,经雁门关进入山西,沿途的起中转作用的是自西而东依次衔接的甘青齐家文化(武威皇娘娘台—民和喇家—广河齐家坪)、陕西神木新华遗址和石峁遗址及山西襄汾陶寺文化,或者至兰州经宁夏、沿黄河至河套包头,出雁门关南下,沿滹沱、漳水至安阳、郑州、洛阳、长安(周穆王西巡回归东段路线),可称之为河西—河套"黄河道",即约4 000—3 000年前的河西—河套线存在一老(即"黄河水道")一新(即"雁门关陆路")两条玉石之路通道,这也是彩陶西播、青铜东传和玉器西传、玉料东输相交汇的主干线。

如此,大约在距今4 000年前开始,自北而南至少有三条主

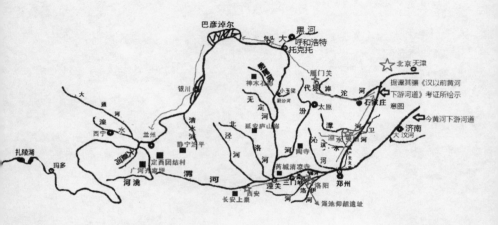

图8　周穆王西巡昆仑山的路线图前半部分：绿色线表明先东行后北上，出雁门关，再沿黄河溯源而上，暗示文明早期的玉石之路进入中原的路径

干线：草原道、河西道、青海道将西部阿尔泰山脉、天山山脉、昆仑山脉、祁连山脉、肃北马鬃山、肃南马衔山等山系的玉料资源地与中原玉料消费地链接起来，产生了玉器用料的革命性逆转，来自西部的优质玉料以其独具的温润品质在诸多地方性玉料中独占鳌头，成为华夏王权和君子之德的最佳象征物。尤其是和田玉中的白玉（以羊脂白玉为最优品级），催生八千年玉文化史上最重要的一次观念革命，简称"白玉崇拜"，构成华夏核心价值观中的"天子佩白玉"（《礼记》）和"白璧无瑕"完美理想，一直到曹雪芹创作《红楼梦》依然用"白玉为堂"形容人间的富贵荣华境界，并最终决定着当代玉器市场上和田白玉无上尊贵的特有地位和惊人的价值增值幅度。

（原载《人文杂志》2015年第8期，原注释未保留。）

玉石之路与华夏认同

摘要：玉教即玉石通神的神话信仰，作为华夏文明发生期的观念要素，比秦始皇的金戈铁马要早两千年，在青铜器萌芽之际，已经充分驱动史前社会中的玉礼器生产和使用，并且像异地传教那样缓慢地在东亚大陆传播，在约四千年前完成除青藏高原云贵高原以外的较全面覆盖。新疆昆仑山和田玉的持久性东输，形成华夏文明特有的资源依赖和自古及今未曾中断的玉石之路，铸就本土传统的核心价值理念（以玉为最高价值），奠定汉语文化的原型符号。

一 华夏文明形成之奥秘

关于世界文明古国，流行已久的说法是四大文明说，即埃及、巴比伦、印度和中国。20世纪的考古学发现，在四大文明古国说之上，又增添了一个更古老的文明——苏美尔[1]。苏美尔城邦在巴比伦文明崛起之际已经遭遇灭亡的厄运，以至于苏美尔人种失传于后世，只有他们发明的楔形文字被后来入侵的统治者阿卡德人和巴比伦人继承下来。五大文明中除了印度和中国，都在历史上中断了，没有能将其古老的辉煌活态地继承和延续下来。印度文明则在近代沦为英国的殖民地，就剩下一个华夏文明，至今还在人种和文化方面传承着其古老的数千年传统。如此看来，探讨华夏文明的奥秘，应该是非常诱人的课题。美国汉学家柯文《在中国发现历史——中国中

---

1 从考古学视角看苏美尔文明，可参看英国学者哈里特·克劳福德的《神秘的苏美尔人》（张文立译，浙江人民出版社，2000年）。还有国内学者拱玉书的《西亚考古学》（文物出版社，2007年）。

心观在美国的兴起》[1]一书，书名就很能说明问题。研究文明史的西方学者，为什么要到中国来重新"发现历史"呢？对照人类学家沃尔夫的后殖民主义名著《欧洲与没有历史的民族》，答案就是现成的：欧洲中心主义支配下的世界历史观原本就无视非西方国家的历史，甚至以为他们没有进入世界历史的资格。后现代和后殖民的新史学彻底扭转了这种欧洲中心主义的价值观，开启史学研究新纪元。为"没有历史的民族"修史，甚至为无文字民族修史，成为当今一大潮流。探求人类最早的近东文明由来，当今的前沿学者已经把跨学科研究的目光聚焦到9 000年前的土耳其史前聚落遗址[2]，对于自身拥有"二十五史"官修史书传统的中国，情况又如何呢？柯文书的第四章题为"走向以中国为中心的中国史"，除了尖锐批判美国史家思想的帝国主义偏见外，还特意提示如下的悖论：

> 局外人永远无法形成真正的内部观点。由美国人采用中国中心取向来研究中国史，这一概念本身就是自相矛盾的。[3]

回应这一悖论，我们同样可以发问：难道只有作为局内人才能找到本国历史的真相吗？作为局内人的中国人，数千年来为什么没有提出多少关于自己古老文明史的高见和洞见呢？看来问题的症结不在于选择局外或局内的视角，而是需

1　柯文：《在中国发现历史——中国中心观在美国的兴起》，林同奇译，中华书局，1989年。

2　较新的代表性成果为美国斯坦福大学人类学教授霍德尔主编：《文明萌生期的宗教：以卡托胡玉克为个案》。Hodder, Ian. *Religion in the Emergence of Civilization: Catalhőyűk As Cace Study*. New York: Cambridge University Press, 2010.

3　柯文：同上书，第175页。

要一种能够超越此种二元对立的认识困境的全球史新视野。换言之，需要有人类文明史知识背景的中国史研究者，不管他是中国人还是外国人。人类文明史知识是由单个文明史构成的，有关中华文明形成的新知识，其意义非同小可。

　　本文提出，尝试性地解释华夏文明的构成的某种特殊支配性因素，从而揭示这个文明的一大奥秘。要想达到这一理论目标，当然最好能够先找出一种实质性的文化认同要素，即能够早在数千年前以前，数百万平方公里大地上，将不同地域、不同民族、不同语言、不同风俗的广大人群统和到一个统一的行政体中的奥秘是什么？初步探索的结论，是以往的研究前辈们始料不及的：比秦始皇的金戈铁马要早 2 000 年，在青铜器生产刚刚萌芽，还没有在各地普及开来的时候，一种有关玉石通神的神话信仰，已经充分驱动史前社会中的玉礼器生产和使用，并且像异地传教那样缓慢地在东亚大陆传播，在公元前 2000 年之际完成除青藏高原云贵高原以外的较全面覆盖。北起黑龙江和兴安岭，南至越南和菲律宾，东起沿海一带，波及日本、朝鲜半岛、台湾，西至河西走廊腹地，到处可以看到 4 000 年以上的玉礼器生产之迹象[1]。笔者参照马克斯·韦伯关于"新教伦理与资本主义精神"的因果关系论证思路，归纳出玉教伦理与华夏文明崇玉精神及金声玉振价值观的研究路径，目前正在着手探索先于丝绸之路两千年就已经开启的"西玉东输"之路径——玉石之路[2]，期待着为华夏文明重新找到一个国字号的文化品牌，将 1877 年德国人李希

1　参看叶舒宪：《中日玉石神话比较》，《民族艺术》2013 年第 5 期。
2　参看叶舒宪：《丝绸之路前身为玉石之路》，《中国社会科学报》2013 年 3 月 8 日。《文化传播：从草原文明到华夏文明》，《内蒙古社会科学》2013 年第 1 期。《西玉东输与华夏文明的形成》，《光明日报》2013 年 7 月 25 日。

霍芬提出的丝绸之路说所遮蔽下的深远文化通道内涵重新发掘和展示出来[1]。

2013年6月在陕西榆林召开的"中国玉石之路与玉兵文化研讨会"[2]，预示着文学人类学者探索中华文明奥秘之新方向的开启。榆林地区神木县高家堡镇石峁遗址龙山文化4 300年前石砌古城及其建筑用玉现象的新发现，正在引领国内学人重新领悟亚细亚生产方式由来的特殊性：世界四大文明古国都是依托大河流域发生的，西亚、北非和南亚的三大文明古国都是利用大河之水利发展灌溉农业基础上产生的，唯独东亚黄河流域的华夏文明，在其发生期没有利用河水发展灌溉农业，因为黄土地上生长的小米是耐干旱的作物。黄河对华夏文明的最初贡献不在于水利灌溉，而在于远距离调配资源的水利运输——

图9　黄河河套道一景，2015年第六次玉帛之路考察摄

1　叶舒宪：《丝绸之路还是玉石之路》，《探索与争鸣》2013年第7期。
2　参看会议论文集，叶舒宪、古方主编：《玉成中国——玉石之路与玉兵文化探源》，中华书局，2015年。

开启玉石之路黄河道,是黄河上中游及其支流的漕运,率先将西域与中原联接为一个整体,使得西玉东输的现象成为可能。

就华夏交通史而言,在商代之前的内蒙古鄂尔多斯高原遗址目前还没有发现马和骆驼作为运载工具的现象[1]。直到商周时代以后家马和马车的普及使用,水路漕运才向陆路运输转移。我们看三四千年前集中出土史前玉礼器的考古遗址,从山西芮城清凉寺到襄汾陶寺,越过黄河北上,到陕西的延安、神木、佳县一带,再到甘肃青海交界处的黄河上游积石山地区,新发现的神木石峁遗址和青海喇家遗址,年代都在4 000年前,为什么全都分布在黄河两岸不远的地方呢? 将它们联系起来,就出现沿着黄河曲折展开的一条玉文化传播路线。那正是《穆天子传》中周穆王西征昆仑时所绕道河套地区的曲折路线。《穆天子传》长久以来被当成小说传奇类文学作品,没有得到上古史研究者的重视。其中潜含着的重要历史文化信息,尤其是关于西周最高统治者关注西域特产和田玉并亲征昆仑山一带的珍贵叙事线索,如今正可以通过考古发现的玉文化新材料逐步加以阐释和验证。

许多民族在古代都有其玉石崇拜和相关的神话,如阿昌族的大石崇拜,彝族的寨心石崇拜,羌族的白石崇拜,藏传佛教的玛尼石信仰,纳西族的四种玉石崇拜,等等[2]。一般说来,每一

1　如在当地持续时间800年的史前文化朱开沟遗址,从龙山文化时代纵贯至商代早期,共发现猪狗牛羊等多种家畜遗骨,却未发现马骨,说明当时还没有引进家马饲养技术。仅有的一颗骆驼牙,出现在该遗址晚期青铜时代。参见内蒙古自治区文物考古研究所、鄂尔多斯博物馆《朱开沟——青铜时代早期遗址发掘报告》,附录二《朱开沟遗址的兽骨鉴定与研究》,文物出版社,2000年,第400—421页。

2　参看马昌仪、刘锡诚:《石与石神》,学苑出版社,1994年。章海荣:《西南石崇拜》,云南教育出版社,1995年。王孝廉:《关于石头的古代信仰和神话传说》,见《中国的神话世界》,作家出版社,1991年。

个族群的玉石崇拜对象都是就地取材和因地制宜的。如果看夏商周三代以来的中原国家玉礼器生产用料，呈现出一种逐渐从各种地方玉料向新疆和田玉料集中的发展大趋势，其结果是，后代王朝不论怎样改朝换代，却数千年不变地始终保持和田玉独尊的至高无上地位，而地方玉则大都废弃不用。这和强有力地拉动文明国家产生的西玉东输现象密不可分。我把这种文明及其价值观与某种特殊物质的相关性，称为"华夏文明的资源依赖现象"[1]。其延续时间之长，举世罕见。西玉东输，使得玉石成为所谓"丝绸之路"上最关键的早期进关物资。和田玉作为华夏统治者的精神符号物，对东亚文明传统的文化认同产生极其深远的影响。那就是脱胎于石头崇拜又大大超越石头崇拜的玉教信仰和玉德伦理。后者由儒家大力倡导，表现为"君子温润如玉"的人格理想修炼[2]。要问什么样的玉石称得上温润，那非和田玉中的籽料莫属。这和史前期的各地玉文化就地取材的情况，形成鲜明的对照。如北方的红山文化和南方的良渚文化，都没有超远距离的玉料开采和运输情况发生，而是分别依赖东北地区的岫岩玉和江苏溧阳小梅岭的透闪石玉矿。就此而言，玉石之路黄河段的再认识，成为迄今为止，能够从本土文化视角揭开华夏文明最高价值观构成之物质原型奥秘的一种新契机。由特定的玉石神话观念驱动的生产、交换和贸易现象，这也是马克思所言亚细亚生产方式在根源上的特色所在。

1　叶舒宪：《玉石之路与华夏文明的资源依赖》，《上海交通大学学报》2013年第6期。

2　叶舒宪、唐启翠编：《儒家神话》，南方日报出版社，2011年，第50—54、92—98、145—174页。

⬛ 玉教信仰的文化编码：客家田野考察

在各大古文明的宝物价值排序中，唯有华夏文明明确表达出玉高于金和金次于玉的现象。这是为什么呢？原来是得自史前大传统的华夏文明特有价值观之体现。《管子·轻重篇》记述的先王时代珍贵物质谱情况是：

珠玉为上币，黄金为中币，刀布（即早期铜钱）为下币。[1]

如此三分法的宝物价值谱，是如何得来的呢？简言之，在金属物质没有被开采利用之前数千年，玉石就已经在东亚地区被奉为至高圣物了。一部东亚冶金史，是4 000年的历史；一部东亚玉文化史，则至少是8 000年的历史。特定的宗教崇拜现象，连同其神话讲述，可以通过文化传播而扩散到其他地方。玉教价值观的传播伴随着华夏文明的生成和展开全过程，所以只要有华人的地方，没有不受其传播和影响的。价值观首先涉及价值高下问题。所谓"宁为玉碎不为瓦全"的中国话语，充分体现着华夏价值观取象于特殊物质的情况。从物质到精神，玉在华夏文明中的至高无上价值属性，就好比黄金在西方文明中的至尊属性。如果把西方文明最高价值概括为拜金主义，则华夏文明的最高价值就是拜玉主义，简称为玉教，全称为玉石神话信仰。

许慎《说文解字》解释"璏"字云："佩刀上饰。天子以玉，

---

1 马非百：《管子轻重篇新诠》，中华书局，1979年，第462页。

诸侯以金。从玉奉声。"明确表示贵玉而贱金,两者的等级差异是天子和诸侯的差异。对一般人而言,诸侯王已经是万人之上的统治者;但是与高高在上的天子相比,还是必须甘居低下的位置。从许慎解说词里的金玉对比看,今人难免会追问:华夏文明中的这种贵玉贱金价值观是何时形成的?看来合适的解答至少需要上溯到新时期时代中期至末期,即金属文化初兴之际,即距今5 000—4 000年期间,那时玉文化的发展早已经历过辉煌并达到巅峰状态了。最好的实物证据出自2007年新发掘的安徽含山县凌家滩文化M23号墓,该墓葬年代距今约5 300年,由300多件玉礼器为一位死者(估计他生前是地方政权的首领)送葬,这个数字超过随后的环太湖地区的良渚文化玉器生产和随葬的顶级规模。由此看,金贱玉贵的理由,不在于两种不同物质的物理特征,而是完全取决于新老宗教神圣物出场的历史时间排序,玉石崇拜属于史前期文化大传统的神物原型,金属则是后起的,属于文明发生期的新兴圣物形态。就金属矿石的可冶炼性而言,当它们最初被开采利用时,也和玉石一样,是受到使用者崇拜的物质对象,可以将其视为对不可冶炼的更古老的玉石崇拜的置换变形。

国人常常称道自己国家的历史是"上下五千年"。有没有一种物质和精神的互动要素,自5 000年前开始一直延续至今天呢?如果有,那又是一种什么样的文化元素(或称"文化的原型编码")呢?

2013年12月至2014年元月,笔者之一到粤东和闽西一带进行客家文化物质遗存的田野考察,先后调研广东省丰顺县、大埔县和福建省连城县、永定县,对玉文化为中国文化原型编码的新认识,提供了非常丰富的旁证材料。

客家人自唐宋以后从中原地区迁徙南方,辗转落脚到赣闽粤三省交汇地区，建立新的家园，世代聚族而居，相沿至今。唐宋时代距今1 000多年，客家人从中原文明带到南方各地的文化精神是怎样的？在客家式的传统建筑和生活习俗中保留着大量的此类古老文化元素，其中对玉文化的高度的推崇，就是极为突出的一个方面，并且紧密联系着华夏文明的主流价值观之表达。

我们的客家文化考察的第一站是广东丰顺县的著名古村落，位于汤南镇新楼村，清代的名称叫"种玉上围"。始建时期在明末清初，距今已经有340多年历史。围墙设计按照三十六天罡七十二地煞原理，共109块墙体围筑而成，墙高约6米，显得古朴而雄伟。寨内有三街六巷，一祠堂六公厅，呈现八卦九宫格局，大小房间608个。古寨西门上方，有一块题写寨名"种玉上围"四字的巨石板，由罗氏族长聘请书法家王月之题写。落款年号为庚戌，即清康熙九年。"玉"（sù）字在今天的大中学生中是很少有人能念出声的冷僻字。其字义与玉密切相关，或为玉字的一种异体写法。客家先民当年不远千里移居到粤北山区，修筑起防御性能良好的环形围屋和方形围寨、土楼等，他们给新村落起名时为什么要采纳这样生僻的汉字为名呢？

图10　广东丰顺县客家古村落寨墙西门上的"种玉上围"石板

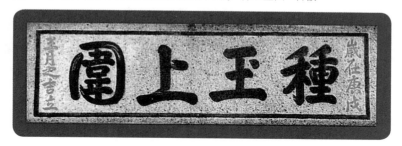

当地学者罗培衡撰文《种玉上围名称的读法及其屋名的由来》一文[1]，认为字典里给出的"玉"字义项大致有三种：一指有疵的玉；二指琢玉工人，三是姓。本地既然没有姓王的家族，取名的根据应该是第二个义项。他于是推论说："则种玉上围就是，此围屋是一个培养造就人才的村落。"这样的解释听起来不错，也很吉祥，但是种玉的典故依据却没有找出来。像这样一座充分体现传统文化奥妙和精义的古寨，要说300多年前的先贤们仅出于培育人才的比喻来取寨名，未必尽然。查阅《山海经》方才明白，种玉，是一个典故。华夏民族信奉不疑的先祖黄帝，曾经是历史上第一位播种玉的圣王。《山海经·西山经》云：

> 又西北四百二十里，曰密山，其上多丹木……丹水出焉，西流注于稷泽，其中多白玉。是有玉膏，其原沸沸汤汤，黄帝是食是飨。是生玄玉。玉膏所出，以灌丹木，丹木五岁，五色乃清，五味乃馨。黄帝乃取密山之玉荣，而投之钟山之阳。瑾瑜之玉为良，坚粟精密，浊泽有而色。五色发作，以和柔刚。天地鬼神，是食是飨；君子服之，以御不祥。[2]

晋代郭璞解释《山海经》的"玉荣"为"玉华"，即玉花；又解释黄帝投玉华于钟山之阳的行为是"以玉为种"。这就明确将种玉神话与抵御不祥的保佑、辟邪观念联系为一体。再看"种玉上围"的命名意义，原来是希望借用古老的种玉典故，在精神层面上大大增强村寨建筑的防御性能吧。

更深层的扩展性解读还有：客家先民用"种玉上围"这样

1　见《梅州日报》2013年12月11日。

2　袁珂：《山海经校注》，上海古籍出版社，1980年，第41页。

名号，寄寓着黄帝种玉的汉语典故，一方面表达不忘其中原民族始祖之根，另一方面也寄托着客家社会的旺盛生命力，即使在边缘的南方山区同样能够播种和繁育的伟大信念和道理。玉教作为国家出现前就已经流行东亚地区的神话信仰，必然体现在这个国家最高统治者的特色行为中。《山海经》记述的昆仑密山黄帝种玉神话，就这样成为后世知识人所向往的梦幻理想境界。在丰顺县汤南镇一带，还有其他一些类似的以"玉"为名的明清古村落，如"种玉上龙""种玉新铺""蓝玉隆烟"等，看来无一不是客家饱学之士精心用典所取的吉名。"蓝玉隆烟"这个寨名，让人马上联想到"蓝田玉暖日生烟"的古诗名句，将玉的产地与中原文明的关联和盘托出，突出客家人虽然漂泊万里却依然心系中原的文化情怀。

福建省连城县是地处闽西山区的边远小县，却拥有远近闻名的树芳斋匾额文化陈列馆。馆长是一位名叫杨芳的中年女士，20年来在客家文化地域收集到各种古代木制牌匾2 000多件，包括从宋代至晚晴民国的牌匾，这在闽西地区堪称一绝。如一块题为"玉洁冰清"的牌匾，清同治十一年福建学政孙毓汶题[1]。用玉的物理品质来比喻送匾者对受匾人高洁人格的称颂。这是自《诗经》时代以来的古汉语表达惯例。《诗经·大雅·板》六章："天之牖民，如埙如篪，如璋如圭。"孔疏云："牖，道也。如埙如篪，言相和也。如璋如圭，言相合也。"又云："半圭为璋。合二璋则成圭，故云相合。"[2]今日学界仍有著名学者以"圭璋"为名的现象，看来先秦的两种玉礼器早已成为华夏语言编码中的高贵和吉祥符号。

1　杨芳编著：《古匾集萃》，福建美术出版社，2012年，第99页。

2　王先谦：《诗三家义集疏》，中华书局，1987年，第918—919页。

图11　清同治十一年"玉洁冰清"牌匾,摄于树芳斋匾额文化陈列馆

　　树芳斋匾额文化陈列馆中有一块"品粹圭璋"牌匾,清乾隆四十六年浙江按察使德福题[1],还有一块"盛世圭璋"牌匾,清乾隆二十一年福建按察使德舒题[2],一看其题名用典,就知道来自中原文明的古典盛世之玉礼器,代表的是王朝统治者的价值体系。题匾人用圭璋来比喻对受匾者人品的赞扬,这是非常具有华夏特色的颂扬表达方式,很难直接翻译成外文,因为外国根本没有圭璋这样的玉礼器。另一块题为"彩璧联光"的[3],是清康熙年间进士阿尔赛所题写,受匾人为当地的同族兄弟二人,同时考取秀才,哥哥还中了第一名。对这一次科举中的金榜题名地方事件,当时任提督福建学政的满洲人阿尔赛,挥笔写下"彩璧联光"四个金字,隐喻着受匾的兄弟二人名字:哥哥叫柯琳,弟弟叫柯珩,两个人的名字中都有从玉旁的

1　杨芳编著:《古匾集萃》,福建美术出版社,2012年,第159页。

2　同上书,第150页。

3　同上书,第144页。

图12　清乾隆四十六年"璧水扬波"牌匾,摄于树芳斋匾额文化陈列馆

字,所以称为"彩璧联光",有相互映衬和共同荣耀的意思。李白诗曾经把天上的月亮称为白玉盘,作为礼器的玉璧就是玉盘的圆形状,"彩璧"可隐喻月光,"联光"则又隐喻兄弟二人同时照耀的意思,用典修辞命意非常繁复而巧妙,耐人寻味。

　　陈列馆中还有多块牌匾题词用玉璧为喻的,如意玉璧比照西周官学的辟雍和泮宫,如清乾隆四十六年福建布政使钱琦题赠监生廖仲璔的一块红底金字匾"璧水扬波",从匾额下款可看出,廖锺璔一家三代五人都是国子监的学生,钱琦用"璧水扬波"的典故,隐喻国家的太学中不断有廖家弟子入选。璧水指辟雍四周环绕以水的格局,因为是模拟玉璧的环状,象征天,所以辟雍也写作璧雍。相对天子级的辟雍而言,诸侯级的官学称作泮宫,因为礼制规定诸侯只有半璧形状的环水建筑。泮宫又称頖宫,一块"頖宫翘秀"的金字匾额[1],也是清乾隆年间出自福

1　杨芳编著:《古匾集萃》,福建美术出版社,2012年,第157页。

建布政使钱琦的手笔，受匾人为太学生林日升。翘秀就是翘楚的意思。因为是题赠清朝太学生的，采用西周王朝诸侯学校名称"頖宫"。《诗经·大雅·灵台》："于乐辟雍。"《大雅》为周初之作，可知西周确有太学建筑称为辟雍。《诗经·周颂·振鹭》："振鹭于飞，于彼西雍。""西雍"即辟雍，原为殷人辟雍的别称。卜辞中有"雍"，从水从口从隹，可证"雍"一类建筑是西周人因袭殷商的旧制。许慎《说文解字》释"廱"（雍）字："天子飨饮辟廱。从广，雝声。"朱骏声云："按：天子之小学也。周制，在国之西郊。所以春射秋飨，尊事三老五更，以教天下者也。"《礼记·王制》："天子曰辟雍，诸侯曰頖宫。"《诗·泮水》笺："筑土邑，水之外圆如璧。四方来观者均也。"[1] 殷人设"雍"于国之西，所以称西雍。周代改称辟雍，更加突出辟与玉璧的神话联想。

玉的颜色以青色为多，类比为天宇之色，天神世界之色。古人信仰天圆地方，用圆形的玉璧祭天，即《周礼》"苍璧礼天，黄琮礼地"之意。四川出土的汉画像石上还有在玉璧形象旁注明"天门"二字，将古人想象中的玉璧神话观和盘托出了。太学名称中的辟雍、泮宫之类名号能够千百年来为历代知识人所青睐，其深远的文化底蕴就潜藏在于华夏核心价值观的原型编码方面。陈列馆内还有"祥凝璧沼"（清光绪十七年）、"璧沼联辉"（清道光二十二年）、"璧雍双俊"（清同治十一年）、"成均首选"（清光绪元年）、"品重玉林"（清同治十年）、"泮璧流芳"（清咸丰十年）、"雍宫并茂"（清道光二十五年）、"辟雍特达"（清道光十九年）、"辟雍升俊"（清道光十五年）等一大批同类的客家旧宅牌匾。由此不难看出，南下的客家人如何重视耕读传家、科举晋身之道，又是多么喜欢用美玉和玉器的派生典故为这些

1　朱骏声：《说文通训定声》，武汉市古籍书店影印版，1983年，第51页。

到朝廷为官的读书人歌功颂德,并垂范后世。

另一块题为"珅晋鸣珂"的匾,清康熙十九年翰林院庶吉士杨钟岳题[1]。用的是《新唐书·张嘉贞传》称乡里为"鸣珂里"的典故。"珂"指似玉的美石,又指玉石做的马笼头装饰品。朝官回乡时,"乘马鸣玉珂"(张华《轻薄篇》),给人一种荣归故里和光宗耀祖的感觉。杨钟岳不愧是出身翰林院的文豪,别具匠心地采用一个从玉旁的"珅"字,一方面影射受匾人林之坤的之名,另一方面又和从玉的"珂"字首尾呼应起来。让林之坤科举成名和衣锦还乡的事迹与唐朝宰相张嘉贞尊贵荣耀形成对应。

以上通过连城县一间私人收藏的古代客家人牌匾的解读,可以深切体会到源远流长的玉文化是怎样成为华夏文明的价值编码之原型的。下面再看连城县内客家古村落典型——芷溪村的一座杨氏宅邸,只见门楣上方墨书四个大字"白环世守"。一般读书人不熟悉玉文化者,很难一下子领悟"白环"的隐喻所指,也无法联想到其典故的出处。《金楼子·兴王篇》云:"舜摄行天子政,巡守得举用事。卿云出,景星见,西王母使乘白鹿、驾羽车、建紫旗来献白环之玦。"《太平广记》卷二〇三引《风俗通》:"舜之时,西王母来献白玉琯。"这两个记载都说舜时西王母来献白玉器。因为白玉在玉石之属于稀有品,更显得高贵非凡,乃天子之祥。客家民宅以"白环世守"的题字,比喻南国田园生活之美好,犹如躬逢唐尧虞舜的太平盛世。白环作为远古传说中的帝王之祥瑞,如今飞入寻常百姓家矣。以白玉为至高价值的华夏理想,在此幻化为客家先民诗意栖居的生动写照。

1　杨芳编著:《古匾集萃》,福建美术出版社,2012年,第139页。

图13 芷溪客家古村落民居门门楣石牌题字"白环世守"

图14 福建永定客家
土楼"玉成楼"

紧接着连城县的考察,下一站是著名的永定县客家土楼文化。在诸多明清时代留下的特色建筑中,有一座土楼名叫"玉成楼"。这个名称使人回想到粤东丰顺的客家古村落"种玉上围""种玉上龙"和"种玉新铺"等。为什么客家人南迁后聚族而居的村落或围屋,常常借用中原玉文化的理念来命名呢? 国人习惯把好事办成叫做"玉成",玉早自史前时代就是华夏先民理想的符号物。背井离乡的客家人,莫非是像流浪民族犹太人用恪守犹太教信仰的方式实现民族文化认同?

　　如此看,玉教作为潜藏在华夏文明根基之中神话信念,虽然没有教堂和圣经等外在的宗教传授制度,却是渗透和弥漫在整个文化总体之中的,是不以个人意志为转移的价值系统。西玉东输的数千年运动铸就的玉石之路,应是这个东方文明古国的生命之路。以昆仑为仙山和以西王母为掌握不死秘诀的女神之信仰,乃至后代道教的玉皇大帝想象,其终极原型,全部要归结到和田玉独尊的文化价值观。

（原载《中外文化与文论》2014年第26辑）

乌孙为何不称王？
——第二次玉帛之路
踏查后语

摘要：19世纪的欧洲视角把古代欧亚间的文化通道称为丝路；中国视角的命名则为玉路或玉帛之路。乌孙、月氏等曾经活跃在这条路线上的游牧族，为华夏玉教信仰驱动下的资源依赖，充当着西玉东输二传手的功能角色。本文为第二次玉帛之路田野考察的民勤、武威两站笔记。从河西走廊的特殊地理和生态背景，尝试解说从西玉东输到西佛东输的文化传播多米诺现象，兼及中原华夏族与西域民族间由玉石贸易纽带而生的互动关系。

读万卷书，行万里路，是中国古代读书人的理想。仗剑他乡和负笈远游，不知激发出多少文人的豪迈和遐思。国人自幼读《唐诗三百首》，不知有多少人能背诵常建《塞下曲》其一的名句："玉帛朝回望帝乡，乌孙归去不称王。天涯静处无征战，兵器销为日月光。"可是常建为什么要说乌孙归不称王的问题，并未引起多少人的关注。诗无达诂，笔者带着这个疑问思索多年，终于在2014年7月的实地考察中获得一点解答的灵感，途中随笔记录，归来查书佐证，于2014年底草成小书《玉石之路踏查记》，2015年由甘肃人民出版社出版。该书中所录是完整的第一次考察（玉石之路黄河道与雁门关道）在山西境内的经历，和第二次考察全程约4 000公里的见闻，聚焦齐家文化遗址与四坝文化遗址、沙井文化遗址的关联性，部分内容曾经以"民勤、武威笔记"为题先刊发在《百色学院学报》。

笔者祖籍江苏苏州，相传祖宅位于苏州的观前街。从叔叔写的回忆录中得知，20世纪初叶，我爷爷在苏北宿迁买下4 000亩地，便举家迁往宿迁。我小时候填写籍贯也写过江苏省宿迁县。不过出生地却是北京。父亲叶震是北京天坛的中央药品检验所药剂师，编写过中国第一部药典。母亲也是药剂师，在北京市人民医院工作。我11岁时，举家下放陕西西安。我因为9岁起就读北京市外国语学校的法语班，住校学习法语，所以在父母下放后，一个人和爷爷留在北京生活了一年。直到1966年"文化大革命"开始，因为家庭成分地主被赶出北京外国语学校，也转学来到西安。从北京到西安，那时需要乘一天一夜的火车，12岁便初识"西去列车的窗口"，早已看惯黄土地、白杨树。

1970年代父母再度举家下放，从陕西省省会西安下放到陕北安塞县，住在窑洞里。祖国的大西北，对于一切外来的旅行家、探险家、传教士、商人和当今的驴友们来说，是足以引发壮怀激烈感受的地方。"走在西北大地上"，也是地道的异乡之旅。而对我来说，异乡早已变成生活过二三十年的第二故乡。不论是从澳洲或新西兰归来，还是从北美、欧洲或英伦访学后返国，每次踏上大西北的黄土地，都有一种回到家的亲切感觉。

12岁从北京外国语学校转学到西安市第四十一中学，生活在莲湖区的穆斯林聚集区，羊肉泡馍成为最爱吃的食物之一。1986年前后应《延河》主编白描（今鲁迅文学院副院长）先生之约稿写一部《羊肉泡馍》纪录片脚本，平生第一次弄明白，中原文化中的绵羊和山羊，原来都起源于西亚，是古代游牧于西北的氐羌族群和其他民族，充当了羊入中华文化的二传手。炎帝之姓姜，周人祖母名姜嫄，还有羌人之叫羌，真善美三字中的后两个字，都是从羊的汉字，都和"西方之牧羊人"密不可分。氐羌人早自炎黄大战的年代就开始融入中原的华夏。羊肉泡馍之"馍"，即面饼的西北方言称谓，做馍所用的小麦，原产地也在西亚的地中海东岸地区。麦者，来也，还是仰赖史前游牧民族的二传手作用，仰韶文化先民根本没有吃过的麦子、白面，才在齐家文化和龙山文化时代（距今4 000多年）传播到西北和中原。欧亚大陆上若没有一条开始于史前期的文化传播大通道，国人的饮食中不会有小麦和大麦，遑论羊肉泡馍、肉夹馍和兰州拉面、陕西裤带面、山西刀削面……

1971年夏在西安中学毕业进工厂当学徒工，1977年恢复高考后，有幸在1978年春季走入大学校园，已经是24岁的年纪。1982年毕业留校，在中文系当教师。基于对西北地区河西走廊文化传播通道的粗浅认识，笔者在1989年6月陕西师范大学参与发起的"长安·东亚·环太平洋国际学术研讨会"上，提交论文《文化研究的模式构拟方法——以传统思维定向模式为例》，批判传统文化孕育成的"东向而望，不见西墙"的思维偏向，认为对外开放不应只是对海开放，并提出中国文化重新向西开放的国家战略问题，即明确提出重开丝绸之路的构想，还大致估算出通过重开丝绸之路进行中西贸易比走海路贸易的优越性。

早在本世纪初，麦金德就从欧洲的立场出发，对东西方文化的沟通提出战略设想：中亚，包括我国新疆、内蒙古一带，曾经是世界历史的枢纽地区，也将再度成为世界政治、经济的新的枢纽区，其关键是修筑一条横贯欧亚腹地的钢铁大动脉，它的机动性和效益将远远超过海洋的力量。如果说麦金德的战略设想在美苏冷战、中苏关系恶化的过去年代里有其不现实的一面，那么，在国际政治趋于缓和与互谅，中苏关系、中印关系相继改善的现实条件下，从中国和世界的利益出发，提出重振丝绸之路的战略方案已经刻不容缓、迫在眉睫了。

至于重振丝路的意义及可行性，可从以下几方面说明。

从中国经济文化的宏观布局上看，欧亚贯通的陆路大动脉给我们输入新的血液，给全国发展的总体布局带来有益的变化，从根本上扭转重东轻西的文化偏至，实现资源、交通、人才等多重因素的优化配置与良性循环，搞活全国一盘棋，从宏观上带动地方，彻底解决中西部闭塞、贫困和落后局面，促进其经济文化的腾飞，从而大大加速中国现代化的进程。

从交通手段上看，从新疆出发乘火车，可在一周内抵达诸国。如果陇海、兰新线改造为双轨电气化铁路，再西出国境与苏联中亚地区铁路枢纽接通，绕黑海可直达土耳其，而后北上东欧西欧诸国。倘若这条铁路修成，东起太平洋沿岸的上海，西至巴黎的列车只需十余天就能跑完全程。中西贸易的路程将成倍缩短，时间周期只需海运的1/5，能源消耗大减，资金周转率与保险系数大幅度提高。

从对外贸易方面看，我国西部地区拥有煤、石油和矿藏等方面的能源优势和自然物产（羊毛、药材等）优势，重振丝绸之路有利于开发这些资源打入国际市场，与中亚、西亚、北非、东西欧各国取得最大限度的贸易联系，并可拓展阿拉伯市场，使长期以来因地理条件限制而被隔置在世界经贸网络之外的中西部地区加入国际大循环。

从世界的高度看，重振丝路将实现人类亘古之梦，以现代技术手段（铁路、公路与航空）联通欧亚大陆，将中国与世界更紧密地连为一体，并对中亚、西亚各国的经济、文化发展产生积极作用，在一定程度上改善世界经济环境和文化发展的重心。中国将从世界上的远东边缘地区一变而为具有中心枢纽作用的战略要地——使世界经济发达的西欧同日本、中国香港及亚洲诸小龙的陆路交通成为可能，其吸引外资的诱力远非沿海特区所能比拟。

在可行性方面，中亚铁路直达地中海东岸，与欧洲联成一体；而我国新疆乌鲁木齐至伊宁的铁路也在修建之中。如果决策者能超越"东向而望"的文化偏向，从世界高度看待这条向西开放的铁路,将进口轿车和压缩基建的大笔经费投资在古丝路的改造重建上,并努力西出与中亚铁路沟通,那就有可能实现自秦皇汉武以来最宏伟的文化建设工程,开创出"重写世界史"的伟业。

　　附记:本文原为笔者1988年10月在山西大学的讲演稿,后吸收姚宝瑄先生意见做了修改,打印稿曾在1989年4月本中心主办的"长安·东亚·环太平洋文化国际讨论会"上交流。这次发表时,国际局势已有很大变化,文中所提及"苏联"已不复存在,而"重开(丝路)"也有幸列为国策,谨此铭志。[1]

　　当时我之所以有这样的想法,和在西北生活近三十年的地理经验是分不开的。文章中还提到从中国历史上观察到的一种思维定式现象:如果把炎黄的东迁看成是中国文化空间运动最早的动量,那么后来的历史运动方向只不过是这一动量的结果,由此而造成文化惯性力,使后代那些帝王们忘乎所以,偏执地面向着生命和希望的方位——东方,导演出一幕又一幕的历史剧。每当一个王朝日薄西山,需要重振元气,东山再起的时候,更新统治的最佳选择莫过于空间的定向移位——东迁。于是,中国历史上出现惊人相似的运动模式:

　　西周——东周
　　西汉——东汉
　　西晋——东晋[2]

1　叶舒宪:《文化研究的模式构拟方法——以传统思维定向模式为例》,《文化研究方法论》,陕西师范大学出版社,1992年,第228—229页。
2　同上书,第223页。

我当时就借用刘勰《文心雕龙》的话，把这种由华夏文化造就的思维定式称为"东向而望，不见西墙"，并从历史引向现实，批判性地反思当年把对外开放完全变成对海开放的国家政策偏颇。只可惜，在13个新开放的经济特区全部在沿海地带（从大连到深圳、珠海和海南岛）的时代语境下，我从西北的地域立场出发，提出"重开丝绸之路"的国策建议，就显得那样的不合时宜，完全沦为一个书生的狂放遐想，当时没有得到任何一点现实的回应，也就在情理之中。

　　后来工作调动，先去海南岛任教，从此远离西北，相关的探索也就悬置起来。1999年调回北京，在中国社科院做专职的科研工作，其间数度出访欧美。2005—2010年兼任兰州大学翠英讲席教授期间，跑西北又再度成为个人生活中的常态。因为当年研究的角度是从神话学看华夏文明起源，尤其关注西北的史前文化脉络，包括调研并收集马家窑文化、齐家文化的陶器（图15）和玉器。

图15　初识齐家文化的陶器——鸮面罐，
　　　　2006年11月造访临夏时摄

　　认识到齐家文化是约4 000年前崛起于西北的崇玉文化，齐家文化玉器与中原文明起源，在时间空间上都关联密切，遂成为近十年来持续关注的研究对象。

　　因为要研究4 000年前的西北史前玉文化分布，理所当然地要关注西玉东输这样一种中国特有的资源调配之文化现

图16　齐家文化陶器,2016年10月14日新落成的广河县齐家文化博物馆

象,由此便进入到玉石之路的调查课题。这才逐渐地意识到:在鸦片战争之后由来华的德国人李希霍芬提出的"丝绸之路"说,虽然如今已经流行于世界,却不符合国人对这条文化传播通道的认知习惯。早年我跟随西方话语提出的重开丝绸之路主张,现在看来大方向没有错,在话语选择上却难逃西方中心的模式窠臼。近几十年来,国内的考古文博学界把这条路称为"昆山玉路"或"玉石之路"。若是兼顾中西方的视角,折中一下,还是像常建诗中所咏的那样,采用先秦以来的古汉语习语"玉帛"一词来命名,较为妥当。从跟着洋人叫丝路,到回归本土称谓叫玉路或玉帛之路,这不仅是叫猫还是叫咪的名字问题,其中隐含着从西学东渐以来的本土文化自卑感,到恢复文化自觉和文化自信后的话语策略大问题。所以,我们不得不较真。

　　回到常建诗中所言"乌孙不称王"的问题,目前看来其最有效的答案不是出自古代的唐诗注疏家视角,而是出自当今研究丝路贸易的经济学视角:因为优质的和田玉几乎是无价之宝,送西域玉石到中原王朝所获得的各种优待和回报,高得惊人,所以自古以来活跃在河西一带的乌孙人当然不会错过这样的发财致富机会。至于唐王朝对来自西域的献玉者究竟有怎样的优惠接待政策和经济回报,在敦煌藏经洞发现的一份晚唐文书(P3547号文书)的解读,给出非常确凿的答案:公元877年,敦煌当地的统治者张淮深为获得唐朝皇帝封赏的地方官号和标志军权的旌节,派出一个29人的使团去长安给皇帝进贡三种宝物:一个玉团(大小和重量不详)、一条牦牛尾、一副羚羊角。代表团在12月27日抵达,4月11日离开,在长安逗留近四个月。朝廷方面将来访的敦煌使团人员分为三组(高官3人,小官13人,随从13人),分别给予赏赐。高官每人得到布15匹,银碗1个,锦衣1套。小官每人得到布10匹,银杯1个,衣1副。随从每人得到布8匹,衣1副,没有银器。把这些与从其他政府机构所得礼物加在一起,共有布561匹,银碗5个,银杯14个,衣50副。此外,每人还得到43匹布作为路费,共1 247匹,比全团得到的布匹的两倍还多。使团成员把唐朝的礼物集中起来列出一个清单,把所有礼物都装入带木制标签的皮革袋子中,运回敦煌。

这是怎样一种令人咋舌的玉帛(布)"贸易"现象?

下面是美国汉学家、《丝绸之路新史》一书作者韩森的一个评语:

尽管唐朝皇帝贸易把使团想要的旌节赏赐给他们,但却承担了使团在京期间的一切费用,并赏赐了大量礼物给使团成员。在丝绸之路的整个历史上,上至悬泉汉简中的粟特使团,进贡使团的成员除了履行义务呈上正式礼物之外,还在私下参与贸易。我们不知道贸易使团各个成员从交易中获利多少——他们并未记录这种交易——但赏给一个人的丝绢就已经是很重的礼了。[1]

　　由于唐王朝给进贡玉石者的优厚待遇和经济回报,在玉帛之路上往来的各族团队不知有多少,他们甚至借钱租用骆驼以便成行。这种的借贷租用契约居然在敦煌藏经洞里封存千年之后被今人发现。所有契约都遵循同样的格式。先说明租骆驼的人要参加进贡使团,再写出租赁人返回时需要支付多少绢偿还骆驼租金。最后是违约条款,写明租赁人不回来的话需要支付多少违约金。这些契约非常有效地诠释着常建《塞下曲》中所写到的乌孙人与唐朝之间进行的"玉帛"贸易的巨大利润真相。在这样的经济利益驱动下,为什么"不称王"的疑问也就彻底得以消解。

　　从公元9世纪唐朝末年到10世纪北宋初年,西玉东输的朝贡贸易活动有增无减。原因是:"于阗玉不仅是王公贵族赏玩装饰所必需,而且还作为礼器、祭器供奉于庙堂,馈赠贡献于朝聘会盟之时,故在等级森严的朝廷宫室里,玉石特别贵重,皇帝的御章都以玉为之,称为玉玺。至五代、北宋时期,此名贵产品,已走出宫室殿堂,逐渐在民间流传,并投入市场,成为于阗与中原贸易最获厚利的资源。每次于阗进贡使的货物单中,玉石在贡品中常列首位。有整块的玉石,也有经过雕琢的玉枕、玉匣、玉鞍辔、玉带等。玉石用途广泛,雕琢成器后,可为礼器、仪仗、工具、用具、册宝、神像、佩饰、陈设、文玩等,所以需要量极大。不仅于阗官、私商人将玉石源源不断地运向

1　[美]韩森:《丝绸之路新史》,张湛译,北京联合出版公司,2015年,第243—244页。

中原出售，而且还转手给其他地方的回鹘人、吐蕃人、党项人等贩至各地贸易。"[1]天下熙熙皆为利来。既然乌孙人只是河西走廊上输送玉石的少数民族之一，那么结合整个河西地区的各个民族的贸易玉石情况，才能大致判断出为什么华夏国家同他们交往的基本原则就是一个：化干戈为玉帛。

一句"乌孙归去不称王"，是唐代诗人借助乌孙人之口，代表所有的河西地区游牧的少数民族在发言和表态。意思就是凭借玉石贸易纽带，成就多民族和平共处、互利互惠的理想状态。

至于乌孙人的前世今生，从血统上简单地讲，乌孙就是如今哈萨克人的先祖之一。司马迁《史记·大宛列传》中记录的乌孙人先祖情况，是通过张骞被扣押在匈奴期间从匈奴人那里听说来的：乌孙在大宛东北大约2 000里，是个百姓不定居一处的国家，人们随着放牧的需要而迁移，和匈奴的风俗相同。拉弓打仗的兵卒有几万人，勇敢善战。原先服从于匈奴，待到强盛后，就取回被束缚在匈奴的人质，不肯去朝拜匈奴。张骞回答汉武帝的询问时还说到一个弃儿型的祖先诞生神话：

"我在匈奴时，听说乌孙国王叫昆莫，昆莫的父亲，是匈奴西边一个小国的君王。匈奴攻打并杀了昆莫的父亲，而昆莫出生后就被抛弃到旷野里。鸟儿口衔着肉飞到他身上，喂他；狼跑来给他喂奶。单于感到奇怪，以为他是神，就收留了他，让他长大。等他成年后，就让他领兵打仗，屡次立功，单于就把他父亲的百姓给了他，命令他长期驻守在西域。昆莫收养他的百姓，攻打旁边的小城镇，逐渐有了几万名能拉弓打仗的兵士，熟悉攻伐战争的本领。单于死后，昆莫就率领他的民众

1　殷晴：《唐宋之际西域南道的复兴——于阗玉石贸易的热潮》，《西域研究》2006年第1期。

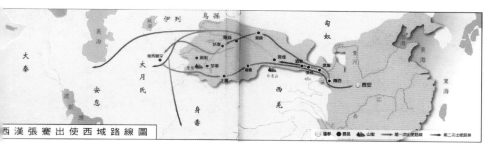

图17　张骞通西域路线图

远远地迁移，保持独立，不肯去朝拜匈奴。匈奴派遣突击队攻打昆莫，没有取胜，认为昆莫是神人而远离了他，对他采取约束控制的办法，而不对他发动重大攻击。如今单于刚被汉朝打得很疲惫，而原来浑邪王控制的地方又没人守卫。蛮夷的习俗是贪图汉朝的财物，若真能在这时用丰厚的财物赠送乌孙，招引他再往东迁移，居住到原来浑邪王控制的地方，同汉朝结为兄弟，根据情势看，昆莫应该是能够接受的，如果他接受了这个安排，那么这就是砍断了匈奴的右臂。联合了乌孙之后，它西边的大夏等国都可以招引来做为外臣属国。"

　　汉武帝这一次从张骞提供的信息中获得启示，决定任命他为中郎将，率领三百人，每人两匹马，带上丰厚的礼品牛羊数万只，再加钱财布帛，价值数千万，另外还配备多位持符节的副使，如果道路能打通，就派遣他们到旁边的国家去。这就是张骞第二次出使西域的由来。第一出使的目的是联合大月氏人，第二次出使的目的是联合乌孙人，都是为了形成对匈奴的腹背夹击态势，共同对付强敌的。没想到的是，张骞的两次出使都是歪打正着，两次的联合结盟的愿望都没有实现，却同时找到黄河的发源地（上古相信"河出昆仑"）和美玉的原产地，并带回大量的玉石标本。没有这些标本，汉武帝亲自查验古书，给于阗南山命名为昆仑的事迹，就失去了依据。莫非这就是当今文学人类学一派强调的第四重证据在西汉时代的应用先例！

汉朝覆灭之后，另一支游牧民族柔然人在草原崛起，战败的乌孙人逃亡到葱岭一带继续生存。天山以北的乌孙故地被东西突厥瓜分，开启突厥人与乌孙人逐渐融合的历程。1456年，乌孙、康里等部落迁移到楚河流域，改名为哈萨克，此后的史书中就不再有乌孙的记录。目前，全球的哈萨克族人口1 200余万人，国内的哈萨克族有125万人。我在中国社会科学院的同事黄中祥是国内哈萨克文学研究专家，通过他的大著《哈萨克英雄史诗与草原文化》，或许能体会到乌孙人后裔的文化根脉传承，特别是其萨满教的神、魂、鬼三分的信仰和相关观念[1]。我在《文学人类学教程》第七章第三节"文学治疗的民族志"中，也引用过黄中祥研究员对哈萨克族阿尔包歌的文学医疗实践的案例，用来阐明人类用文学手段治疗身心疾病的原理[2]。不称王的游牧族乌孙人后裔，仍然保留着前现代的文化遗产，那就是欧亚大陆草原腹地的史前萨满教传统。这当然是地地道道的文化大传统。

1　黄中祥：《哈萨克英雄史诗与草原文化》，中央编译出版社，2007年，第216—226页。
2　叶舒宪：《文学人类学教程》，中国社会科学出版社，2010年，第235—237页。

探秘中国文化DNA

——第二次玉帛之路考察

答《中国玉文化》记者问

（《中国玉文化》记者马井芳问，叶舒宪答）

由中国文学人类学研究会、甘肃省委宣传部、甘肃省文物局、西北师范大学四家合办的"中国玉石之路与齐家文化研讨会暨玉帛之路文化考察活动",自2014年7月12日开始,从兰州出发,历时十五天后,在定西市落下帷幕。本刊记者就这次研讨会和玉帛之路考察活动采访了发起人叶舒宪教授。

　　问:就您个人而言,此次考察最大的收获是什么? 有没有预期之外的收获?

　　答:这次考察有两个收获:第一,对构成华夏文明的资源依赖现象即西玉东输格局,获得了比以往更为具体和深入的认识,找到了未来研究的突破口。第二,"丝绸之路"的命名具有很大的局限性和蒙蔽性,德国人李希霍芬只是从西方视野出发诠释河西走廊文化通道,因为19世纪的西方人没有意识到西玉东输现象对华夏国家形成和王权象征的重要意义,不知道玉石之路先于丝绸之路已存在2 000年这一事实。同样,彼时的中国学界也没有认识到这两个关键方面。所以一个多世纪以来都处在人云亦云或以讹传讹的状态而不自知。如今只有通过具体调研才能逐渐揭示真相,达到文化自觉。

　　要说预期以外的创获,那就是对新疆以外的甘肃青海玉石资源输入中原国家的情况,有了较为明确的认识。这种新认识有两方面的意义,即学术意义和现实意义。其学术意义是,给中国玉帛之路的理论路线图带来柳暗花明又一村的全新格局,即从以往一味聚焦新疆和田玉东输路线的做法,转向对中国西部多元的玉石资源做全面探查的局面。其现实意义在于,对于国家重建丝绸之路经济带的战略,能够提供及时的具有理论创新性的学术支持,并能直接促进新疆、青海、甘肃、宁夏、陕西、山西、内蒙古等多省区的文化资源调研与开发,为其文化创意产业带来巨大的文化附加值及经济效益。

问：这一次以古代文化遗址为重点的考察活动中，走访了哪几个和史前玉文化有关的遗址？其中，哪个遗址让您印象最深？为什么？

答：我们去了武威市的皇娘娘台遗址，永靖县的王家坡遗址、临夏市郊的罗家尕原遗址、广河县的齐家坪遗址，还有定西市的内官乡，此处虽然没有正式发掘的遗址，却找到疑似早于马家窑文化的素陶片，还有陶窑遗址，以及出土齐家文化大件玉礼器的祭天高台，其山川形势居高临下，有观象台的格局，类似于雅典城的地势，以及南方的良渚文化莫角山古城遗址和北方的龙山文化石峁古城遗址。

此外，这次考察的与齐家文化同时或稍晚的史前遗址，主要是四坝文化的，如民乐县的东灰山遗址、西灰山遗址，张掖

图18　2014年第二次玉帛之路考察团摄于河西走廊上的峡口古镇

市的黑水国（西城驿）史前遗址，玉门市的火烧沟遗址。这些遗址的意义如同串珠一般，串联起整个河西走廊的史前大通道，其重要性在于四坝文化先民或许充当着西玉东输路线上的二传手角色。这大概是东周至汉代匈奴民族崛起并占据西域之前，活跃在河西走廊地区的月氏人、乌孙人等印欧人群所留下的遗迹。印象最深的遗址还是瓜州县的兔葫芦遗址，位于西玉东输的三岔口位置，通往新疆的两条路线即敦煌道和伊吾道的交汇处，这里存在自史前至汉唐元明清各代的文化遗存。这样延续数千载而存在的边关要塞文化，十分类似于锁阳城遗址，后者因为留下地上建筑遗迹而名满天下，前者则没有留下地上建筑并已被沙漠沙丘所覆盖，处在不为人知的状态，更加具有研究价值。

问：听说考察团的实际行程与原计划有很大不同，为什么会对原定的路线做出较大调整呢？是什么样的随机因素使得计划改变？

答：原初的路线图设计是根据众所周知的常识而拟定的，以敦煌以西的玉门关为考察的最远目标地。在抵达瓜州的那一天，与当地文物工作者交流，获益匪浅：当下决定暂不去敦煌"凑热闹"，而是锁定瓜州的两个新目标，于是19日和20日的考察成为此行收获最大的两天。19日的考察让我们意识到瓜州双塔村附近的兔葫芦遗址，对于西玉东输运动的枢纽性意义，并由此引发对游动的玉门关的理论思考。20日的考察了解到甘肃边地也蕴藏着重要的玉矿资源，其玉质虽然达不到新疆和田玉的滋润油性，但其通往中原国家的路线却比新疆和田昆仑山一带要近 1 000 多公里并且更好走。这就使得对西玉东输的玉源方面认识，突破单一的新疆和田玉局限，带来更广阔的思考和研究空间。

问：近年来，玉学界的一批学者，通过对文献资料研究和田野考察，认为华夏文明的"DNA"就存在于影响至今却被人们长久忽视的玉文化中。尤其是得名于甘肃广河县齐家坪新石器时代文化遗址的"齐家文化"。那么，此次考察对于你们继续坚持这一观点，有进一步的实物或理论方面的支撑吗？

答：上古时代以来，司马迁记录下的中原国家官方派出使团探查黄河之源顺带找到美玉之源，只有张骞时代的那一次，并由汉武帝亲自查验汉使采集回来的玉石标本，并查考古图书的相关记载，据此而命名了于阗的大山为"昆仑"。从汉武帝时代到如今，这空缺的2 000年终于在2014年夏有了填补的契机，这是此次玉帛之路考察的学术意义所在。考察所获得的实际性新认识，距被西方人于19世纪末提出的"丝绸之路"说遮蔽下的玉石之路真相，更近了一大步。

图19　2014第二次玉帛之路考察团在瓜州大头山考察玉石资源

玉文化的最大优势在于，其在东亚地区发生的年代距今8 000年，大大先于汉字书写文化，也远远早于金属冶炼文化，而且玉文化的发生背后有深刻的观念和信仰背景，我们暂称为玉石神话信仰，简称玉教，这就给研究文明起源问题带来前所未有的新材料和新视野[1]，有助于理解中国为什么成为中国的奥秘（博大：国界从东到西长达4 000多公里；精深：有8 000年持续不断的玉文化和信仰），并提出"玉文化先统一中国"说的全新理念。齐家文化的特殊性在于，它大约同时（距今4 000年前后）接纳了来自东方和中原龙山文化的玉文化要素与来自河西走廊以西的金属文化要素，兼收并蓄，形成玉璧玉琮和铜镜铜铃的史前礼制传统，给后来的夏商周国家礼乐制度奠定了玉振金声的原型。就此而言，没有哪个史前文化更接近中国成语所说的"金玉良缘"。齐家文化的地理分布介于西部优质玉矿资源与中原国家玉石崇拜的强烈需求之间，成为西玉东输的关键中介者。而一旦和田玉进入中原，就压倒甚至取代以往所有的地方性玉种，成为中原国家的新兴战略性物资，数千载以来连续不断地输送，至今还在经济利益驱动下而继续输送。这也就是说，玉石之路是至今仍然活着的文明生命之路。其文化遗产意义兼及物质与精神两个方面，属于自然与文化的双遗产。齐家文化不仅自身发展出大规模的玉礼器生产和使用制度，而且真正开启西玉东输近4 000年的漫长历程。目前学界主流观点认为商周玉器中大量使用新疆和田玉，齐家文化和同时期的龙山文化玉器生产的用料情况，将是下一步研究的重点，其中是否有和田玉的证明，将是决定

1　参看赵周宽：《中华文明起源"玉教说"及其动力学分析》，《思想战线》2014年第2期。

性的。尽管目前玉器收藏界普遍认为齐家文化玉器中有少量来自新疆的和田玉料，但这主要出于经验的推测，仍然需要科学地加以证明。这次考察让我们充分认识到，齐家文化玉器生产用料的多元性和多源性，需要结合各地出产玉石的真实情况（广泛取样），组建成西部昆仑山系和祁连山系的玉矿资源网络整体，给予全局性的把握。最后需要说明的是，齐家文化及其玉礼器并不是华夏文明形成的唯一源头，但却是被中原中心主义观点所忽视最甚的重要源头之一。这就预示着深入研究齐家文化对于重新理解"华夏文明传承创新"命题的至关重要意义。

问：听说此次考察还产生了一些新的推断，比如在瓜州有玉石之路运输的要塞或中转站等。是怎样的重要发现，让你们有了这样的推论？还有，能否介绍一下瓜州的兔葫芦遗址的形成时期以及繁荣乃至衰败情况。

答：你使用的"推断"或"推论"这样的措辞很好，就因为考察时间有限，所接触到的新材料不够丰富，也没有经过检测和实验室分析，只是从经验出发作出的推断，还需进一步调研取样和分析。难点在于，兔葫芦遗址有大量的汉代陶片和四坝文化陶片，也还有唐代陶片，那些被切割的玉石料，究竟属于哪个时代，目前没有被发掘的地层关系可以证明，只是地表上的采集取样而已。尚不宜采用"重大发现"这样的措辞。兔葫芦遗址以及邻近的鹰窝树遗址等，历史上曾经发生过怎样的兴衰变化，目前还无法贸然推论。如果作更大胆一些的推测，不仅这些几乎被遗忘干净的边关遗址，甚至锁阳城、冥安城等古城的设置，都和西玉东输运动有密切关系。虽然目前锁阳城被当作丝绸之路的重要站点获得了世界文化遗产的桂冠，

图20　2014第二次玉帛之路考察团在瓜州沙漠中探寻兔葫芦遗址

但是其作为国家边关重镇，其所运送物资的真相如何，仍然还没有探究清楚。至少可以肯定一点，对于华夏国家而言，玉石的进关要比丝绸的出关重要得多。古汉语玉帛并称，其根源在于以"玉帛为二精"（《国语》）的神话信仰，帛一般作为包装玉器的材料而使用，也作为交换玉石资源的筹码、货币等价物而使用。就此而言，人云亦云的丝绸之路说，出自西方人视角，对中国一方似乎有"买椟还珠"之嫌，把最主要的东西遗忘掉，极度强调派生的和次要的东西，甚为可惜。

问：您怎么看齐家文化或玉石文化在甘肃建设华夏文明传承创新区中的意义或地位？

答：华夏文明传承创新区是全国范围内率先启动的文化建设大工程，关系到西学东渐以来若干重要文化观念的正本清源工作。这首先需要有学术前沿探索的勇气和魄力，获得超越前人和超越常识的新认识。齐家文化与华夏文明的关系，长期以来被忽略，这正是玉石之路或玉帛之路研究能够取得突破性认识的知识盲区。玉和马，这两种物质都是到齐家文化中才真正兼有的。玉和马两者都在华夏文明中被大大地神话化，对于建构文明国家的意识形态，其发生学的意义非同小可。对于这些问题，需要把握表述的分寸即措辞的精确，尽量不让人产生误解。强调齐家文化的意义，并不是要否认中原文化和其他地域文化对文明国家起源的意义，而是希望将两者有机联系起来，放在世界文明大背景中加以权衡审视，让玉石之路的文化传播大通道意义，在时间和空间上逐渐明晰起来。这就预示着进一步调查研究的大方向。

问：这次玉帛之路考察的后续成果是怎样的？

答：考察的随机实录和每日行程报道，有甘肃新闻网和武威电视台全程跟踪并报道。领导和专家的考察文章由《丝绸之路》杂志编为2014年10月号（第19期）为玉帛之路考察专刊。每位专家还要将考察文章系列汇集成册，由甘肃人民出版社推出一套相关丛书（图21）。本次活动被媒体誉为自周穆王和张骞之后，又一次由国家官方派出的考察西域玉文化资源的活动，以后会持续举办下去。我们计划于2015年在兰州举办中国玉文化高端论坛，以及后续的玉帛之路考察活动，有力促进中国玉文化的研究与开发。

图21　甘肃人民出版社2015年出版"华夏文明之源·玉帛之路"丛书

（原载《中国玉文化》2014年第5辑）

环腾格里沙漠的古道

——第三次玉帛之路

考察缘起

2014年7月，第二次玉帛之路考察的第一站是位于河西走廊东端的一个贫困县——民勤。该县在地理位置上从河西走廊向北部伸出，被前后两个大沙漠夹持着，好像是生活和交通的绝境，伸向沙漠的一条死路。其实不然，从地图上的一系列叫"井"的地名，排列起来刚好形成一条隐隐约约的穿越腾格里沙漠的路径，一直通往贺兰山和河套地区。回程后阅读西北师范大学陈守忠教授的论文《北宋通西域的四条道路的探索》[1]，从中得到重要启示，这一条纵贯沙漠的路线不仅是古代的存在，名为灵州道，直到近现代也还有地方商人的骆驼队，由此经过。

由灵州向西，可称西段。是渡过黄河，出贺兰山口（现在叫三关口），穿越腾格里沙漠。据《高居诲使于阗记》："自灵州过黄河，行三十里，始涉沙入党项界，曰细腰沙、神点沙，至三公沙，宿月氏都督帐，自此沙行四百余里，至黑堡沙，沙尤广，遂登沙岭。"而《西天路竟》只记"灵州西行二十日至甘州"。因此，论者谓出贺兰山口后穿过沙漠的此段路程"无可确考"。经我们调查民勤绿洲时所得，是可以搞清楚的。出贺兰山口后不是向西行或向西南行，而是折向西北，所经细腰沙、神点沙，即今贺兰山外数十里间沙漠，北上至今阿拉善左旗，即折向西北，经现在的锡林高勒、和屯盐池至四度井，转向西南，到达今甘肃民勤县的五托井，《使于阗记》中所言"至三公沙，……自此沙行四百里，至黑堡沙，沙尤广"的地段，按方位里数，就在四度井与五托井之间。由五托井再南行百余里，即达白亭海至白亭河（现在的石羊河），即民勤绿洲地区。解放前以至于

1　陈守忠：《北宋通西域的四条道路的探索》，《西北师范大学学报》1988年第2期。

现在,民勤人跑生意走阿拉善左旗,远至银川,仍然走这条路。从地图上看,是向北绕了一个大弯子,实地上这是出贺兰山越腾格里沙漠最好走的一条路。渡白亭河以达凉州,即与传统的河西道合。

这一条在河西走廊外缘的古老的道路的存在,引起我们的注意。2015年1月6日,为申报内蒙古社科院的招标项目,笔者草拟一个考查线路计划,发给在兰州的冯玉雷:

内蒙古社科院2015年草原之路调研计划路线

1. 黄河线之一,呼和浩特至包头线。重点调研围绕着河套的史前期的七个古城分布,及出土文物情况,以龙山文化时代为主。

2. 黄河线之二,包头至乌海一线。史前文化遗址和出土文物;今日的民间商贸通道,山西会馆之类,民间走西口传说等。

3. 黄河—贺兰山—腾格里沙漠线,乌海至阿拉善左旗一线。调查沿线的古代文物和路径。

4. 石羊河线,阿拉善左旗至甘肃民勤县北端的白亭海(汉代的休屠泽),这是唐宋时期灵州道的西段。沿着石羊河到民勤,不南下武威,而是西进阿拉善右旗。

5. 弱水——巴丹吉林沙漠线,寻找阿拉善右旗通往张掖、高台的古代路径,沿着弱水到额济纳旗(居延,黑水城)。

6. 黑戈壁线,从额济纳旗向西,到肃北蒙古族自治县的马鬃山,调研古代玉矿分布及东输路线。

由于需要调查的路网复杂多样,等待项目审批又需要几个月时间。在兰州的冯玉雷就提前组织了第三次考察,充分利用从高校放寒假到春节前的日子，完成一次较短行程的考察，于是就选定上述计划考察路线的第4方案，在2015年2月初实施完成。这是九次考察中笔者唯一没有亲自入团参与的一次。冯玉雷主编及时撰写了《玉帛之路环腾格里沙漠路网考察报告》，刊发在《百色学院学报》2015年第2期的文学人类学专栏里。

沙漠中的路线基本上都是骆驼队的运输线。2008年，内蒙古自治区阿拉善盟申报的"蒙古族养驼习俗"，入选第二批国家级非物质文化遗产名录的民俗项目类别，序号为999。骆驼被誉为"沙漠之舟"，也是机动车没有发明以前，人类历史上最主要的运载工具。蒙古族养骆驼的历史，成为阿拉善历史中的重要一页。在个人的有限知识贮备中，记得日本著名探险家和人类学家，用十年时间重走人类迁徙之路的第一人——关野吉晴，在他的《伟大的旅行》一书中引用过一位蒙古国向导的说法，非常具体实在地表明骆驼的好处。看他1998年4月25日的旅行日记，只有几行字，是笔录的他从蒙古国戈壁阿尔泰省的蒙古族向导万吉贡那里听来的"骆驼经"：

万吉贡说："虽然马也不错，但骆驼比马更出色。在蒙古，夏天气温超过30℃，冬天则低于−30℃。然而骆驼在两种情况下都很强悍，几天不吃不喝也没事，非常适合长途跋涉。最近我常想，有没有什么动物比马更聪明呢？如果马逃走了，无论你怎么呼喊它都不会回头，而骆驼则会返回。骆驼很能理解人类的声音，在我们迷路的时候，它还能帮忙找到蒙古包。"[1]

1　［日］关野吉晴：《伟大的旅行》，侯蔚霞译，中国人民大学出版社，2011年，第246页。

这一天里，这位日本探险家什么也没有记，只记下这一条关于骆驼的经典颂词。万吉贡是当地名人，因为善于饲养骆驼而出名，养了300多峰骆驼，也是一年一度的骆驼品评大会上夺冠最多的优胜者。

无独有偶，有一位中国的蒙古族女歌手莫尔根，因为善于唱《苍天般的阿拉善》而出名。莫尔根，在蒙古语中是"聪明"的意思。从小爱唱歌的莫尔根，出生在阿拉善草原牧民之家。她从小在姥姥身边长大，童年记忆最多的场景就是姥姥家的驼群，犹如魂牵梦绕一般。姥姥对骆驼的爱，滋养着莫尔根音乐艺术灵感。200多峰骆驼，就那么年复一年地伴随在老人身边，而老人家竟从来没有卖过一峰。在她的眼中，驼群不是财富，也不是金钱，而是自己的儿女。莫尔根遇到恩师德德玛，把对草原和对骆驼的深情都传承到歌唱之中。这歌声，一不留神感动了世界，也把苍天般的阿拉善这个美名，传扬四海。

从中国地图上看，内蒙古自治区属于北端最狭长的一个省区，一般被分为西蒙、中蒙和东蒙三个区域。阿拉善盟总面积27万平方公里，即位于内蒙古自治区最西端，西面接壤甘肃酒泉、张掖、金昌、武威、白银，东南面隔贺兰山与宁夏的中卫、吴忠、银川相望，东北则同巴彦淖尔市、乌海市、鄂尔多斯市接壤。北面就是外蒙，即蒙古国。新中国成立以后，阿拉善盟曾经先后归属宁夏省蒙古自治区、甘肃省蒙古自治区、甘肃省蒙古自治州、甘肃省巴音浩特蒙古族自治州等。1956年阿拉善旗、额济纳旗、磴口县和巴彦浩特市，划归内蒙古自治区巴彦淖尔盟管辖。1969—1979年，阿拉善左旗划归宁夏回族自治区，阿拉善右旗（由阿拉善左旗析置）和额济纳旗由甘肃省管辖。1980年4月成立阿拉善盟，辖阿拉善左旗、阿拉善右旗和额济纳旗，盟府驻阿拉善左旗巴彦浩特镇（亦是阿拉善左旗旗府驻地）。从某种意义上可以将阿拉善盟视为沙漠之海。巴丹吉林、腾格里、乌兰布和三大沙漠横贯全境，面积约7.8万平方公里，占全盟总面积的29%，居世界第四位，国内第二位。巴丹吉林沙漠以高陡著称，绝大部分为复合沙山。高大沙丘各自挺立，互不相连。腾格里沙漠、乌兰布和沙漠多为新月形流动或半流动沙丘链，沙漠中分布有500多个咸、淡水湖泊或盐碱草湖。东南部和西南部有贺兰山、合黎山、龙首山、马鬃山连绵环绕，雅布赖山自东北向西南延伸，把盟境大体分为两大块。贺兰山呈南北走向，长250公里，山峰形象呈现为黑石耸立状，犹如一道天然屏障，阻挡腾格里沙漠的东移，也能抵挡和削弱来自西北的寒流。这里年降雨量微乎其微，风大沙多，曾经是北方沙尘暴的主要策源地之一。在古代，沙漠化没有如今这样严重。沙漠中分布着诸多水泉和湖泊，星罗棋布一般，并由此养育出一些点缀在黄色沙海中的绿洲，成为游牧民栖息和放牧的好地方，也给东西往来的骆驼队商旅提供着贯穿在大沙漠之中的一道捷径。

图22　2015年第五次玉帛之路考察通往马鬃山的途中：阿拉善沙漠的骆驼

乌兰巴根、色·马希毕力格作词, 色·恩克巴雅尔作曲,
歌手德德玛演唱的当代蒙古族歌曲《苍天般的阿拉善》, 歌词
如下:

遥远的海市蜃楼

驼队就像移动的山

神秘的梦幻在天边

阿爸的声音若隐若现

神秘的梦幻在天边

阿爸的声音若隐若现

啊 我的阿拉善

苍天般的阿拉善……

浩瀚的金色沙漠

驼铃让我回到童年

耳边又响摇篮曲

阿妈的声音忽近忽远

耳边又响摇篮曲

阿妈的声音忽近忽远

啊 我的阿拉善

苍海般的阿拉善……

沙海绿洲清泉

天鹅留恋金色圣殿

苍茫大地是家园

心中的思念直到永远

苍茫大地是家园

心中的思念直到永远

啊 我的阿拉善

苍茫大地阿拉善

啊 我的阿拉善

苍茫大地……阿拉善啊……

关于骆驼对丝路上的国际贸易所发挥的作用,有汉学家 E.Knauer 的著作《骆驼的生死驮载:汉唐陶俑的图像和观念及其与丝路贸易的关系》(*The Camel's Load in Life and Death. Iconography and Ideology of Chinese Pottery Figurines from Han to Tang and their Relevance to Trade along the Silk Routes*, 1998.)这部书利用大量的图像资料,解说骆驼及其负载物的文化交流意义。我们在各地博物馆看到的汉唐陶俑中,常见三彩骆驼俑、胡人骑马或骑骆驼俑之类。这似乎是每一个有规格的古代博物馆中常见的陈设,人们早就对此习以为常,不加深究。Knauer 则有心对此展开系统的资料收集整理和研究。他认为,尽管马、驴、骡、牛在商队贸易中都有重要作用,但只有骆驼才算得上是非凡而杰出的驮兽。骆驼在各地的墓葬艺术中塑造的主要形象,是作为商品流通的运载者而表现的。它同时又把中原文明与西域的广大地区联系在一起。骆驼形象自汉代以后便常用于墓葬,它成为一种媒介符号,连接起都市与大漠,草原与长城。这种形象塑造一直延续近一千年,其形象则大同小异。就其运载的物品种类而言,通过图像变化的考察,可以揭示出中国思想观念的方方面面。

作者认为,由于汉武帝派张骞出使西域这一事件,汉王朝与中亚和西方的交往联系得以建立,揭开丝路贸易的序幕,也促使骆驼这样先秦时代罕见的外来动物形象,大批量地呈现。就地域表现的先后而言,是西北边疆地区先加以表现,作为靠近欧亚大陆腹地的大草原地带的近邻，自然容易受到游牧民族迁徙浪潮的影响。随后此类骆驼形象便进入河西走廊和中原地区。Knauer的著作没有留意到，骆驼形象自西向东的传播情况，在路径方面几乎和西玉东输的路线再次吻合对应起来。这也是和佛教石窟寺造像的西佛东输的传播过程，大体一致。得益于北魏拓跋氏统治者的爱好，佛教石窟从河西走廊上的武威天梯山，迁移到北魏首都平城（大同）的云冈石窟，再伴随迁都中原的过程，传播到洛阳的龙门石窟。Knauer认为，北魏正是表现骆驼形象的第一个高潮阶段。那时的运载物没有固定，多种多样，如丝捆、兔皮、长颈瓶、钱带、织物、毛毯、狗、猴子等。等到唐代时，形成一种标准的形象：运载物为一束丝。到后来则出现驼背上的胡人乐队。在西方人看来，华夏文明一方面对西来的胡人和骆驼给予蛮族化的表现，同时也对其运来的西方物品崇拜有加。从本土立场出发，需要特别提示的是比较文学方面的"形象学"视角：对于华夏而言，从玉石，到天马，西来的宝物已经非常显赫，并完全被理想化和乌托邦化；后来的香料、玻璃、玛瑙、青金石（瑟瑟）、天珠、金银器等，全都是拜骆驼队之赐。在某种程度上可以视为美玉和天马的西天想象之替代物。其间的文化传播多米诺现象，是值得深思和深究的。

笔者虽然没有参加这次环腾格里沙漠的考察，但是早已心向往之，相关的思索也总是魂牵梦绕一般，时隐时现。想得较多的，是沙漠与天的联想问题。中原人把西部想象为幻境般"西天"。唐僧的西行便被通俗地叫做"西天取经"。通往西天之路途，遥远而艰险。可是当地的阿拉善人却认为他们生活的戈壁最靠近天。就连沙漠的名字腾格里，也包含着天的联想呢！

图 23 "千山鸟飞绝"的腾格里沙漠

新疆大学语言学院的王新青和郭美玲合写论文《腾格里（Tängri）考》[1]，认为古汉语"天"，是腾格里一词的语源学根据。其论证过程是：汉语"天"一词很早就被借入到突厥语言中，随后又进入到蒙古语中：

古汉语 t'ien>ten>teng>吉尔吉斯语 tengri>西裕固语 dengär>哈萨克语 tängri>乌兹别克语 tangri>土耳其语 tangri

蒙古语作 teger，义为：天、天气；老天爷、天神、天灵；天子。这说明突厥语族、蒙古语族等诸民族皆称天神、天王为腾格里。

---

1 王新青、郭美玲：《腾格里（Tängri）考》，《西域研究》2009年第2期。

语源学的信息表明，腾格里沙漠一名，和"苍天般的阿拉善"一样，都取法于地方宗教对天神的崇拜。这和"天山""祁连山""昆仑"等命名一样，来自汉藏语系各民族的天人合一想象。这样一来，就给沙漠古道带来充分的神话想象，每一位在沙海中的行者，均可想象为踏上了通天之旅程。

齐家文化与玉石之路——第四次玉帛之路

考察报告

摘要：齐家文化是中国（也是世界）史前文化中最大批量地生产和使用玉礼器的一个西北地方的文化共同体，也可以视为玉器时代后期、青铜时代早期在中国西部形成的一个"古国"。其玉礼器体系的种类特征是：同时具备《周礼》"六器"中的五种，即璧、琮、璜、圭（铲）、璋。此外还有玉刀、玉勒子（即玉握）。未见六器中的一种"琥"。与同时期的东部地区史前玉礼器种类相比，在齐家文化玉器体系中缺少的种类是玉戈、玉柄形器和玉璇玑。在不排除日后的齐家文化考古中发现此三类玉器的前提下，目前进行比较研究的基础，发现璧琮组合源自新石器时代良渚文化，刀戈组合和圭璋组合始于青铜时代。大玉刀和大玉璋主要流行于夏代，是夏代文化的标志。玉器的盛衰表明齐家文化不仅是东亚文化的组成部分，亦反映了夏朝的时代特征和社会状况。

一　缘起

2009—2012年间，笔者主持的中国社会科学院重大项目A类"中华文明探源的神话学研究"完成全部著述和译著工作，于2012年5月结项评审，以24部书稿的成果获得优秀评级。其中的三部专著，即《中华文明探源的神话学研究》（叶舒宪）、《神话学文明起源路径研究》（王倩）和《神话与古史：中国现代学术的建构与认同》（谭佳），已在2015年之后陆续由社会科学文献出版社和中国社会科学出版社出版。另外的21部译著则分别由国家出版基金项目、陕西师范大学出版社的"神话学文库"和社会科学文献出版社等陆续出版。在拙著《中华文明探源的神话学研究》篇末的"总结与展望"部分，特别提示的一点是：

在今后，对史前期就已经开启的玉石之路的深入调查与研究，对于认识华夏文明的大传统遗产，将具有十分重要的意义。

课题结项会后，笔者有机会带队中国民间文艺家协会的专家组，到陕西榆林参加晋陕蒙三省区秧歌大赛评审。活动期间，在榆林文联徐亚平书记协助下驱车到神木县龙山文化古城即石峁遗址考察。同年10月，在北京京瑞大厦召开的首届中国玉器收藏文化研讨会上，笔者宣读论文《玉石之路黄河道刍议》[1]，并在会间向主办方中国收藏家协会学术研究部提出建议，围绕陕西神木县石峁遗址的大量史前玉器，召开一次研究中国玉石之路与文化传播的专家级学术会议。古方主任早年在中国社会科学院考古研究所任职时就关注过玉石之路的研究，他当即表示赞同，并开始着手策划这次会议。当年12月，陕西神木石峁遗址入选2012年中国十大考古发现。2013年4月笔者和古方、向东等专程赴西安、榆林和神木，为此次会议的筹备工作，联系承办方榆林文联，和协办方陕西考古研究院、陕西省文物局等。2013年6月，由上海交通大学和中国收藏家协会学术研究部合办，由榆林文联承办的"中国玉石之路与玉兵文化研讨会"顺利召开，来自海内外的20位专家提交论文。这次会议上专家们更清楚地认识到石峁龙山文化玉器与山西襄汾陶寺文化玉器、西北齐家文化玉器的关联性，以及三地玉器在玉料取材方面的相关性。并根据实地考察结果设计出新的研究方向，即如何通过中国史前文化中具有核心意义的物质文化的传播轨迹，复原性地认识华夏文明形成过程中以往所未知的关键性因素。李健民研究员总结评价这次会议的特点是，成功地将考古工作者与民间玉器收藏界整合为一

1　2012年原载：出山网。2015年刊发在《中外文化与文论》2015年第29辑。

个研究群体。神木县龙山文化研究会胡文高先生的石峁玉器藏品,给与会专家留下深刻印象。会间,适逢央视10频道青年导演张桂麟等在石峁考古现场采访和拍摄,也对本次会议进行拍摄,并对相关专家做了采访。一年后的2014年4月,张导演的四集电视片《石破天惊 石峁古城》在中央电视台播出。2015年5月,笔者和古方主编的会议论文集《玉成中国——玉石之路与玉兵文化探源》由中华书局出版。这部书也是将考古学者的论文与民间玉器收藏家经验相结合的尝试。这种尝试,大致能体现出文物大量流散民间的中国式经验与源于西方科学的考古学之间,具有广阔的对话和互补空间。

在编撰论文集期间,即2014—2015年,中国文学人类学研究会积极谋求和山西、陕西、甘肃等地相关单位协作,策划玉石之路系列考察活动,先后共计六次。其中前四次已经实施,后两次尚待实施。兹简述如下,作为本报告的缘起。

第一次考察:2014年6月,玉石之路山西道(雁门关道和黄河道)考察。笔者和中国社会科学院民族学与人类学研究所的易华研究员等,沿着北京—大同—代县雁门关—忻州—太原—兴县的路线,考察了《穆天子传》中记载的周穆王前往昆仑山寻找西王母,也就是先秦时代西玉东输的路线。7月,上海交大唐启翠副教授和四川大学锦城学院杨骊副教授等又做出补充考察。在考察中发现,文献中记载的每一个点都是有据可查的,同时还探索到比这条陆路更古老的水路:玉石之路山西段的黄河道。这两条路线是并行的,分别为水路和陆路,沿着黄河与雁门关,自北向南延伸,连接河套地区与中原地区。也就是说,上古自西北进入中原是没有捷径之路的,需要绕道而行。绕道河套和晋北盆地。在没有马之前,雁门关道也难走,黄河道才是正道。我们在黄河岸边的兴县小玉梁山看到龙山文化城墙及墓地,也看到当地民间收藏的史前玉器,与黄河对岸的石峁玉器大同小异。(叶舒宪《西玉东输雁门关——玉石之路山西道调研报告》、张建军《山西兴县碧村小玉梁龙山文化玉器闻见录》,并见《百色学院学报》2014年第4期"文学人类学专栏"。又:《玉石之路黄河道再探》,《民族艺术》2014年第5期。)

第二次考察:2014年7月,玉帛之路河西走廊道段,又可以视为一次对齐家文化与四坝文化的考察之旅。考察团成员有笔者、冯玉雷、刘岐江、郑欣淼、易华、刘学堂、安琪、徐永盛、孙海芳、军政等。考察路线是:兰州—民勤—武威—高台—张掖—瓜州—祁连山—西宁—永靖—定西。全程4 300公里。考察成果有七部书,由甘肃人民出版社出版,以及《丝绸之路》杂志的一期专号(2014年第19期)。还有相关的考察报告和田野笔记,已发表的有:笔者的《乌孙为何不称王? ——玉帛之路踏查之民勤、武威笔记》、刘学堂《四坝文化与青铜之路》、冯玉雷《玉帛之路及其古代路网的调查及研究》(并见《百色学院学报》2015年第1期);易华《齐家玉器与夏文化》(见《百色学院学报》2015年第2期),笔者的《游动的玉门关》(《丝绸之路》文化版,2014年第19期)、《金张掖,玉张掖》(《祁连风》2014年第4期)、《重逢瓜州日,锁定兔葫芦》(《兰州学刊》2014年第5期)等。这次考察在认识玉料原产地方面有了重要的一次观念更新,即提出"游动的玉门关"和泛指的昆仑玉山这样的概念,认为在我国西部存在一个地域相当广阔的玉矿资源分布区。考察团在瓜州到新疆之间看到长达20公里的一座产玉之山,并联系新发现的肃北马鬃山战国至汉代的玉矿,大致描绘出西部玉矿资源区的范围。古人获取西部美玉原料,从新疆和田昆仑山的一点一线,拓展为几条大山脉联接而成的一大片区域,包括祁连山、马鬃山和马衔山等新发现的产玉之山。这样就更加接近《山海经》讲述的一百多座产玉之山的叙事真相，并对这部先秦古籍的性质刮目相看（参看笔者的访谈录《探秘华夏文明DNA》，《中国玉文化》，2014年第5辑）。

第三次考察：2015年1月，我们经由内蒙古社会科学院投标申报国家社会科学基金特别委托项目"草原文化研究"之子项目"草原玉石之路"调研，规划出沿着贺兰山和腾格里沙漠一带通往民勤、武威的考察路线图。在申报等候审批程序的过程中，2月初，由《丝绸之路》杂志社冯玉雷社长带领由杨文远、刘樱、瞿萍、军政组成的考察团，先期展开一次玉帛之路环腾格里沙漠路网考察。这是2014年7月"玉帛之路文化考察"之后，我们重新圈定的古代玉石之路北部路网。此次考察特别关注到了从民勤到阿拉善左旗、内蒙古河套、陕西北部地区的运输贸易路线问题。考察报告有冯玉雷《环腾格里沙漠考察》，见《百色学院学报》2015年第2期。

第四次考察：2015年4月26日至5月1日，玉帛之路与齐家文化考察，由甘肃省广河县政府牵头，可以视为一次"齐家文化遗址与齐家玉器及玉料探源之旅"。考察团成员有笔者、易华、王仁湘、冯玉雷、刘岐江、马鸿儒、杨江南等。其人员构成特点是人文学者、考古学者与玉器收藏家结合与互补。考察路线是兰州—广河—临夏—积石山县—临洮马衔山—定西—兰州，此次考察主要关注公私博物馆收藏的齐家文化玉器情况，关注齐家文化用玉资源的分布，并到临洮县马衔山玉矿区采集玉料标本，希望能够有助于认识齐家文化所用玉料的供应情况、不同玉料大致的占比例情况等。

第五次考察：计划于2015年6月展开。这是通过内蒙古社会科学院投标国家社科基金特别委托项目"草原文化研究"之子项目"草原玉石之路"的新调研。此次考察路线是兰州—

会宁—宁夏西海固地区—阿拉善左旗—阿拉善右旗—额济纳旗—肃北马鬃山—嘉峪关。本次考察的重点在于草原之路，即草原玉石之路或草原丝绸之路的中段之具体途径。其间要穿越巴丹吉林和腾格里两大沙漠地带，探明从额济纳旗向西到马鬃山、再向西通往新疆哈密的古代路线情况。希望通过草原丝绸之路（我们又称草原玉石之路）北道的田野新认识，从多元化而非一元化的视角，厘清西玉东输的玉矿资源种类，理解早期的北方草原戈壁运输路线与玉石玛瑙等资源调配有何种关系，与金属文化传播又有何种关系，并尝试解说马鬃山玉料输送中原的捷径路线是否存在的疑问。

第六次考察：计划在2015年7月或8月举行，研究古代丝绸之路在尚未打通西安、宝鸡、天水路线之时，古人以宁夏固原为十字路口的路线情况，聚焦从固原到陇东的路线情况。寻找齐家文化的统治中心，主要关注铜器和玉器。从考古发现和文物普查情况看，齐家文化相关遗址和文物点分布最多的两个地点分别是庄浪、漳县。宁夏的西海固地区则出土器形较大、玉质优等的齐家文化玉礼器，特别是白玉质的。为此，这次考察将以固原和平凉为中心，在陇东地区进行拉网式的调研，进一步厘清西北史前玉文化与中原文明的互动关系。

本文即是上述第四次玉帛之路考察活动的学术总结报告。先期发表的目的是抛砖引玉，求教于相关的行家。

二 齐家文化玉器的新认识

为探讨齐家文化玉器，笔者自2005年以来曾经多次来甘肃省广河县调研。因为本县的齐家坪是安特生发现并命名齐家文化之地。可惜的是，90年过去了，这里一直没有展开过大规模的考古发掘。这种情况使得研究者面临实物资料和文献资料都十分匮乏的尴尬状态，难以下手。2007年时，听说广河县新开一座齐家文化陈列馆，我们又慕名而来，结果看到展出的齐家文化陶器多多，玉器很少，也非精品。这一次因为我们2014年7月的玉帛之路文化考察活动经过广河县时，专门安排一次专家座谈会，建议当地政府重视本地的齐家文化资源。随即有了当地政府投资千万元新建的齐家文化博物馆，一年内即落成。以及广河县政府与中国社会科学院考古研究所计划在2015年夏季联合举办齐家文化国际学术研讨会。本次考察就是为了即将落成的齐家文化博物馆布展事宜和齐家文化国际研讨会的筹备工作，是在广河县文广新局唐士乾局长等当地领导直接协助下进行的。

　　齐家文化玉器的数量，是困扰研究者的第一道难题。民间收藏界一般认为相当多，但是正式发掘品确实较少。自1924年安特生发现和命名齐家文化以来，整整90多年过去，经考古发掘出土或遗址采集的齐家文化玉器，总数只有区区几百件而已。这个数量大致相当或略多于北方红山文化迄今发掘出土玉器的总数量。但是如果按照这样的比例去判断齐家文化玉器生产规模，难免会陷入一种观念的误区，以为齐家文化先民拥有的玉器数量本来就比较稀少，只能为社会统治阶级所占有和使用。但是实际上，齐家文化玉器的真实数量要大大多于其他任何一种史前文化，不论是红山文化还是良渚文化。这是笔者建立在十余年来多次考察调研的基本经验基础上的判断。判断的依据在于：玉料资源是玉器生产的物质基础。中原地区因为缺乏足够的玉矿开采，在仰韶文化后期也没有发展起规模性的玉器生产。而齐家文化所在区域则是玉矿资源最丰富和最多样的。尽管公立的博物馆中齐家玉器藏品数量有限，但是从青海、甘肃和宁夏等地民间收藏齐家文化玉器情况看，其总数量应是考古发掘品数量的十倍以上，堪称成千上万。2013年以来多次到定西的民间收藏家刘岐江开办的众甫博物馆考察，看到数以百计的齐家文化玉器、半成品和玉料情况。2015年5月30日，笔者和中国社会科学院考古研究所边疆考古研究室前主任王仁湘研究员到兰州市的收藏家杨江南家中观摩他20年来所收藏的齐家玉器，仅不同颜色玉质的玉璧芯子就有100多个，小玉斧也多达100多个。有人推测4 000年前的齐家先民似乎人人都可拥有一件小玉斧，作为身份象征（瑞信），犹如今天每人都有身份证一样。5月28日，到临夏市考察收藏家马鸿儒的个人收藏。他自十几岁到古玩店当学徒，自学并研究齐家文化玉器，玉器藏品数量也多达500件，目前正在编一部大书《齐家玉魂》，近期内即可问世。考察团认为这部书将是迄今为止正式出版的最大规模的齐家文化玉器彩图册。至于坊间前些年已经出售的齐家玉器图册多种，因为鉴别水平有限，真伪莫辨。叶茂林先生曾对古玉图书市场上这类真伪莫辨的现象提出批评[1]；笔者在《河西走廊——西部神话与华夏源流》书中也有过批评，兹不赘述[2]。不过，考古工作者的研究一般不取材于民间藏品，是出于专业规范的考虑。这样虽能保证研究材料的可靠性，但是也会大大缩减其占有材料的广泛性，限制其研究视野。

综合起来看，将数量非常有限的考古发掘品、博物馆征集品与可信度较高的民间藏品三者结合起来看，是目前较全面

1　叶茂林：《再谈齐家文化玉器》，《中国文物报》2006年5月10日。

2　叶舒宪：《河西走廊——西部神话与华夏源流》，云南教育出版社，2008年，第141—142页。

掌握齐家文化玉器情况的有效途径。以考古发掘品为主，以民间收藏品中"开门"的器物为辅助和参照，根据这样的较为系统和全面的对照，可以大体上明确齐家玉器中存在哪些器形种类，不存在哪些器形种类。当然这样的研究范式也需要研究者自己能够判断藏品的真伪。俗话说，神仙难断寸玉。对于习惯书本作业的学院派人士来说，这是一种很大的知识挑战。需要研究者主动补习中国本土传统的"格物致知"本领。这种学习必须经历较为漫长的经验积累过程，不可能有秘诀或者一蹴而就。

例如，玉玦、玉戈、玉柄形器、玉璇玑这四种史前玉器，目前在齐家文化中尚未见到实物。台北故宫邓淑苹女士推测玉戈这种器形或起源于齐家文化的观点，在公私藏品的普遍验证之下，可以说是难以成立的。她认为青海民和喇家M12的墓主人右胸上部出土一件玉璧（严格说应为玉瑗）和一件玉片，后者有些像戈形[1]。但是玉片上既无钻孔，也没有中脊，更没有阑等戈的形制要素，似不能轻易下结论说，齐家文化玉器中有玉戈。更不宜以这件疑似的玉片为根据，进一步推论说玉戈起源于齐家文化。这样的推论，会导致背离齐家文化玉器器形种类的实际情况越来越远。因为考古发掘品数以百计，公家博物馆和民间的收藏品数以千计，在两者之中如果都没有发现严格意义上的玉戈，而且采访当地的资深收藏家们也都表示没有见到过齐家文化玉器中有此类器物的话，勉强立论，其可信度会不足。

再如，齐家文化有没有玉璋的问题。因为自齐家文化命

1　邓淑苹：《万邦玉帛——夏王朝的文化底蕴》，中国社会科学院考古研究所编《夏商都邑与文化》（二），中国社会科学出版社，2014年，第162页。

名以来90多年没有官方出版的一部可信的齐家文化玉器标本书，各地博物馆公开展出的齐家文化玉器也很不全面。这就给研究者造成一种普遍的错觉，认为齐家文化玉器中没有玉璋。2005年古方主编的十五卷本《中国出土玉器全集》问世，其中收录甘肃青海宁夏三地的代表性齐家文化玉器共108件，为研究齐家文化玉器提供宝贵的标准器样本。但是这部号称"全集"的大书并非全面，实际上远远没有达到地毯式全覆盖意义上全集，只能是聊胜于无。对于收藏者来说，非常具有标准器的权威性参考意义。但是对于研究来说，仍然容易产生始料不及的误导（以偏概全）作用。如两部新近通过答辩的研究齐家文化玉器的硕士论文（西北师范大学的谢晓燕《齐家文化玉器研究》，2011年；陕西师范大学郭金钰《齐家文化玉石器研究》，2012年）就都以此书为据，判断齐家文化玉器中没有玉璋。在考古和文博专业人士撰写的著述中，也一直流行齐家文化没有玉璋的观点。如20世纪末期出版的云希正等人编的《中国玉器全集·原始社会卷》[1]，仅仅收录齐家文化玉器图片三幅，不要说玉璋，就齐家文化中常见的玉琮玉璧也没有收录。笔者在《河西走廊——西部神话与华夏源流》一书中曾就此提出商榷，认为是国学传统中典型的中原中心主义的偏见在制约着学者的认识和眼界。

与此相对，近年来倡导齐家文化玉器研究的学者们，也大都被有限的学术出版物所限制，不清楚齐家文化有没有玉璋。如上海博物馆的黄宣佩以上海博物馆藏齐家文化玉礼器为对象，又对甘肃、青海博物馆的史前玉器做一次调研，撰写《齐家文化玉礼器》一文，指出：

1　河北美术出版社，1993年。

甘青一带出土玉器概况是：大地湾一期未见玉器，仰韶至马家窑文化中常见玉生产工具斧、锛、凿、铲与饰件珠、管、坠、镯。到了齐家文化出现并盛行璧、琮、刀、铲、璜等玉礼器。而且是璧、璜多，琮、刀少，璋未见。所以习称的华西璧、琮、刀与璜，可以更准确地称为齐家文化玉礼器。[1]

叶茂林的《黄河上游新石器时代玉器初步研究》一文也认为：

石峁玉器以璋为代表性器物，而齐家文化尤缺玉璋。据此我们怀疑石峁玉器的年代要明显晚于齐家文化，而不大可能是龙山文化时期。因为齐家文化和陕西龙山文化的联系是非常密切的，不可能不反映在玉璋上。很有可能石峁玉器的年代可晚至商代。[2]

由于二位撰文时所占有齐家玉器资料不全面，两文有关玉璋的判断有误，需要做出纠正：玉璋在齐家文化中已经多次露面，虽然其绝对数量不很多，但是如今已经不能轻易说"未见"或"尤缺"。本次考察团于4月28日再到临夏州博物馆考察（2014年7月玉帛之路考察团第一次到新落成的该馆考察），该馆的马颖馆长特意兑现一年前的承诺，在文物库房中找出齐家文化玉器，邀请我们对馆藏的13件精品进行鉴定和定级。这就使得考察团成员们得以上手观摩20世纪70年代末采集于

1 黄宣佩：《齐家文化玉礼器》，《东亚玉器》第二册，香港中文大学中国考古艺术研究中心，1998年，第185页。
2 叶茂林：《黄河上游新石器时代玉器初步研究》，《东亚玉器》第二册，香港中文大学中国考古艺术研究中心，1998年，第182页。

图24　临夏州博物馆藏齐家文化玉璋，1970年代采集于积石山县新庄坪遗址

积石山县新庄坪遗址的玉璋（图24）一件。这件玉璋尺寸不很大，长边18厘米，最宽5.7厘米，重0.2千克。用暗绿色优质玉料制成，制作形式较为原始，璋后钻有一大一小两个孔。璋的后部一边琢磨出绯牙状，另一边无牙。

　　面对在齐家文化遗址采集的玉璋实物，结合甘肃省博物馆王裕昌先生正在编辑的548件三省区馆藏齐家文化玉器图册中收录的另外几件玉璋（分别是甘肃会宁县博物馆藏齐家文化玉璋和清水县博物馆藏齐家文化玉璋），可以基本判定齐家文化玉器中确实有玉璋，而且不是孤证。在此基础上，方有条件讨论中国史前玉璋分布与传播的源流问题。这不仅对齐家文化研究，而且对整个中国史前玉文化研究都有十分重要的基础意义。玉璋是玉礼器中的大者，自龙山文化至夏商周三代一直沿用。考古发现的标本以陕西神木县石峁遗址的出土玉璋和四川广汉三星堆遗址的玉璋最为显赫。以此二点为西界，所画出的史前玉璋分布图，目前流行在几大博物馆的玉璋展示现场。图上均没有甘肃史前玉璋的位置。积石山县新庄坪遗址采集的这一件玉璋，是迄今所知经度最靠西边的一件，抵达甘肃青海交界处，而且是历史传说大禹治水"导河积石"的起点处，这足以改写以往的玉璋分布地图。

当日在临夏州博物馆观摩的另一件齐家文化玉器精品是有领玉璧，又称凸唇璧。该玉器也是采集自积石山县新庄坪遗址。玉璧呈墨绿色，玉质纯洁无瑕，品相优异。以往有关此类特殊形制的有领玉璧的出土地点，也不包括甘肃的齐家文化境内。因此这件精美的齐家文化有领玉璧也有"改写"玉器玉文化史的性质。为什么齐家文化中比较少见的精致器形会集中出现在积石山县新庄坪遗址，王仁湘研究员根据他早年在青海民和喇家遗址的发掘经验，认为这里很可能是齐家文化的一个统治中心。笔者次日上午在新庄坪实地考察时，也采集到一块典型的齐家文化居住遗址的白灰地面，还看到农田里遍地散落着的齐家文化红陶片。考察团推测，新庄坪当地的一座隆起的土丘，或许就是齐家文化的祭天之台？老乡提供的信息是，此地田野中以前发现过大件的玉刀和石刀，均被文物贩子收购走了。根据这些情况，需建议考古部门对新庄坪遗址展开一次重点发掘，或许能够对齐家文化的认识推进一步。

在临夏州博物馆观摩到的第三件齐家文化玉器精品是一件白玉琮。自从《周礼》中明文规定出"苍璧礼天，黄琮礼地"的官方礼制信条，一般文物中也常见黄色或青黄色的玉琮，很少见到白玉制成的玉琮，尤其是齐家文化的出土玉器和馆藏品中，都罕见此类纯白色的玉琮。从玉质情况看，几乎是洁白无瑕，不大像甘肃本地的玉料带有明显色块，而类似和田白玉。当然这只是出于经验的揣测，在没有数据监测的情况下，难以定论。叶茂林研究员在前引的同一篇论文中还指出：

齐家文化玉器重璧而轻琮的现象，以及联璜为璧的现象，对历史时期的玉器发展产生了明显影响。而齐家文化把和田玉传播到中原，更对中国玉文化产生了深远的影响。可是齐家文化自身却是白石崇拜甚于玉石崇拜，使用白色大理石最为普遍，这是黄河上游地区的文化传统。[1]

　　这是很有见地的认识，将齐家文化同更靠西域的新疆和田玉资源联系起来，对于后来研究者具有引导性意义。这也是我们的六次玉帛之路考察始终围绕在齐家文化区域的意图所在。不认知距今4 000年前后发生在黄河上游到中游地区的文化运动和物资输送情况，华夏文明发生的一道谜就无法揭开。

三　西部玉矿资源区

　　与齐家文化玉器研究的薄弱局面相比，对史前期玉料的研究就更显得冷落。本次田野考察的最后一站是慕名已久的临洮县马衔山玉矿。

　　考察团一行在临夏市的齐家玉器资深收藏家马鸿儒带领下，于2015年4月29日上午从积石山县新庄坪遗址出发，驱车经广河，于当日下午抵达临洮县峡口镇，先在老乡家中观摩当地开采的玉料，特别是来自大碧河的优质籽料，然后再驱车走盘山公路，抵达马衔山脚下，徒步登山。

1　叶茂林：《黄河上游新石器时代玉器初步研究》，《东亚玉器》第二册，香港中文大学中国考古艺术研究中心，1998年，第183页。

据采访当地人的说法，每当大雨过后，河中经过大水激流冲刷后，在河滩地上就有玉石可以捡拾。不光马衔山下的大碧河如此，就连洮河和广通河，也能采集到少量的玉石。回想4 000年前的齐家文化先民们，或许就是这样就地取材，获得优质透闪石玉料的吧。考察团随后再驱车，走盘山公路前行十余公里，抵达马衔山脚下，徒步登上海拔3 670米的山峰。笔者和冯玉雷、易华等在当地向导杜天锁带领下，直奔山顶。看到山顶部位已经被开采过多年的玉矿坑口。地面上则遍布着被开采者筛选后抛弃的半石半玉的矿石料。

据说是不久前有南方来的浙江玉石商人希望在这里驻扎开采，工棚都搭建好了。因为和当地人发生利益纠纷，被当地农民赶走了。从现有的情况看，仅有一座孤立的山峰出产玉矿，其玉石储量似乎已经不多，需要进一步的地质学和探矿调研，并扩大搜索范同。根据马衔山的地理位置，笔者绘制出一幅中国西部玉矿资源区的轮廓图（图25）；又在此基础上绘制出齐家文化分布区与西部玉矿资源区的对比图（图26），希望有助于说明持续数千年的西玉东输文化现象在玉源地方面的多样性，进一步打开重新思考的空间。

对于这座闻名遐迩的产玉之山，当地村民尽人皆知，很多人家都有籽料玉石的收储，希望随着行情看涨，能够待价而沽。学界方面，前人对此产玉之山的研究寥寥无几。管见所及，只有闻广和古方等少数研究者到过马衔山并采集玉石标本[1]。本次考察也就山料和籽料的不同出处，各采样少许标本。其中的黄玉籽料标本，可以和临夏博物馆藏的新庄坪遗址采

1　参看古方《甘肃临洮马衔山玉矿调查》，见叶舒宪、古方主编《玉成中国——玉石之路与玉兵文化探源》，中华书局，2015年，第72—79页。

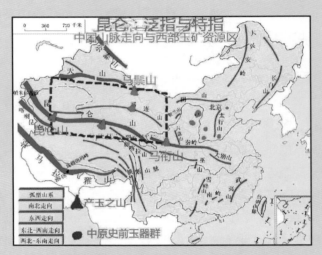

图25　中国西部玉矿资源区示意图

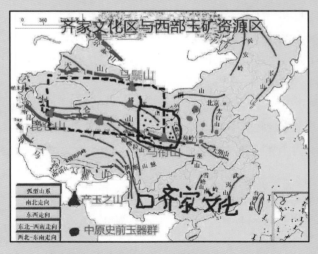

图26　齐家文化分布区与西部玉矿资源区对比图

集的一件油性十足的青黄色玉琮的玉料做对比。在夜幕降临之前，考察团成员鱼贯地走下高山，驱车前往定西市，次日再赴兰州并访甘肃省博物馆。

四 小结

　　齐家文化是中国（也是世界）史前文化中最大批量地生产和使用玉礼器的一个西北地方的文化共同体，可以将该文化视为东亚洲玉器时代后期、青铜时代早期在黄河上游地区形成的一个"古国"。齐家文化约有上下600年的历史，这不是依赖文字记录的，而是其崇拜物——玉礼器体系所表现的。其特征是：同时具备《周礼》"六器"中的五种，即璧、琮、璜、圭（铲）、璋。此外还有玉刀、玉斧、玉勒子（即玉握）和绿松石、天河石制作的珠、管佩饰等。与同时期的东部地区史前玉礼器种类相比，在齐家文化玉器体系中目前未见的种类是玉戈、玉柄形器、玉玦和玉璇玑。在不排除日后的齐家文化考古中发现此四类玉器的前提下，如今大致能够辨识的玉礼器源流情况是：璧琮组合源自良渚文化；圭、刀和联璜玉璧组合源自晋陕地区的陶寺文化和客省庄文化，璋与有领玉璧的源流尚没有充足的材料给予确认。玉勒子传统很可能源于齐家文化，是齐家先民的独创。其原初的使用语境和功能，还有待探究和解释。

　　近一个世纪以来，齐家文化研究长期薄弱和冷落的局面，对于中华文明探源而言是十分不利的一个学术瓶颈。笔者一直以为，能够尽早走出中原中心主义的封建王朝偏见束缚，寻找中原王朝崛起与西部史前文化的渊源关系，是迫在眉睫的学术攻关任务。当下急需解决的是高精度的齐家文化之起止年代的数据。若没有这个研究前提,齐家文化与龙山文化的源流影响关系就无法说清,勉强立论的结果,会把许多研究者的心血和智慧化为乌有。就像早先相当多的一批学者认定二里头遗址是夏代早期王都一样。齐家文化的一线考古学者提出:"谢端琚先生直接以测定年代数据定在公元前2183—1630年之间,并按照不同地区分别划分出早晚或早中晚期。我们认为根据后来更多的测年数据,典型齐家文化的绝对年代大约应该在公元前2300—1700年之间,最盛期是公元前2000年前后。"这是可以参考的数据,但还不是高精度系列测年新方法得出的结论,所以还有待于后者的检验和补充。正像二里头遗址的年代和龙山文化的年代在高精度测年法更正后,都比以前的认识推后了二三百年[1]。在重新推测齐家文化的年代时,也许同样会有所推后。不过这毕竟是科学认识与时俱进的表现,研究者需要尊重和期待。

《禹贡》和《山海经》等先秦之书记述的西部产玉之山不在少数。甘肃境内的马衔山玉矿和马鬃山玉矿,都属于优质的透闪石玉矿。它们的新发现,给齐家文化玉器来源问题,以及石峁玉器和陶寺玉器的来源问题,打开新的思考空间。还有夏商周秦汉时代的用玉,也不排除有采用多种甘肃玉料的可能性。加上祁连山玉矿和青海格尔木玉矿的再发现与再认识,将会根本改变传统的单一性玉源地的西玉东输观念,将一个面积近200万平方公里的广阔地区视为中原国家西部的玉矿资源区,重新构拟出来(图7)。一旦获得这个西部玉矿资源

---

1 关于二里头文化的高精度测年数据为公元前1750年——前1530年,参看:张雪莲、仇士华等《新砦——二里头——二里岗文化考古年代序列的建立与完善》,《考古》2007年第8期。

区的整体新认识，再将齐家文化分布图叠加上去（图8），就能够一目了然地判断：齐家文化为什么在选玉资源方面得天独厚，占尽先机。至少目前能够做出解释的两个疑难点是：

第一，为什么齐家文化玉器生产后来居上，继北方红山文化和南方良渚文化之后，成为中国史前玉文化中玉器生产数量最多的一个地方文化。

第二，为什么齐家文化玉器的用料以优质透闪石玉为主，并且还呈现出玉料的多元化特点。

与此有联系的另一个重要疑点问题是，为什么石峁玉器、陶寺玉器和清凉寺玉器（还有2014年第一次玉石之路考察所见山西兴县民间收藏的史前玉器）的玉质也明显呈现出多元化的特征？为什么这些距今4 000年上下的玉器群，都发现在临近黄河及黄河支流的地方？而当地迄今为止都没有发现玉矿。"玉石之路黄河道"假说的提出，成为探索和求证的一个中远期目标。

经过四次玉帛之路考察活动，逐渐明确起来的对中国西部玉矿资源区的新认识，将从总体上改写"西玉东输"的线路图。从一源（新疆和田）一线，到多源（新疆、青海、甘肃等）和多线。从研究"一路"，到探索并再现"路网"。

齐家文化对中国玉文化史的意义，不仅在其自身的玉礼器体系为华夏文明玉礼器体系产生奠基作用，而且在于开启西玉东输的4 000年历程，成为打开西部优质玉矿资源供应与中原国家持久不断的玉石消费之间联系的先驱和中介。只有充分认识这种举世罕见的西玉东输现象的文化意义，才能解释为什么一部8 000年的中国玉文化史要划分为地方玉遍地开花的史前期和昆仑山和田玉独尊的中原王朝历史期。

可以预期，与此相关的新的研究问题还会接踵而至。探索者的远程跋涉，也还不能停息。下面借用古代名言的改造，为本报告结尾：

知我者谓我心忧，不知我者谓我何求？

玉之所存，师之所存。

（原载《百色学院学报》2015年第3期）

草原玉石之路与《穆天子传》

——第五次玉帛之路考察简报

摘要:"玉石之路"是中国学界在20世纪后期根据考古发现的玉文化材料而提出的学术命题,针对1877年德国人李希霍芬出于欧洲人视角而命名的"丝绸之路"。自2012年提出"玉石之路黄河道"理念,笔者近年来从事以实地调查为主的探索工作,希望能够大致厘清玉石之路中国境内的具体路线和使用年代之变化情况。并在较为充分的学术调研基础上,将"中国玉石之路"项目申报世界文化遗产的文化线路遗产。

2014年6月至2015年6月,共完成玉帛之路田野考察五次,认识到"西玉东输"的历史开端与河西走廊地区的史前文化即齐家文化、四坝文化密切相关,而且具有多线路情况,植根于西部玉矿的多源头现象。甘肃临洮的马衔山玉矿和肃北马鬃山玉矿,是近年来新发现的古代玉矿,均出产优质的透闪石玉料,后者被考古学证明为自先秦时代就已经开采使用,这就对历史上认定的以新疆和田玉为单一玉源地的西玉东输格局,带来全新的认识,即从一源一线,到多源多线。其中最值得关注的是马鬃山玉料输入中原的捷径路线:未必只有南下绕道河西走廊的途径,而且还有直接向东穿越草原和戈壁的路线,即经过额济纳(居延海)和阿拉善,向东抵达河套地区,再经过晋陕地区南下中原。《穆天子传》一书体现的周穆王西行和东返的路径,是上古文献中最早涉及草原玉石之路的记载,可以运用文学人类学派首倡的四重证据法,通过实地考察和验证,给予重构。

一 缘起:"草原玉石之路"

"玉石之路"是中国学界在20世纪后期根据考古发现的玉

文化材料而提出的学术命题，针对1877年德国学者李希霍芬出于欧洲人视角而命名的"丝绸之路"。笔者2007年在中国社会科学院研究生院指导博士生的学位论文选题，建议从中国玉文化视角重审《穆天子传》一书，也开始思考《穆天子传》所记周穆王从西域归来"载玉万只"的可信性，参与到"玉石之路"是否存在和路线如何的持续探讨中。2008年，根据在甘肃河西走廊等地的多次调查，撰写《河西走廊——西部神话与华夏源流》一书，希望在距今4 000年上下的两个史前玉文化地区——西北的齐家文化和中原的陶寺文化、二里头文化——之间，找出相互关联的实物线索，充实有关史前玉石之路的思考内容及相关神话传说线索，探讨上古时代对夏文化的记忆中之西北要素（如"禹出西羌"说）与考古新发现的物质文化间的对应情况。

2012年11月又初次提出"玉石之路黄河道"假说，并开始组织实地调查为主的探索工作，希望能厘清玉石之路中国境内的具体路线和使用年代之变化情况，在较充分的学术调研基础上，将"中国玉石之路"项目申报世界文化遗产的文化线路遗产。

2012—2013年田野调查在黄河河套南的陕西一侧，聚焦神木县石峁遗址的龙山文化玉器，举办了"首届中国玉石之路与玉兵文化学术研讨会"，讨论史前期开启的西玉东输的可能线路，还大胆提出"玉文化先统一中国"的命题。为了充分说明问题，2014年6月以来，共完成玉帛之路田野考察五次，认识到"西玉东输"的历史开端与河西走廊地区的史前文化即齐家文化、四坝文化密切相关，而且具有多线路情况，植根于西部玉矿的多源头现象。

第一次考察，通过在晋陕两省黄河中游沿线的史前玉器分布情况调研,认识到晋陕两地龙山文化后期(距今约4 000年)玉礼器生产采用的玉料,有相当部分来自西北地区。西玉东输在河西走廊以东的进关线路,不像现代的公路铁路线那样,走直线通达关中平原西部,而是向北绕过陇山的阻隔,或经黄河水道而辗转向北向东,在河套地带再南下运输到中原。在黄河中游山西一侧的兴县小玉梁发现龙山文化遗迹和玉器,与隔河相望的陕西神木石峁玉器形成对应的史前玉文化格局。从无文字时代大传统到汉字书写小传统,玉石之路黄河道的衰落伴随着家马和马车技术进入中原国家,运输方式发生改变,新催生出另一条陆路运输线即雁门关道,见之于先秦文献,即《穆天子传》所述周穆王西行的路线,还有《战国策》与赵国相关的昆山之玉输入之叙述。

第二次玉帛之路考察(2014年7月)聚焦齐家文化和四坝文化遗址,关注西部史前玉器的用料情况,主要考察并采集沿河西走廊地区的祁连玉、敦煌玉、瓜州玉标本。就玉石之路起始点而言,反思《千字文》"玉出昆冈"说背后的复杂情况,提出"游动的昆仑"与"游动的玉门关"等历史现象。今人能够超越周穆王和张骞时代的知识法宝,是根据田野调查和考古新发现的西部玉矿资源的多元性,重新认识华夏文明形成过程中西玉东输的复杂多线路情况。

根据前两次考察经验,设计出2015年上半年的三次玉帛之路考察路线,并在2月、4月和6月分别完成。2月完成的第三次考察,聚焦玉石之路河西走廊道和草原道之间的路网情况,称为"环腾格里沙漠考察",证明今日的沙漠戈壁无人区,古代早有驼马贸易商道能够穿行。腾格里沙漠以南的道路是河西走廊,以北的道路则为草原之路。甘肃民勤的内陆河石羊河流入的休屠泽东北方,有捷径穿越沙漠通往阿左旗和河套地区。4月完成的第四次考察，围绕甘肃临夏地区的齐家文化遗址和临洮马衔山玉矿，聚焦齐家文化玉器生产的就地取材情况。6月刚完成的第五次考察，即"草原玉石之路"的实地勘探，对应上古文献所述周穆王西行的路径。下文即是对这次考察的学术小结。

《穆天子传》一书所体现的周穆王西行和东返的路径，是上古文献中最早涉及草原玉石之路的记载，不过现代以来的学界对此问题聚讼纷纭，莫衷一是。问题的症结在于多数学者采取案头作业的研究方式，考证过程是从文献到文献。笔者倡议运用文学人类学派首倡的四重证据法，通过实地考察和实物验证，对文献的记述给予适当重构。重构的结果，即使还不能真实反映西周时代的玉石之路，却至少反映《穆天子传》成书的战国时代所认识玉石之路。这条路与其说是玉石之路河西走廊道，不如说是玉石之路草原道。因为考古新发现的距离中原较近的上古玉矿，位于今甘肃最西北角靠近新疆之地，其玉料运输途径以内蒙古的戈壁草原为主线和捷径，以河西走廊道为辅线和绕远路径。要证明这一判断，需要首先证明内蒙古西部的两大沙漠地区——腾格里沙漠和巴丹吉林沙漠——在上古时期并非文化的荒漠，而是有人类活动的，有交通路线可以行走的，而且其交通条件是足以和中原文化相联系的。

西汉时代以来的统治者在河西地区设立河西四郡，目的不仅仅是占据和护卫中西交通要道河西走廊，而且也应该包括有效护卫草原玉石之路的畅通，使得马鬃山玉矿资源能够源源不断地输入中原。经过这样的视角转换和重新审视，居延和明水两个汉王朝最靠西北端的边境据点之设置，就可以得到更好的理解和解释。

二　2015年草原玉石之路初探

2015年6月，国家社科基金特别委托项目"草原文化研究"之子课题"草原玉石之路"项目组，由内蒙古社会科学院、中国社会科学院、上海交通大学、西北师范大学和《丝绸之路》杂志社、中国甘肃网等单位联合组成"2015草原玉石之路考察团"，从兰州出发，经过宁夏西海固地区，北上银川，越六盘山和贺兰山，经阿拉善左旗至右旗，先后跨越腾格里沙漠和巴丹吉林沙漠，再沿着黑河—额济纳河一线（古代又称"弱水"）北上额济纳旗，考察居延海和黑城，再向正西方向行进，经路井、三个井、黑鹰山、乱山子，穿越千里无人区，抵达甘肃肃北的马鬃山镇，考察古玉矿遗址和明水的汉代故城遗址，完成了对草原玉石之路的初步踏查。

作为第五次玉帛之路考察，本次考察是2014年7月举行的第二次玉帛之路考察（河西走廊道）的续篇，那次的行程中曾经计划从瓜州前往马鬃山，其间的直线距离已经不到200公里，可是未能成行，留下遗憾，并写下《站在兔葫芦沙丘，遥望马鬃山》的文字纪念。第二次考察半年以后，即通过内蒙古社会科学院申报国家社科基金特别委托项目"草原文化研究"之子项目"草原玉石之路"，这样终于在11个月之后启动第五次考察，更加充分地实施去年未能完成的探索计划：从兰州出发，经会宁、静宁到宁夏的西海固地区，主要考察当地的齐家文化和菜园文化等史前遗址、博物馆藏的齐家文化玉器，再翻越贺兰山北上阿拉善左旗，穿越两大沙漠戈壁地带——"玛瑙的海洋"，经过阿拉善右旗到额济纳，考察居延海和黑城，并把考察团的最终目的地设定在马鬃山。此行的关键路径是额济纳到马鬃山一段。6月14日，在当地向导引领下，两辆越野车清晨从额济纳出发，一路向西行驶11个半小时，穿越千里无人区，入夜时抵达马鬃山镇。

（一）草原之路穿越巴丹吉林沙漠

此次考察得出的第一个认识是：巴丹吉林沙漠在今日号称中国第三大沙漠，属于无人区，但早在新石器时代就有人类活动所留下的文化遗迹，足以证明草原之路的开通早在史前期。在阿拉善右旗博物馆，馆长展示出一幅"阿拉善右旗文物分布示意图"，位于巴丹吉林沙漠东部一带雅布赖山后，有星

图27　阿拉善右旗文物分布示意图

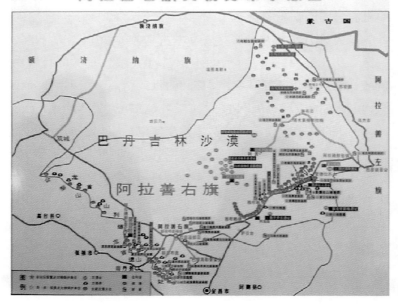

罗棋布的史前文化的古遗址分布,其连线一直通往阿左旗和蒙古国方向,表明这一带无人区曾经是草原之路的必经地带。

阿拉善右旗博物馆新采集到的一件史前陶鬲,器形硕大,与中原地区的陶鬲有着一脉相承的造型特征,又有西蒙地区的地方特色。这虽然只是一件陶器,却多少透露出文化传播的草原戈壁之路线情况。据介绍,阿右旗还从来没有展开过正规的考古发掘工作,馆藏文物大多是采集和征集而来的。在额济纳旗博物馆,同样陈列着一件硕大的陶鬲,属于征集来的民间文物。希望日后能够在这些地区有新的考古发现,证明河套地区和中原地区的典型陶器类型——鬲,是如何沿着草原之路一路向西传播的。

（二）草原之路马鬃山至额济纳路段

马鬃山的名字对于中国大多数人而言是完全陌生的,二十五史都没有它的记录。当今的教育体制下,学校中更不会有一堂地理课或历史课讲到它,不论是小学的、中学的还是大学的课程。因为中国确实太大太大,光是县市就多达2 800多个,绝大部分县的名称都是不为外人所知的,更不要说一个镇了!

马鬃山就是位于甘肃省最西北角的肃北蒙古族自治县的一个镇。镇上仅有的注册人口在1 000人上下,90%为蒙古族游牧民。再加上地处边陲荒漠地带,不为人知也就在情理之中。然而,这又是一个大镇,总面积达到4.2万平方公里,略相当于半个江苏省,大于台湾省和海南省。

这么大的面积,这样少的人口,成全了一个常用成语的真正内涵——"地广人稀"。如果要追问:为什么马鬃山地区面积巨大而人烟稀疏呢?借用十多年前曾经到这里调查黑喇嘛的当代中国著名的西域探险家、我的同事杨镰研究员的说法:

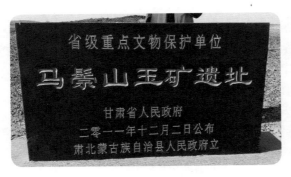

图28 2011年设立的马鬃山玉矿遗址界碑

这里"是中国西北最大的无人定居区,是神秘诱人的、有待探索的秘境"。目前在马鬃山镇管辖的领土北端有大约60公里长的中蒙边界,这也是巨大的甘肃省仅有的几十公里国界线。正是这几十公里的空间,把中国版图上最大的两个省区即新疆维吾尔自治区和内蒙古自治区隔绝开来,变得可望而不可即。如果新疆和内蒙古的省界各向东西方延伸二十几公里,马鬃山镇就可能从甘肃省地图上消失了。据说马鬃山通往外蒙古的边界口岸建设已经完成,由于蒙方的要求而处于关闭状态,目前正在等待良机重新开关通商。这一天的到来,将结束甘肃省境内没有对外开放口岸的历史,迎来重要的时代新机遇。

就在这样一个过去不为人知的国土西北边界地带,2014年却成为中国社会科学院考古研究所公布的六大考古发现之地,这里找到一座中国境内最早的玉矿遗址! 根据新近公布的发掘简报:

马鬃山玉矿遗址位于甘肃省肃北县马鬃山镇西北约22公里的河盐湖径保尔草场。2007年,甘肃省文物考古研究所与北京大学考古文博学院在进行早期玉石之路调查时首次发现此遗址。2008年7月甘肃省文物考古研究所与北京科技大学对其进行了重点复查。2011年10—11月,甘肃省文物考古研究所对此遗址进行了调查和发掘。调查确定遗址面积约5平方公里,发现古矿坑百余处,在第一地点发现防御性建筑11处,发掘面积为150平方米,清理遗迹17处,其中矿坑1处,防御性建筑2处,作坊址2处,灰坑12个。

既有玉矿开采的矿坑,又有玉石加工用的作坊,还有相关的防御性建筑,整个玉矿遗址的功能分区十分明确,表明这不是一个民间的随意性的开采矿区,而是有国家组织统一监理和实施开采、运输的战略资源要地。从优等玉石作为华夏国家所亟需的第一战略资源情况看,这个过去不为人知的古代玉矿的存在,有力证明西玉东输文化现象不是一源一线,而是多源多线的。仅《穆天子传》所记述的产玉之山就有近十处。《山海经》中记载的产玉之山更是多达140处。过去没有相关的古代玉矿玉料知识,学界将《山海经》《穆天子传》当作小说家的虚构想象,现在需要根据新出土古玉矿的第四重证据,对西部玉矿资源区给予全盘重审和重构。

如果说临洮县马衔山玉矿的玉石是当地齐家文化所消费的,那么肃北马鬃山玉矿却不是当地人群所需要和所消费的,而是中原文化所需要和所消费的。延续多个朝代的大量玉矿资源开采,究竟送到哪里去了?

在马鬃山以东地区通往额济纳的沿途山上,有一些古代的烽燧等遗址,可以证明这是一条鲜为人知却实际存在的运输线路。活跃在这条运输线上的先民,很可能不是远道而来的中原华夏人,而是活跃在草原戈壁地带的游牧族群。这正符合《管子》一书所说的尧舜时代的中原统治者"北用禺氏之玉而王天下"。一般认为禺氏即月氏。月氏是匈奴人崛起于草原之前,活跃在西北地区的主要游牧族群,这在考古方面的迹象或许相当于史前的四坝文化时代,即早期的青铜时代。马鬃山玉矿作为骟马文化至战国、汉代的玉矿,持续开采时间较长,遗址中发现的金属器情况如下:

金属器
铜器主要有镞、弩机构件、锥、环、簪、容器残块等,其中以镞为主,有三棱带铤镞和三翼有銎镞两类。铁器主要有镞、矛头及采矿工具等。

以上材料表明当时的玉矿开采不仅需要一批工人,同时还需要相当数量的武装人员加以守护。在马鬃山玉矿以西50多公里处的汉代明水故城,显然是占据交通要道的守护位置的军事要塞,有着抗击来自西面的敌人威胁,守护国家战略资源即玉矿及其运输线的重要作用。

马鬃山玉矿的玉料是在地表以下进行挖掘开采的,不同于新疆和田玉以两条河流中的籽料为主,也不同于马衔山玉矿既有山料又有山下河流中的籽料。这是需要认真思考的,马鬃山玉矿在被考古工作者发现之前,当地就有民间的玉石开采和贸易活动,这方面的调研尚待展开,这样才能充分说明这个古代玉矿是如何发现的,又是谁发现的。研究玉石之路的学者闫亚林已经认识到:

目前的考古发现表明,四坝文化后河西走廊西段的考古学文化可能是骟马遗存,两者并不是承继关系。现有的线索表明马鬃山一带玉料使用的时间不会早于四坝文化,马鬃山一带及其东天山区域先后是月氏和匈奴等游牧民族控制与活动之地，先后控制早期东西贸易路线的就是月氏人和匈奴人。马鬃山这里的玉料可能和《管子》等文献中记载的月氏之玉、禺氏之玉有关。从马鬃山经居延到北地郡然后再进入中原地区，这条线路在近代的考古探险家们还在使用，可能就是《史记·赵世家》记载苏厉给赵惠文王书中说的"昆山之玉不出，此三宝者皆非王有已"所记载的玉石之路。而古代的游牧民族月氏就是这条玉石贸易路线的主导者和经营者，如此这个玉石之路的形成大概与四坝文化衰落后游牧民族的兴起并控制东西贸易有关，时间也应该在商周以后至战国之际，在这之前应该没有和田玉出现在中原，这条贸易路线形成之初，马鬃山的玉料也很可能出现在其中。河西走廊东段的群羌并不是这条玉石之路的开拓者和经营者，这是今后在玉石之路探索中应该注意的。

如果要追问作为丝绸之路前身的草原玉石之路与河西走廊玉路两者的关联性，至少目前有汉代的出土资料表明两者是怎样一种互联互通的网络关系。此处说到的出土资料就是民国时期的西北科学考察团在居延发掘到的汉简。劳榦《居延汉简考释》对其中的一枚记事简解说如下：

诏夷胡候章发卒曰："持楼兰王头诣敦煌，留卒二十人，女译二人，留守证□。"

按事在昭帝元凤四年，《汉书·傅介子传》及《西域传》并载其事。《傅介子传》云："……介子与士卒俱赍金帛，扬言以赐外国为名，至楼兰，楼兰王意不亲介子，介子阳引去。至其西界，使译谓王曰：'天子使我私报王。'王起随介子入帐中屏语，壮士二人，从后刺之，刃交胸立死。……遂持王首诣关。"此简所记即其事也。……是汉世之立功西域，亦由于声威久著，然后得以好谋而成，非全恃使者之勇略也。夷虏候当为居延都尉下，甲渠候官所属之候。简言诏夷虏候章发卒，盖介子已刺楼兰王，敦煌屯戍之卒不足遣，乃调居延之戍卒西行，所言及之夷虏候章，盖亦在领卒西行之列。其自楼兰发卒留守诸事，亦皆由其人为之。此简据语气考之，应为夷虏候章奉之于楼兰者，其人奉此诏，后持楼兰王头入玉门，诣敦煌。王头既至长安，其人亦返居延。而残诏亦留于居延塞上，与千载后之人想见矣。

居延汉简中的这一条记事简的解读表明，在西汉国家最北端的居延要塞与河西走廊要塞之间，存在着明确的军事上的相互呼应关系。当敦煌和玉门关一线屯戍的兵力不足时，朝廷可以发诏调动数百公里以外的居延要塞的军队去支援，待完成河西走廊方面的支援任务后再返回居延要塞。同样，马鬃山和明水方面也都有路径南下，直通河西走廊道，这就充分形成玉石之路的网状结构。从敦煌通往新疆的玉门关到酒泉的玉门县和嘉峪关的玉石障，汉王朝为确保西玉东输的畅通而打造出立体的路网。汉朝的衰亡使得这些古代路网七零八落，终被遗忘，唯独留下多个"玉门"地名，供后人遐想和凭吊。

在2014年的第一次玉帛之路调研报告中，曾经草绘周穆王西行路线图，主要表现穆王从中原出关出塞的路线。如今在第五次玉帛之路考察之后，需要重新绘制以马鬃山玉矿为玉源地的西玉东输局部路线图：

且不论有关穆天子西行的最终目的地为何，至少他到过的地方属于西北大草原和戈壁沙漠地带，毫无疑问。《竹书纪年》云："穆王北征，行流沙千里，积羽千里。"

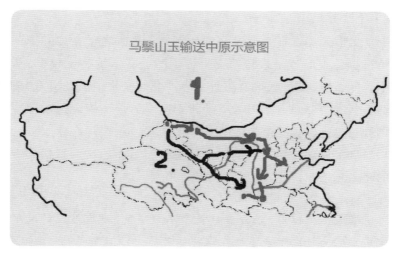

图29　马鬃山玉输送中原路线图：黑线为河西走廊道，红线为草原之路

　　这个流沙在何处？据《尚书·禹贡》的记载："导弱水至于
合黎，余波入于流沙。"有一山一水为坐标，可以相对确认，流
沙在弱水向北流过合黎山的方向，汉代即为居延海所在，亦即
今日内蒙古的额济纳一带。至于为什么叫流沙的问题，可以从
《楚辞·离骚》的汉儒注释中得到理解："忽吾行此流沙兮，遵
赤水而容与。"王逸注："流沙，沙流如水也。"据此可知"流沙"
之名的由来，一定出于在沙漠戈壁地区的人类视觉经验，或者
说是一种错觉。

　　从周穆王出塞后所到的河宗氏之邦——黄河河套地区，
到流沙所在的巴丹吉林大沙漠和弱水流入居延海所在的额济
纳，已经给周穆王的西行路线划出一个基本清晰的方向和轮
廓。马鬃山玉矿的新发现，使得整个问题更趋明朗化，因为马
鬃山距离额济纳的直线距离为400公里，古今都有道路可以通
行。如果存在一条草原之路，则此道为便利之捷径。

（三）巴丹吉林地方传说的文化记忆

文学人类学把来自民间的活态文化视为考证文史的第三重证据。下面就是来自第三重证据的一些本地传说故事,从中可以看出,本地人群对巴丹吉林沙漠的文化记忆表明,这里在古代时期确实水源丰富,绿洲相连。第一个传说是本地蒙古族对巴丹吉林这个名称由来的解说,题为《巴丹吉林沙漠》,1971年1月16日阿拉善右旗巴音温都日苏木巴音博日格嘎查的老人东格尔讲述,铁木尔布和记录:

很久很久以前,巴丹吉林是个水草丰美、没有沙漠的风水宝地。它为什么就成了现在这样的荒凉大沙漠了呢?

相传很早以前,巴丹吉林里有一座大城市,名叫"乌兰浩特"(红城)。

……当乌兰浩特的人们沉浸在享受玩乐的日子里,突然有一天,从天上刮下来许多沙子,一连下了七天七夜,把整个乌兰浩特连人带城给全埋在了下面,繁华一时的乌兰浩特城就这样消失了。巴丹吉林也变成了一片荒凉的大沙漠。

老人们说,巴丹吉林沙漠的形成原因是,不孝的逆子谋害父亲,背叛了苍天的誓言,于是苍天大怒,降下大沙子惩罚了他们。[1]

第二个传说《巴丹吉林》:

巴丹吉林是世界第四,我国第三大沙漠。有关巴丹吉林的名字还有来历。

很久以前,有一个叫巴丹的人,生活在现在的巴丹湖边。

---

[1] 铁木尔布和收集整理:《内蒙古民间故事全书·阿拉善右旗卷》上,内蒙古人民出版社,2011年,第139—141页。

他在沙漠中放羊时，就在巴丹吉林沙漠中发现了六十个大湖泊。由于蒙古语六十叫"吉日"，后来"吉日"传来传去，却成了现在的"吉林"；再后来，人们把"巴丹"这个人发现的"吉日"就传成了现在的"巴丹吉林"了。巴丹吉林也成为整个巴丹吉林大沙漠的统称。[1]

以上两个传说表明，在当地民间文化记忆中，巴丹吉林沙漠是有丰富水源的，无论是六十个大湖说，还是风水宝地说，都暗示着这里曾经适宜生存。至于有没有路线可以穿越东西两端的问题，可参看第三个传说《野骆驼、野驴为什么从巴丹吉林消失了》：

从前，巴丹吉林是个泉水涓涓流淌、芦苇遍地生长的大漠绿洲，有许多黄羊、野驴、野骆驼在这里栖息生存，是野生动物的世外桃源。

后来，这里的人们大量地猎杀野驴、野骆驼等野生动物，这事儿叫阿拉善王爷知道了，就委派了一个叫温都尔森格的仙人去解决这个问题。温都尔森格来到巴丹吉林之后，做了许多好事，劝阻人们不要再猎杀野生动物。然而，人们我行我素，不听他的话，依旧大肆捕杀。最后，温都尔森格百般无奈之下，施了仙术，将巴丹吉林的所有野驴和野骆驼都赶到了马鬃山。从此以后，巴丹吉林再也看不见野驴和野骆驼的踪迹了。[2]

这个故事的主题体现着有关野生动物保护思想的民间生

1　铁木尔布和收集整理：《内蒙古民间故事全书·阿拉善右旗卷》上，内蒙古人民出版社，2011年，第159页。
2　同上书，第218—219页。

态智慧，值得我们关注的是其中关于野驴和野骆驼离开巴丹吉林沙漠之后的去向，那就是距离巴丹吉林沙漠以西400公里的马鬃山一带。这表明本地人对两地之间的交通有明确的肯定认识，并不是一片不可逾越的死亡之地。这就从旁侧证明，巴丹吉林到马鬃山之间古代就有人类通行的自然条件。

三 讨论和总结

汉代居延要塞和明水古城之间，一定是有文化上联系的，那就是穿越800里的草原—戈壁之路。这一条民间路线今日只有当地人还在走。外来者如果要走必须有向导，否则极容易迷路并遭遇险境。预计2016年哈密至额济纳的铁路修通后，特别是京新高速路修通之后，一条在近现代几乎被人遗忘的草原古道，将重新焕发活力。其历史文化资源和旅游资源之深厚，并不亚于传统意义上的丝绸之路河西走廊道。

巴丹吉林沙漠之中央地带，自雅布赖山起，向北一直延伸，有史前文化遗址连起来构成一个文化线路，这也就意味着，自内蒙古最西端的额济纳至内蒙古中部地区，有两条互通的草原路径，北道从额济纳直达巴彦淖尔和包头，南道绕过巴丹吉林沙漠的南缘，经过阿拉善右旗、雅布赖山通往阿左旗，再从阿左旗向东北抵达包头，向南去往固原、陇东和中原。

马鬃山玉矿的地理位置，介乎新疆与内蒙古之间，左为哈密，右为额济纳，其开矿年代的认定，成为关键问题。若是战国和汉代有路，先秦就有路。玉矿遗址出土的骟马文化陶片，表明在距今3 000年前，非华夏人种在此采玉运玉，但是他们自己并不消费玉材，而一定是转运到中原的玉材消费地。在巴丹吉林周边的3 000年前文化遗存中，目前有陶鬲这样的器物，证明当时的文化与中原史前文化有联系。陶鬲的分布，从内蒙古中南部的老虎山文化，向西延伸到巴彦淖尔、阿拉善右旗和额济纳旗，就很能说明史前陶鬲文化向西部草原地带依次传播的路线。

太初三年（公元前102年），汉武帝修筑居延防线，南北全长250公里，沿着额济纳河绿洲而建，两侧为戈壁沙漠，东北则为居延海。3世纪初，东汉献帝时在居延设立西海郡，这个名称一直沿用到北朝。它在中原通西域的交通方面仍起着很重要的补充作用。北魏通西域当河西走廊受阻时，是沿着平城北面的六镇防线，经河套、居延西海郡和马鬃山直抵伊州（伊吾）。同时，它又是自河西通往漠北的"龙城故道"和花门堡回纥牙帐的南北向交通路线，被称为"居延路"。这条交通路线虽然不像河西走廊那么重要，但它却能起到连接丝绸之路沙漠路线和草原路线的作用。

这样就把河西走廊以外的另一条重要的中西交通路线确认下来。相比于河西走廊道，草原玉石之路的研究才刚刚开启，虽然资料匮乏，问题纷繁复杂，但展望其未来，在更大的欧亚大草原背景上去深入思考，一定还有更加广阔的研究前景。

（原载《内蒙古社会科学》2015年第5期）

会宁玉璋王

——第五次玉帛之路考察手记

摘要: 本文是中国文学人类学研究会组织的第五次玉帛之路考察的日志,记录2015年6月举行跨越甘肃宁夏内蒙古三省区的6 600公里草原玉石之路探查成果,从改写中国玉文化史的会宁玉璋王,到彭阳出土的黄玉璧和西海固地区的凤纹大玉琮之身世,再到阿拉善玛瑙和蒙古国的南红玛瑙,聚焦肃北马鬃山古玉矿的文化史意义,凸显中国本土文化视角对丝绸之路形成史的认识。同时彰显田野考察经验对拓展四重证据法的重要实践意义。

中国文学人类学研究会启动的第五次玉帛之路考察,又称"2015草原玉石之路调查",是通过内蒙古社会科学院投标的国家社科基金特别委托项目"草原文化研究"的子项目。2015年6月7日至17日完成田野调研计划,总行程约6 600公里,跨越甘肃、宁夏、内蒙古三省区,穿越腾格里和巴丹吉林两大沙漠,还有从额济纳(居延)到马鬃山和明水的千里戈壁无人区。这次考察上承2014年6月以来的前四次玉帛之路考察活动,旨在还原认识西方人命名的"丝绸之路"中国境内的原初路线情况,即在何时,由于何种原因开启了中原国家与西域地区的持续性交通与文化传播现象。希望通过本土视角的调研说明:在将近4 000年的时间里,这条文化通道上运输的最多也最持久的物品是什么? 其具体路线的时代变化情况又是怎样的? 简言之,第五次玉帛之路考察的行程,大致相当于中国境内的丝绸之路北线,或丝绸之路草原道。以甘肃省会兰州为起点,以会宁县博物馆中雪藏的齐家文化大玉璋为初始目标,探查齐家文化分布区的北缘即宁夏的西海固地区,再北上贺兰山,进入阿拉善盟,经过内蒙古西部地区,以新发现的甘肃肃北马鬃山上古玉矿为终点目的地,尝试探索从马鬃山至中原国家的最近交通运输线。本文即是在第五次玉帛之路考察的承办合作方"中国甘肃网"先刊发的考察手记的修订稿。

一 会宁玉璋王，养在深闺人未识

2015年6月8日晨，考察团一行十人搭乘中国甘肃网的考斯特中巴车，从兰州出发，向东北方向行进。第一站是甘肃会宁。期待中的考察重点是会宁县博物馆珍藏齐家文化玉璋。玉璋是史前至夏商周时期的标志性的重大玉礼器。曾经在没有文字的时代流行过千年之久，周代以后逐渐失传不用，却在古文献中留下千古余响。当代学者中有词学专家名叫"唐圭璋"，充分表明这种器物在中国文化中的符号影响力。据《周礼·考工记》记载："大璋，中璋九寸，边璋七寸，射四寸，天子以巡守。"这表明玉璋是上古社会最高统治者必备权力象征性器物。在文学语言中有"弄璋"和"弄瓦"对言的典故。把生男孩叫"弄璋之喜"，生女孩子叫"弄瓦之喜"。该典故出自东周时期的《诗经·小雅·斯干》："乃生男子，载寝之床，载衣之裳，载弄之璋。乃生女子，载寝之地，载衣之裼，载弄之瓦。"再参照古人常说的成语"宁为玉碎不为瓦全"，璋和瓦的强烈对比可以突出贵贱分明的价值观，体现华夏父权制文明的男尊女卑偏见。

按全世界的博物馆作息制度，周一都是法定的休息日。虽然事前已经通过中国甘肃网联系疏通白银市和会宁县有关方面做出接待安排，但是我们还是心中忐忑不安，生怕在周一造访博物馆时吃闭门羹。皇天不负有心人，在县委宣传部郭副部长和会宁博物馆的马馆长特意安排下，考察团经过一番周折，得到特殊礼遇，全体进入文物库房，上手观摩和拍摄该馆的馆藏玉器（图30）。其中最令人振奋的就是在1976年会宁县头寨子镇牛门洞遗址出土的大玉璋。该玉璋长达54.2厘米，宽为9.9厘米，厚度仅为0.2—0.1厘米，是齐家文化玉器中尺寸最大的重器之一。仅有青海喇家遗址出土的大玉刀比它更大一些。玉璋为青黄色玉质，在光线暗淡中呈现为黑色，用光照则显现为黄色，表面有明显的土沁色斑。玉璋下部分别有三个单面穿孔，中部残断后修补。阑部有凹槽，一端两小牙，一端一小牙。通体打磨抛光精细，因为极薄，好像一大刀片。这应该是齐家文化玉器中仅见的玉璋精品，级别之高，罕有其匹，称为"齐家文化玉璋王"，一点也不夸张。即便被誉为"中国史前文化玉璋王"，从尺寸、玉质和工艺三个方面指标看，也是名副其实的。目前所知陕西石峁遗址采集的龙山文化玉璋最大者长49厘米。河南二里头遗址有一件大玉璋，也是54厘米，但其年代较晚，玉质也不通透。

图30　会宁县博物馆藏齐家文化三孔大玉璋

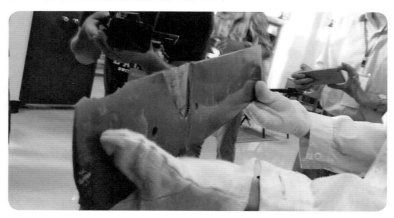

2005年科学出版社首次出版的15卷本《中国出土玉器全集》中，收录甘肃青海宁夏三省区的齐家文化玉器108件，却没有一件玉璋。一般的专业研究者也不大知道会宁出土的玉璋，以至于形成一种偏见，认为齐家文化没有玉璋。我们在网络上搜索会宁玉璋的信息，也没有丝毫结果，真可谓"养在深闺人未识"。目前的玉学研究认为，玉璋分布在自山东半岛至甘肃东部的大半个中国，最南端到达中国香港和越南，是夏商时期流行的特殊玉器类型，周代以后就逐渐退出历史舞台。但玉璋是如何产生的，其背后的神话信仰观念如何，其起源地在何处，传播路线如何，都是悬而未决的问题，值得做深入探讨。可以预期，会宁大玉璋的再认识和研究，将会改写中国玉文化史，对于考察团近年提出的"玉文化先统一中国"说[1]，也是一个生动的证据。

二　夏地密码：六盘山之龙兴

　　6月8日下午，从甘肃会宁北上，前往宁夏南部的隆德县，指向六盘山界。大家一路上议论着：拥有夏河和临夏的甘肃，和拥有西夏国都的宁夏，为什么在古代中原人眼光中都属于"夏"地。近年的图书市场上有作家写出持久畅销的热门书《藏地密码》，又有谁能够依据陕甘宁交界处的山河风水秘密，写出新兴的"夏地密码"？

　　6月9日晨，考察团按计划从隆德县出发，前往彭阳，不料刚走出县城不久，前面的山道上就遇到停靠路边的车队长龙，

1　叶舒宪、古方主编：《玉成中国——玉石之路与玉兵文化探源》，中华书局，2015年，第3—29页。

大约绵延数公里，下车细问才知道是前面堵车塞路，已经4个小时。不得已改道而行，先去伏羲崖一带访古。甘肃的地方神话资源以伏羲为主，以天水的伏羲庙为物证。还有江泽民1992年8月考察天水时的题字"羲皇故里"。地方学者把传说中的7 000年前伏羲同甘肃秦安县发掘出的8 000年前大地湾文化相提并论[1]。对此，历史学者和神话学者既无法证实，也不能证伪。只好作为地方性的文化记忆来对待。从伏羲崖上面下来，又在六盘山上周旋了多半日，总算充分领略了这座西北名山的风采。

六盘山坐落在陕甘宁三省区的山川交汇之地，位于西安、银川、兰州三省会的三角地带中心，海拔高度2 928米，习惯上又名"大陇山""鹿盘山""鹿攀山"等，后两个名称显然都与"六盘"谐音。其主峰在宁夏固原、隆德两县境内。其山体南北走向，200多公里的山体，与东西向纵横千里的祁连山、昆仑山相比，会显得小巧秀气。但其南北向延展的山脉，犹如在陕西黄土高原和陇西黄土高原之间标出一道分界，又是渭河与泾河的分水岭。据民间说法，上山人需要经过六重盘山道，才能登上山顶，故得名"六盘山"。我们50后这一代人对六盘山的认知经验，则基本上是由伟大领袖毛主席的《清平乐·六盘山》塑造而成的。

回味昨日在会宁，如同朝圣一般见到齐家文化玉璋王的那份惊喜之情，考察团中几位成员在昨夜都兴奋失眠。今日盘旋在六盘山巅，才逐渐体会出龙兴之地的潜在文化意蕴。伏羲崖代表的是华胥氏的神秘生育神话，难以考证；超级大玉璋的

1　张华、夏峰：《伏羲·成纪·大地湾》，霍想有主编《伏羲文化》，中国社会出版社，1994年，第84—94页。

出土，则是4 000年前齐家文化的王者龙兴于此的物证！在文学人类学一派倡导的四重证据法中，实物的证据属于第四重证据，它显然要比任何文字书写的证据都要实在和明确。红军长征后的三大主力会师于会宁。秦始皇开创统一大帝国的第二年就西巡陇西，眺望六盘山；李元昊据此地龙兴称王，建立约二百年的西夏王朝，与北宋王朝分庭抗礼；成吉思汗六攻西夏未成，也曾在六盘山一带休养；毛泽东借歌咏六盘山的机缘，预言红军最终战胜白军的龙兴宏图！

午间抓紧在固原考察闻名遐迩的固原博物馆，拍摄相关的齐家文化文物，然后驱车去彭阳。本想抄近路再入六盘山，不料途中被导航仪误导，进入山间土路，经过三个小时的山顶盘旋，终于在夜幕降临前抵达彭阳文物管理所。随即深入文管所的文物库房中，寻找齐家文化玉器的精品，终于看到较为罕见的精美玉琮和玉璧（图31），好像距离破译"夏地密码"的宏愿，更贴近了一步。

图31　彭阳文物管理所珍藏的齐家文化黄玉璧

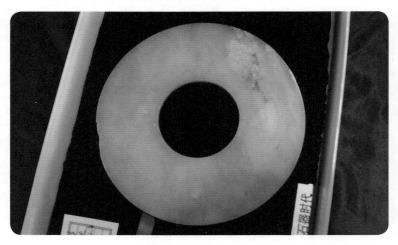

齐家文化玉礼器中数量最多的是玉璧,其对华夏文明的符号意义,可从成语白璧无瑕和典故完璧归赵得到大致的认识[1]。古玉的用料中,白玉因为资源稀少而显得珍贵,黄玉和白玉同样稀少,甚至更为珍贵。彭阳文管所珍藏的这一件玉璧,堪称"黄璧无瑕"。4月举行的第四次玉帛之路考察聚焦临洮马衔山玉矿,采集到精美的黄玉标本,对于认识新疆玉以外的黄玉资源带来新的契机[2]。

三 西吉凤纹玉琮之谜

6月10日是考察团行程第三日,白天先按计划完成对西海固地区的史前文化考察,赶夜路北上银川,会见宁夏考古所和宁夏社科院的专家。次日一大早从固原出发西行,沿着六盘山脉的西边余脉,先到西吉,专门拜谒齐家文化先民留下的又一件国宝级玉器——刻凤纹大玉琮,访谈西吉文物管理所的专家。午后驱车北上,翻越月亮山、南华山,抵达海原,考察菜园文化和齐家文化的遗址及文物,希望进一步认识北方史前文化的源流关系与地域关系。西海固一带是整个齐家文化分布的北部边缘地区,又是先于齐家文化的菜园文化的中心地带,地理位置上属于丝绸之路原州道的重要驿站,因为受到东西文化交汇大通道的作用,历史积淀厚重而特色鲜明,近4 000

---

1 参看叶舒宪:《玉璧的神话学与符号编码研究》,《民族艺术》2015年第2期。

2 参看马鸿儒:《齐家玉魂》,甘肃人民出版社,2015年;叶舒宪:《齐家文化与玉石之路——第四次玉帛之路考察简报》,《百色学院学报》2015年第3期。

图32　西吉文管所库房的凤纹大玉琮（局部特写）

年来一直是玉石之路的主要支线。学界有一种观点认为齐家文化发源于宁夏西海固的菜园文化，这个观点对于研究齐家文化源流来说，就像给考察团的行程预设出必不可少的"规定动作"，也带来大家的期待。

果不其然，这一天考察的兴奋点，还是聚焦在西吉县文管所库房的大玉琮。它的特征是上窄下宽，略成塔状，青玉质，受沁后整体呈现为灰褐黄色，中央对钻斜孔，孔径比一般的玉琮要小。系1980年代县文物工作者在白崖乡农民家收购而来，据说文管所郭菲说是用一袋尿素换来的。因为其出身的神秘性，还因为它特有的凤鸟纹饰，引发学界的持久争议。一种观点认为它是齐家文化玉器；另一种观点认为是西周玉器；还有一种观点认为是齐家文化玉器的传世品，在民间传承了4 000年，明清时代才有好事者在上面雕刻出凤纹。

考察团经过特别请示，获准打开玻璃展柜，近距离上手观测并看其光照效果。大家的鉴定意见一致：这是一件标准的齐家文化玉器。理由是：其一，玉琮用料是齐家文化玉器中常见的带有深色斑纹的青玉，光照下呈亮黄色，表明其玉质优良，吻合齐家文化的玉料特征。其二，40倍放大镜观察其表面和孔内的加工痕迹，符合齐家文化制玉工艺。其三，玉琮的形制对钻斜孔，都属于典型的齐家文化玉器风格。我们认为它之所以不是西周玉器，玉琮的一个平面上雕刻的凤纹，形象清晰，但是不属于西周玉器的阴刻线工艺（一面坡），其凤鸟形象刻画的随意性，也与西周玉器上常见的模式化凤鸟截然不同。至于为什么西周人喜欢在玉器上镌刻出鲜明的凤鸟形象，我在新出版的《图说中华文明发生史》一书的最后一章"凤鸣岐山"中，已经做出学理上的说明[1]。

　　下午的一路颠簸，考察团有成员开始晕车。跋涉270公里，抵达银川。晚上十点半用完晚饭，在银川下榻的酒店与宁夏文保中心主任马建军和宁夏社会科学院历史研究所所长薛正昌等专家座谈。原来马主任就是第三种观点的代表。对考察团成员来说，这次深夜访谈之后，更增加了凤纹玉琮的传奇色彩：一件4 000年前的齐家宝玉，在齐家古国覆灭之后，就像秦始皇传国玉玺那样流离失所，几经沉浮，一直在西吉民间雪藏不露。直到数百年前的明清时代，才有哪位西周人的后裔，敬慕古风，追慕周人的凤鸟图腾，才在上面加刻出凤鸟形象！又过了几个世纪后，恰逢改革开放，才终于被文物工作者用一袋尿素化肥，换到西吉文管所库房里来！ 2 500年前，孔子追慕西周文明的辉煌，曾经感叹"凤鸟不至，河不出图"。如今，考察团居然在西海固的边地山区巧遇"凤鸟至"的神话圣境，这会给探索者带来极大的精神激励。

1　叶舒宪：《图说中华文明发生史》，南方日报出版社，2015年，第270—316页。

（四）阿拉善采玉日：玛瑙神话谈

　　6月11日，晴，考察团出发以来第四日，跨进第三个省区——内蒙古。清晨在街上匆匆用过早餐油条豆浆，便从银川出发，翻过巍峨的贺兰山，先到阿拉善左旗，考察博物馆和奇石市场后，又驱车538公里，经过夕阳染红的曼德拉山和雅布赖山，在夜幕中赶到阿拉善右旗，已经是晚上十点。严格的意义上说，今日横穿腾格里沙漠进入巴丹吉林沙漠的这趟行程，才算踏上真正的草原玉石之路。

　　国人崇奉的四大名贵玉石种类，玛瑙位列其二。玛瑙是玉髓类的矿物，其色彩鲜艳，其硬度超过软玉。阿拉善戈壁，向来以出产玛瑙而闻名。今日从北京到广州，各地的玉石市场和古玩市场上，随处可见出售阿拉善玛瑙的店家或摊位。8 000

图33　考察团初入阿拉善戈壁

年的玉文化所拉动的新兴产业，借助的是中国人崇玉又赏石的深厚传统力量，往往被外国人所不理解。草原玉石之路的调研，当然也应包括玛瑙文化的传播路线。从文字记载的小传统看，玛瑙进入汉语文献的时间较晚。玛瑙在古书中又写作码瑙、马瑙、马脑等，后者才透露出古人命名这种坚硬而彩色石头的联想原型：它的形状和颜色非常类似马的脑子。从取名上看，先有对马的认识，才会有"马脑"这样的神话想象名称。目前的考古知识表明，马是商代时候才引入中原国家的，所以国人所认识的玛瑙，显然要比其他玉石晚许多。但是要从先于文字的文化大传统看，玛瑙进入人类文化的时间早在旧石器时代，是用来制作工具的原料。玛瑙的硬度达到7—7.5度，明显高于一般的玉石（软玉），所以古人又常用玛瑙工具来加工玉石。所谓"他山之石，可以攻玉"的说法，"他山之石"中就一定包括玛瑙在内。

玛瑙和绿松石一样，是世界性的宝玉。关于玛瑙的神话很多，各国都有。最著名的是希腊神话，认为玛瑙是爱与美之神阿佛洛狄忒的指甲所化成，偶然飘落到大地上，所以拥有红色玛瑙可以强化爱情。中国古书《太平广记》中则有玛瑙为鬼血所化的说法。可见古人对玛瑙的神圣化和神话化联想，异曲同工。

在阿拉善博物馆中看到数百万年前的三趾马化石，知道马科动物在大陆上的生存，与人类进化的漫长历史相伴随。该博物馆中还陈列着大批新石器时代的工具，其中就有玛瑙制成的刮削器、尖状器和镞。可见玛瑙的使用与攻玉治玉的历史相伴，甚至还要更早一些。这样的文化积累，使得世界的五大古文明中都有玛瑙制成的宝物。中国史前文化中已经有玛瑙类装饰品出现，如北方的夏家店下层文化。西周时期在王室贵族间更是流行红玛瑙珠，常用作玉组佩的组成部分。有学者认

图34　陕西历史博物馆藏唐代玛瑙牛首杯

图35　阿拉善右旗路边采集的红玛瑙，像不像马的脑

为"琼"所指的红色玉就是红玛瑙。陕西历史博物馆珍藏的一件唐代玛瑙兽首杯，1970年西安南郊何家村窖藏出土，被评为国宝级文物（图34）。

满怀着邂逅玛瑙的期望，考察团在下午初进阿拉善右旗的公路边休息，采玛瑙，一时间成为自发的群体活动。先是有人捡到一些杂色的小块玛瑙，大家一阵兴奋，流连忘返。临上车前，我在一土堆表面看到一件暗红色的石头，捡起来擦拭几下，露出红玛瑙的脑状外形，原来竟然是一块鹅卵大的红玛瑙！

这是对考察团初访阿拉善之日，最好的天赐礼物吧。

五　阿拉善右旗的陶鬲

6月12日，晴间多云，考察团出发后第五日，早七时半在金沙酒店旁的拉面馆用完早餐，即前往旗文管所考察文物，有范局长热情接待，仔细介绍当地的古代遗址和文物情况。由于旗博物馆建筑临时翻修而停业撤展，范局长指示工作人员，从库房中的文物箱子里一件件地搬出史前陶器等，让考察团近距离观摩和拍摄。据范局长介绍，阿拉善右旗从来没有展开过正式的考古发掘工作，总面积7万多平方公里，比宁夏自治区的面积还大，却没有过一次正规发掘，所有文物都是在普查和田野调研时采集、征集来的。

第一个搬出来的是一件三足大陶鬲（图36），器形硕大，三乳状的足极为饱满，规整中透露着威严。鬲被视为汉族先民煮饭用的炊器。一位外国学者曾经撰文提出，鬲的发明代表早期萌生的游牧民族煮奶用的奶锅。著名历史学家翦伯赞先生在20世纪40年代就在论文中提出，华夏文明是鼎和鬲相结合的文明；这两个词在英语中都是音译的Ding和Li，显然是西方文化中所没有的器物，能够凸显中国文明的特色。中国考古学的权威学者苏秉琦早年专门研究宝鸡斗鸡台遗址的陶鬲，在《中国文明起源新探》书中把鬲视为华夏国家形成期的标志物[1]。由于最早的鬲出现在内蒙古中南部地区的老虎山文化，距今4 500年前后。此后，陶鬲这种器物沿着黄河和太行山传播，南下中原，在夏商周时期成为中原文明的标志性器物，在陶鬲之后还派生出铜鬲。西北的齐家文化以双耳罐

图36　阿拉善右旗文管所藏史前陶鬲

1　苏秉琦：《中国文明起源新探》，生活·读书·新知三联书店，1999年，第10—16页。

形陶器为特征，晚期也有少量传播来的鬲。考察团6月9日在彭阳县文管所杨宁国所长的电脑里看到最近在打石沟遗址发掘的陶鬲（图37）、陶鼎和双耳罐，视为龙山文化与齐家文化相互交汇的物证。阿右旗这件异常饱满乳足形的大陶鬲，或为西周时期的成熟形制，这是笔者所见到的国土最西端的陶鬲，可以透露中原文明与西蒙的草原戈壁地区之间早有文化交流。

傍晚17时50分，考察团驱车480公里，途经酒泉航天城，抵达额济纳旗，靠检查站搭顺车的工作人员引路，第一时间赶到额济纳博物馆参观，已经到闭馆时间。因为预先得知次日当地要停电一天，无法参观博物馆。夕阳照射下，眼看着灰白色的博物馆，大门已经关闭，幸好有考察团成员包红梅的舅舅及时赶到，随后旗副书记也赶来迎接，才破例让博物馆延长时间接待我们一行。在史前展厅的展柜里，又一件大陶鬲（图38），

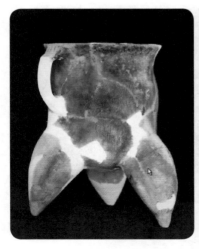

图37 宁夏彭阳打石沟遗址出土的 龙山文化形制的陶鬲，杨宁国 供图

图38 额济纳旗博物馆藏新石器时 代夹砂红陶鬲

静静地等待着赏识它的远方来客。

这件文物的解说词为"夹砂红陶鬲"，看上去三乳足异常硕大饱满，鬲身几乎被压缩得看不见了，真是一件神奇变换形式的鬲。笔者在中原地区看到的出土陶鬲，多为灰陶或黑陶的，用夹砂红陶工艺制作的鬲，或能代表来自中原的器形与来自西部四坝文化、沙井文化惯用的制陶传统的有机组合？完成这种结合的主人，不就是我们要寻找的活跃在草原之路上先民吗？

六 策克口岸的蒙古国玛瑙

6月13日，额济纳，多云，考察第六日。考察团住在天赋酒店。今日停电，早上找到一家自备发电机的牛肉面馆用餐。在总人口1.8万的额济纳旗用早餐，居然也要排队。据说这里每年到九、十月份，胡杨树层林尽染的季节，有数十万中外游客蜂拥而至，将一座边境小镇拥挤得水泄不通，人满为患。不知修筑中的京新高速公路通车以后，这里的旅游接待能力能否迅速跟上。

早餐后即驱车从达来呼布镇出发，沿着新修的高速路向北疾驰60公里，9点先到中蒙边境的策克口岸。这是内蒙古自治区继满洲里和二连浩特之后，新开辟的第三个中蒙贸易口岸。

从策克口岸的中蒙边境界碑处远远望去（图39），一望无际空旷原野，点缀着一字排开的小山，肉眼看不到什么人烟。据了解，这里主要的进口贸易产品是蒙古国的煤炭。巨大的洗煤厂，几乎占据整个口岸建筑群的半壁江山。不过这两年的煤价下跌，进口煤炭的利润大打折扣，许多大投资者在此遭遇滑

图39 额济纳策克口岸的中国界碑

图40 策克口岸的蒙古国南红玛瑙

铁卢，折戟沉沙。口岸路边上有几十家新开的商铺，其中不乏主营玉石玛瑙贸易的商家。考察团成员在一位呼和浩特小伙子开的铺子里，买到四件产于蒙古国的南红玛瑙标本（图40）。

南红是近年玉石市场上最热门的玛瑙品种，因原产地为云南保山，又称保山玛瑙。保山是我国自古以来就闻名天下的红色玛瑙主产地。21世纪以来，四川凉山新发现了类似保山红玛瑙的矿脉，玛瑙的生意像遭遇爆炒的普洱茶一样，一时间如火如荼，这也使得南红的美名迅速传播，成为今人热烈追捧的玉石种类。又加上近五年来举国上下的珠串热，鲜艳亮眼的红色玛瑙更是无可替代，使得南红的价格一路攀升，堪比和田玉和缅甸翡翠。

古语云，乱世藏金，盛世藏玉。蒙古国的南红玛瑙，在戈壁中沉睡了千百万年后，如同俄罗斯玉、巴西水晶、波罗的海琥珀一样，都是在这一场空前高涨的全国收藏热潮驱动下，被点石成金一般提升为拥有巨大利润的贸易商品的。从店家那里打听到，目前优质的蒙古国南红进口量已经日益减少，玛瑙贸易也随着国内经济的起伏而由热趋冷。策克口岸的玉石商铺中，除了进口的玛瑙，也出售额济纳本地产的各种玉石和玛瑙，其中一种黄绿色、带错落斑纹的玉石，产自小马鬃山。昨天傍晚在额济纳旗博物馆大厅左侧看到的那一件迎宾用的大山子，原来就是小马鬃山玉料（图41），外观上比较接

图41　小马鬃山出产的玉料

近祁连山玉，应属于蛇纹石玉。从小马鬃山新开发的玉矿，到大马鬃山新发现的古代玉矿，和我们华夏文明相伴随4 000年之久的"西玉东输"路线图，正在得到根本性的改写和路网细部的重构。

这或许就是草原玉石之路考察团此行的重要收获。

七 重走周穆王之路：从额济纳到马鬃山

6月14日，多云间晴，考察第七日，迎来富有探险性的一天。因为考斯特中巴车无法在额济纳到马鬃山的土路行驶，考察团只好兵分两路，一路让考斯特车承载包红梅、金琼和秦斌（《人民画报》摄影师）绕道酒泉、嘉峪关，用两天时间赶到马鬃山镇，我们6人外加一位资深的向导——"老舅"色音，临时租用两辆四驱越野车，计划一日内横绝800里无人区，向西走直线到肃北的马鬃山镇。一想到这是著名的《丝绸之路》作者斯文·赫定率领的西北考察团在20世纪初所走过的路线，大家就不免心情激动。再一想，这条路也可能是周穆王西巡之路，更是古代民间沿用数千年的驼队之路，今人习惯上称为丝绸之路的北线。

一大早，在霞光初照时赶写出昨日的考察笔记，并从手机中拷下照片，配完图，就来到昨日早餐的那家拉面馆集合。见到两位魁梧健壮的蒙古族司机，大家心里踏实了许多。7:58从达来呼布镇出发，至晚上19:30抵达马鬃山镇，400公里的路途竟然用了十一个半小时，原因是后半程路况极差，在驶离内蒙古界山时误入歧途，辗转曲折，有一两个小时是在没有路的戈壁和丘陵中挣扎着开出来的。

图42　车在戈壁沙地中，仅有的生命迹象是麻黄，一种致幻药

　　上午9:30来到一个岔路口，路牌上标明南向地名酒泉，西向地名"多金属矿"，后者真是闻所未闻的奇特地名。《山海经》讲到每一座山时都要说明其物产情况，一般情况是出金之山也出玉石。去年在瓜州调查的大头山石英岩白玉，旁边就是金矿，看来今年的考察经验同样如此，终于让我们看明白《山海经》作者的真切功夫。这部书和《穆天子传》一样在历史上被当成子虚乌有的小说，实在太可惜。11:15到三个井沙场，旁边就是金矿。此后一个多小时，越野车开上为建造京新高速路而开辟的临时便道，在颠簸中艰难前行。

　　12:45来到黑鹰山，里程过半，大家下车，在山坡碎石上席地午餐：两块面饼，一包榨菜。饭后匆忙采集几块玉石标本，再踏征程。一上午所经过的平坦无垠大戈壁结束了，进入丘陵沙地，高低起伏不定。有一段路是凿山而成的，路两侧的山崖如同山门。走了大半天，竟然没有看到一只飞鸟，甚至没见到一只飞鹰，应验唐诗中柳宗元名句"千山鸟飞绝，万径人踪灭"；感叹黑鹰山不见黑鹰。唯有"老舅"色音捕捉到一只蚂

图43 内蒙古和甘肃交界处的大旷原,令人想到穆天子经过的那个大旷原

蚱,强有力地证明着戈壁荒野中无限顽强的生命。

穿越丘陵区之后,走出一座山口,前方出现一片大旷原,在白云蓝天照映之下,犹如神幻一般的奇崛壮美(图43)。顿时想起那个曾经让周穆王心旷神怡的大旷原。易华兄不断吟诵着周穆王与西王母唱和的《白云谣》:

白云在天,
丘陵自出。
道里悠远,
山川间之。
……

午饭后,在马鬃山镇镇长引导下参观黑戈壁博物馆,一眼看到在一个窗台上放着的几块马鬃山玉矿采集的玉料,就好像唐僧看到他到西天要取回的佛经一般……

八 马鬃山怀古

6月15日，是此次考察的最终目的地——肃北马鬃山玉矿（图44）。这个古代玉矿是将要彻底改写中国玉文化历史的一个重要考古发现。目前根据玉矿中发现的陶器所认定的年代是战国至汉代。其中也有少许骟马文化陶片和一块四坝文化陶片，如果还有进一步的发掘，或许其年代能够提早到骟马文化和四坝文化，即距今三四千年前。就按照较保守的测年结果，这座玉矿的学术意义也是非同小可的。它不仅将会有力验证当代新的人文假说——"游动的玉门关"和"漂移的昆仑

图44　马鬃山古代玉矿

山"，而且能够给4 000年以来华夏文明"西玉东输"的整体格局带来全新的认识，玉石之路的路线，特别是从新疆哈密到明水，从明水到马鬃山，再到额济纳（居延）的这一条汉代路线，堪称一条捷径，过去又称"丝绸之路北线"或"丝路草原道"。这确实要比从新疆南疆的于阗南山（昆仑山）到中原的距离大大缩短一两千公里。

　　马鬃山玉矿出产优质的透闪石玉料，颜色以青玉为主，也有褐色、黄色和绿色的（图45）。那种带有明显的糖色的玉料，是齐家文化和先秦国家用玉的典型玉料。马鬃山玉矿的另一个奇妙之处是，其玉料不是在河床中采集的，也不是在山上开采的，而是在平地下面挖掘出来的。这意味着一旦摸清矿脉，将有非常可观的玉石资源储量，等待后人去认识和开发。在新疆和田玉资源面临枯竭和当代社会流动性过剩条件下，其对发展文化产业的巨大潜质，是不言而喻的。

　　这一天最后的考察点是到马鬃山以西60公里的明水看

图45　马鬃山玉矿的玉料标本

汉代古城和近代新疆总督杨增新修筑的山上城堡要塞。夜幕降临后又到明水的武警边防站和战士们交流。他们因为保家卫国的工作需要，三年多没有回家了，见到内地来人就如同亲人。联欢活动一直延续到6月16日凌晨，回到马鬃山边防站宾馆时是一点多钟。因为按照计划日程，这一天中午有酒泉市政府安排的午餐会，不得已大家只好四点钟起床赶夜路。实在没有时间写考察笔记，就在旅途的车厢中吟诵一首小诗，作为日志的替代：

朝发轫于边镇兮
夕余至于明水
迎霞光访古玉源兮
思周秦而接战汉
登黑喇嘛山兮
叹黑戈壁之瓒瓒
暮望杨增新城堡兮
啖苏武羊于金山
子夜泣歌故乡之云兮
壮士热泪洒边关

九 结语：三万里路云和月

6月16日夜，考察团顺利回到兰州的西北师范大学专家楼。17日上午举办首届中国玉文化高端论坛。笔者临时赶制的考察简报课件中，使用了文学性的语言来为这两年的五次玉帛之路考察活动做小结："三万里路云和月"。在20

世纪的文化人类学发展中有一个学派号称"人类学诗学"（anthropological poetics），希望用文学写作方式来表现人类学对他者文化的研究和体验。笔者在此也有隐喻性伏笔的意思，即充分利用中国古典文学和艺术中以"云"和"月"来比喻美玉的审美传统。玉器雕刻中常见的纹饰叫做"卷云纹"，李白的诗歌干脆把月亮呼作"白玉盘"。考察团两年内所跑路程的总数约为 15 000 公里，为的是求证在漫漫历史尘埃遮蔽下曾经存在许久的玉石之路，用"三万里路云和月"的诗意语汇来概括，不亦宜乎。

根据马鬃山和新疆昆仑山的地理位置，重新划出的西玉东输线路图不再是单线的，而是复线的。迄今的调研结果可以显示，这样一北一南两条玉石之路都始于先秦时代，早于张骞通西域的西汉年代，即先于丝绸之路而开启。

学无止境，玉帛之路的调研也还将继续下去。

路漫漫其修远兮，吾将上下而求索。

玉之所存，道之所存。

（原载《民族艺术》2015年第 5 期）

兴县猪山的史前祭坛——第六次玉帛之路考察简报

考察简报

摘要: 2015草原玉石之路调研的7月考察活动,聚焦河套地区史前文化即龙山文化分布情况,特别是黄河两岸的晋陕史前玉文化,试图从文化传播的视角找回驱动华夏文明发生的重要交通线路,搜寻西北齐家文化通过黄河与龙山文化的互动关联。在黄河以东的山西兴县二十里铺的猪山上找到一座失落4 000多年的史前石头城和祭坛,或许还兼有天文观测台功能。

一 考察缘起

第六次玉帛之路考察,作为国家社科基金特别委托项目草原文化研究的子项目2015"草原玉石之路"调研的一部分,又称"玉帛之路黄河河套段考察",于2015年1月设计考察路线,于7月15日至23日完成全程调研计划。考察团主要成员为上海交通大学叶舒宪教授、中国社会科学院民族学与人类学研究所研究员易华博士、内蒙古社科院研究员包红梅博士。配合考察的地方人士分别来自包头博物馆、固阳县历史文化研究会、固阳县公安局、固阳县红色收藏博物馆、呼和浩特民间收藏家协会、鄂尔多斯青铜博物馆、准格尔旗收藏家协会、准格尔旗博物馆、兴县龙山文化收藏研究协会,神木县石峁文化收藏研究协会、府谷县府州民俗文化博物馆以及兴县二十里铺村民向导等。

这次考察围绕着河套地区史前文化的分布而展开,起点在阴山山脉之外的固阳县秦长城及大乌兰古城遗址,终点在河套南部黄河两岸的两个站点:山西兴县高家村镇碧村小玉梁龙山文化遗址和陕西神木新发现的龙山文化石头城——石峁古城,总行程约2 000公里,历经包头、固阳、鄂尔多斯、准格尔、托克托、伊金霍洛旗、河曲县、五寨县、岢岚县、兴县、神木县、府谷县十二市县,考察古遗址十个,其中龙山文化遗址七个。大乌兰古城、阿善遗址、寨子圪坦、寨子上,魏家峁郝湾村遗址、兴县高家村镇碧村小玉梁遗址、府谷县善家峁古城遗址、神木县高家堡镇石峁古城、托克托县的云中古城遗址,在民间采集和征集龙山文化陶片和石器、玉器标本一批,为进一步的检测和研究获取线索和一手资料。

　　总结以往的六次玉帛之路实地考察,第一次考察以西玉东输的进关路径为主,集中认识自河套地区进入中原地区的水陆两条路径——周穆王所走过的雁门关道(陆路)和更早时期的黄河道(水路),后者又是历史时期山西人所谓"走西口"的出关路线。这是目前所知联接西域与中原的"丝绸之路"之最原始的路径,其早期的运输货物也和丝绸无关,用《战国策·赵策》的话说,主要是三种,其中两种是无机物,即代马、胡犬;一种是有机物,即"昆山之玉"。第二次考察以西玉东输的主干线路河西走廊天然大通道为主,聚焦该地区的史前文化遗址——齐家文化、四坝文化和沙井文化及其相关性,兼及祁连山两侧的玉矿资源调查。第三次考察为环腾格里沙漠路网的考察,求证尽人皆知的河西走廊通道与罕为人知北方沙漠地带通道之间的关联。第四次和第五次考察为新疆青海以外的古代玉文化的玉源探索,聚焦新发现的甘肃玉料原产地即"二马"山(临洮马衔山和肃北马鬃山)的玉矿资源情况,得出对中国西部玉矿资源区的总体性新认识,以及对玉石之路北线即草原道的新认识。在以上五次考察基础上的第六次考察,其路线设计的初衷,既有填补空缺意义的全新目标,如对河套地区龙山文化遗址及玉文化传播线路的探索;也有对以往考察的追踪式回访，如对山西兴县小玉梁龙山文化遗址和陕西神木县石峁古城及相关玉器的考察。

第六次玉帛之路考察的目标定位较为明确，即内蒙古中南部的河套与长城地带，那里自古就是农耕文化与游牧文化、渔猎文化的交错地带，长期以来呈现出不同文化的冲突与融合，给中原文明带来重要的北方文化元素。苏秉琦先生在《中国文明起源新探》一书中，把黄河河曲地区视为中国文化标志性器物陶鬲的发祥地，并作出如下的推测：

源于关中，作为仰韶文化主要特征器物之一的尖底瓶，与源于河套地区土著文化的蛋形瓮结合，诱发了三袋足器的诞生。我们曾经长期注意，寄希望于中原地区是否也有这种现象？……但事实上，我们没有找到这类残片的踪影。看来，三袋足器的诞生，源于何时、何地、何条件促成，这个长时间使考古学者感到困惑的问题的谜底可能就在北方的河曲地带这一角。三袋足器的发源地不在中原而在北方的重要意义在于，把源于中原的仰韶文化更加明确无误地同青铜时代的鬲类挂起了钩，而这一关键性转折发生在北方区系，是两种渊源似乎并不相同的文化的结合或接触条件下产生的奇迹。

对燕山南北长城地带进行区系类型分析，使我们掌握了解开这一地区古代文化发展脉络的手段，从而找到了连结中国中原与欧亚大陆北部广大草原地区的中间环节，认识到以燕山南北长城地带为重心的北方地区在中国古文明缔造史上的特殊地位和作用。中国统一的多民族国家形成的一连串问题，似乎最集中地反映在这里，不仅秦以前如此，就是以后，从"五胡乱华"到辽、金、元、明、清，许多重头戏但是在这个舞台上演出的。

陶鬲之所以被认定为中国文化的标志性器物，是因为世界上其他国家和地区的考古文物中没有此种类型的器物。根据器物形态的演化原理，陶鬲被看成史前期多元的地域性文化经过长期融合之后催生出的一种新型陶器代表。笔者认为聚焦河套地区的史前文化交流与融合现象，如今更加值得学界关注的，除了陶器，还应该有史前的石城与玉礼器。神木县石峁古城遗址和玉器的发现，加上新华遗址发现的龙山文化玉器，都是这方面的突出代表，而且石城与玉器很可能是比陶鬲更加重要的标志物。一方面，陶鬲在公元前四、五世纪的春秋时代全面退出了历史舞台，没有在后来的文明史中留下太多的印记，而建城和玉器的传统却在历史时期始终延续下来，直到今日还在延续，成为举世无双的深厚文化传统。另一方面，陶鬲的出现是不同地域文化陶器的汇流与融合，被融合的也仅仅是制陶技术和工艺方面的要素，缺乏更深厚的精神方面的要素作用，而陕北地区龙山文化玉器的出现，则既包含着史前治玉技术方面的文化要素传播，也包含着玉礼器所承载的神话信仰方面的精神要素的传播，类似于宗教信仰方面的传教现象。正是这种玉教信仰的精神要素的驱动，才使得在陶鬲彻底消失的春秋时代，孕育出儒家的"君子比德于玉"新教义，不断强化和演绎着华夏文明国家层面的帝王贵族佩玉制度。

从历史兴衰的时间积累层次上审视，河套地区文化的黄金时代既不在商周、秦汉魏晋，也不在辽、金、元、明、清，而是在史前的龙山文化时期，即距今4 500—4 000年前后。多年以前在陕西历史博物馆参观时拍摄到一张陕西地区龙山文化分布图（图46），给人留下深刻印象的是：陕北地区即延安到榆林一带，是龙山文化遗址最密集的区域，堪称星罗棋布。这和近现代以来的贫瘠落后的陕北黄土高原印象，反差极大。耐人寻味的是，4 000年以前的陕北和河套地区为什么会是当时中国境内文化非常发达的地区呢？

从老虎山、永兴店、朱开沟的特色陶器，到鄂尔多斯青铜器，均属赫赫有名的重要区域性文化之代表。有关河套地区以及长城地带的文化交流通道作用，苏秉琦特别强调太行山沿线的沟通南北方文化的交通意义，重点解析的案例实物是陶器类型，但是他基本上没有考虑黄河水道的文化交流通道意义，也相对忽略了这一地区龙山文化时期玉器生产高峰的情况及其源流关系。这正是本次考察的学术着眼点之一。

图46　陕西地区的龙山文化分布图，摄于陕西历史博物馆

⊜ 长城的原型：史前石城与黄河运输线

7月16日，在固阳县历史文化研究会会长等文化人士的引领下，来到该县的著名遗址——秦长城遗址，领略大秦帝国最北端的军事防卫性建筑，那完全是用当地石板堆筑起来的石城，顺着山脊绵延而展开，叫人不由得想起边塞诗中"不教胡马度阴山"的豪迈诗句。毛泽东的时代又在这里投入巨资（28

亿）修筑起守备二师的地下要塞，为的是对付可能从前苏联和外蒙古方面前来的敌人攻击。与长城不同的是，地下要塞是将山体内部挖掘成四通八达的防空洞形式，将千军万马和弹药粮草等完全隐藏起来。我上中学时恰好赶上那个"深挖洞广积粮"的时代风潮，也曾经义务地参与挖防空洞的劳动。试想，要是早生2 000年，遇上秦始皇的年代，也许参加的义务劳动就不是跟随伟大领袖指示去挖防空洞，而是像孟姜女丈夫范子良那样修筑戍边的万里长城吧？国家的边塞，就是这样2 000年来始终与国内的每一个成员发生着剪不断的联系。

看过秦长城和守备二师的地下军事要塞，随后又驱车到大乌兰的无名古城遗址，领略早已失落在阴山北麓支脉山系中的不为人知的文化秘密。经过走乡穿镇的一阵疾驰，越野车来到一个杳无人烟的山坳里，已经没有路，只能沿着一条河川的沙土河床艰难前行。遇到一块石碑，停车近前细看，只见碑的正面写着"包头市文物保护单位：大乌兰城址"。背面是说明文字：

"位于固阳县西斗铺镇大乌兰村西北，南距秦长城3公里。城址建在比较隐蔽的山洼里，沿四周山脊砌筑石墙围成，俗称'城圐圙'。城址平面呈不规则圆形，城墙基底宽3.5米，顶宽1米，残高0.4—1.5米，面积160万平方米。南侧两山之间的沙河槽为正门，宽25米。东墙中段设一门，城墙建筑方式主要以石块垒砌和外侧石砌、中间填土两种方法构成，在城址外围有8处类似烽燧的石砌建筑基址。城内无遗迹。城内及城墙四周向外100米为保护范围：文物保护区内禁止采石、采矿等一切危害文物安全行为。"

这一天，学到的第一个蒙古语词汇是"圐圙"，意思是指围起来的草场，多用于村镇名。如马家圐圙（在内蒙古），今多译

图47　内蒙古固阳县大乌兰石城

作"库伦"。当地百姓给这个遗址起名叫"城圐圙"，似乎是要化生为熟，把陌生的未知对象变成可以理解的已知事物。但是对文史学者来说，问题并没有解决：这个"城圐圙"如果只是一个用城墙围起来的草场，那么什么样的牧民社会有如此巨大的劳动力储备，能够用石块累筑起160万平方米的山顶城池？放牧者又是何人，需要在这样坚固的壁垒之中享受天下太平的放牧生活，需要多少军队才能守住这160万平方米的山间要塞。最后还有一个必须解答的前提性问题：这个城的建筑年代如何？是古代的还是近现代的？从修筑方式和城墙上石头表面的斑斑苔藓情况看，这绝不是现代的工程，因为这里远近荒芜无人迹，一定是古代的某一次巨大战乱或文化变迁，才把这座曾经辉煌之石头城变成眼下这样苍凉无比的断壁残垣。那究竟是什么年代的建筑呢？百思不得其解，既然包头市人民政府2012年9月20日所立的碑文中都没有说明其年代，这一定是个未解之谜。我们随即冒着飘风和阵雨，徒步上山，考察这座无名的古城，希望能够从采集到的陶片或人工器物方面，找到一些断代的证据。一个小时过去了，我们从南城墙走到北城墙，竟然没有发现一片碎的陶片，也没有找到一个铜质的或石质的箭头。远近所见，只有石头蛋和羊粪蛋而已。

一般认为，建城而居是农业定居社会的产物，游牧民族逐水草而居，根本不需要建城。帐篷或蒙古包，就是最好的机动性的住所。距离秦长城仅有3公里的这座石头城，莫非是更早的新石器时代农民所建造的？那时候的北方草原上，连匈奴人的祖先也还没有出现，筑城所要抵御的敌人又会是谁呢？

7月17日，考察团在包头东南方的黄河岸边考察又一个著名的史前古城，阿善遗址，没料到这里的工业开发和植树造林已经将古城的遗迹消灭殆尽，但是俯拾即是的灰陶片，无言地述说着这里四五千年前的文化兴旺情况。我们居然还采集到一只完整无损的黑石斧，和在博物馆中陈列的新石器时代工具别无二致。根据考古学的观点，内蒙古中南部的新石器文化出现较晚，第一批农人不是当地土著，而是中原地区仰韶文化北上的移民，距今7 000年前后来到河套一带。随后又有大约三次北上的移民浪潮。"仰韶文化王墓山下类型"，或称"仰韶文化白泥窑子类型""海生不浪文化"等，便是其结果。大青山前沿着黄河的台地，是仰韶文化居民青睐的居住地。在本地，仰韶文化的最后阶段称为阿善三期文化或阿善文化，时间在公元前3000—前2500年间，与中原地区庙底沟二期文化大抵同时，处于仰韶文化向龙山文化过渡阶段。随后兴起的龙山文化，以岱海地区的凉城老虎山文化和准格尔旗的永兴店文化为突出代表。不过两者均未发现规模性的玉礼器生产，估计玉文化的影响是外来传播的结果。在公元前 2000 年前后的龙山文化晚期遗址如伊金霍洛旗的朱开沟遗址、神木的石峁遗址中，便出现发达的玉文化要素。

本来计划沿着黄河的弯道逐一考察阿善、西园、莎木佳、黑麻板、威俊等十一座史前古城遗址。包头市文馆所的向导霍卫平同志费了很大工夫好不容易才帮我们找到一个阿善遗址的石碑，其余的也就可想而知，只好暂时放弃。不过问题还是留待思考：史前人为什么要在黄河沿线一带修筑一字排开的石头城呢？每个石头城中间的距离仅为 5 公里左右，连接起来似乎成为一道防线，所守护的不是作为漕运大通道的黄河运输线吗？

21 世纪以来，学界有一种观点认为长城不是凭空出世的，规模巨大的万里长城始于史前期的局部石城。如张长海在《从考古材料谈长城的起源》一文中提出，长城的原型即是史前的古城。长城经发生、发展到形成，经历了古国、方国和帝国三个阶段，虽然在各自所处的阶段不同，表现的形式不同，所要保护的范围大小也不同，但防御的内涵却贯彻始终。长城的发展阶段最初的古国时代，由于生产力水平不高以及集团规模较小而人力、物力有限，单个石城只能防御有限的范围。随着生产力的发展和社会组织的形成，石城址聚落群保卫的范围也越来越大，到秦帝国形成之后，防御工程更加庞大，终于产生了把战国时期秦、赵、燕各国长城串联起来的万里长城。在一定时空范围内，长城就是极限防御的具体表现。还有学者从另一角度论述这种长城原型说，将其追溯到 20 世纪末苏秉琦先生的假说。韩建业《试论作为长城"原型"的北方早期石城带》一文，希望能够进一步论证苏秉琦的说法：

苏秉琦先生曾经敏锐地指出："北方早期青铜文化（夏家

店下层文化）的小型城堡带，与战国秦汉长城并行，可称作长城的'原型'。"若是这样，内蒙古中南部等地与战国秦汉长城并行的新石器时代的石城带，就有可能是更早的长城"原型"。将早期石城与象征中华的长城相联系，无论对于理解石城的功能，还是研究长城的渊源以至于农业民族和北方非农业民族的关系，都具有重要意义。但以往的研究者均对石城带的整体功能关注不够，对苏秉琦先生的这个论断也未给予应有的注意。

崔漩、崔树华认为，公元前2700年前，岱海周围兴起老虎山文化，此前退居到当地的海生不浪文化被取代。同时大口一期文化也兴起于河曲地带，并迫使阿善文化向北撤退。在阿善文化的东部和南部这两支异军突起的同时，阿善文化也随之进入了它的晚期。当时的内蒙古中南阿善文化以大青山西段为中心，老虎山文化以岱海周围为中心，大口一期文化以河曲地带为中心，形成三足鼎立的局面，大体延续到公元前2300年前后。老虎山文化和阿善文化又都融合进大口一期文化，形成后期的大口一期文化。在西部又出现了客省庄文化系统的一个北支，那便是以西园四期和朱开沟M2001为代表的文化遗存。公元前2100年前后，都含有三足瓮的两种南北并存的我国北方青铜文化，又取代大口一期文化和客省庄文化系统的北支，在比内蒙古中南部还要大的地域内，揭开了文明史的新章。在上述学术认识背景下，有学者较具体地调研了河套地区的史前石城分布情况，成为本次考察的引导性文献。其中魏峻的报告《内蒙古中南部史前石城的初步分析》和包头市文物管理所《内蒙古大青山西段新石器时代遗址》等文章，帮助最多。如大青山的新石器时代遗址中有两个史前祭坛的情况：

莎木佳和黑麻板遗址发现的祭坛遗址，是继辽宁省喀左县东山咀祭祀建筑群以后国内发现的又一批原始社会宗教遗迹。莎木佳和黑麻板的祭坛遗址出现于阿善第三期文化晚段，C_{14} 年代为 4 240±80 年，其年代晚于东山咀祭祀遗址。但它们之间还是存在不少共同的特点，如在地形选择上，都是建筑在面对河川的岗梁之上；在建筑形式方面，都有大方框里边套筑小方框和用石块垒砌成的圆形圈。所不同的是东山咀遗址除祭祀遗迹外，尚无与物质生活有关的建筑遗存，而大青山西段诸遗址中的祭坛是和村落同建在一起，祭坛的规模且小。

　　同文中还提到蒙古族祭天石堆"敖包"的史前原型问题，摘录如下："阿善遗址西台地南端岗梁上的石堆建筑群，1979年我们调查遗址时就已发现，当时疑其是一座'敖包'。根据民族学提供的资料，蒙古族和达斡尔族分别有祭'敖包'和'鄂博'的原始宗教习俗，其意思是在山岗上用土或石块垒成圆堆来祭祀诸神。这次复查遗址时，对它周围的环境和与之有关的地面建筑遗存进行缜密的观察和分析，石堆建筑群所在的岗梁除绕遗迹其东、西、南三面筑有石砌围墙外，尚无其他发现。发掘资料表明，石墙是属于阿善第三期文化晚段遗存。至于'敖包'，在阴山北部地区蒙古族聚居的地方，的确是经常可以看到的，但它们都是单独垒一个石堆。这种原始宗教习俗，其渊源所自，仍不免要追溯到以自然界为崇拜对象的原始社会。"

　　石头城、类似敖包的石堆、体现方圆结构的石头祭坛，其中或许还潜含着天文观测与星象神话等观念内容，这就是此行所看到的北方地区龙山文化遗留在山地之间的特色建筑，而且是一而再，再而三地遇到此类遗址。7月19日，考察组在被称为"远东金字塔"的准格尔旗寨子圪旦遗址，看到更加壮观

图48　被称为"远东金字塔"的准格尔旗寨子圪旦遗址

图49　寨子圪旦遗址似乎守护着黄河

的史前石质建筑依山河而展开的景象。据当地文物部门立碑上的介绍：

寨子圪旦遗址的时代距今约5 000年，由石筑围墙环绕，依山顶部的自然地形而建，平面略呈椭圆形，南北最长160米，东西最宽110米，面积约1.5万平方米。在遗址的中心地带，有一底边长约30米的覆斗形高台建筑基址，其性质应该属于主要履行宗教事务的祭坛。寨子圪旦遗址是中国北方地区迄今为止发现的时代最早的具有石城性质的遗址，也是为数极少的、集防御与宗教为一体的原始社会晚期古人类聚落中心遗址。居住在这里的主人，拥有和天、神沟通的能力，拥有凌驾于其他部落之上的特权。无论构成形态，还是功能、性质等，均堪称远东地区的"金字塔"。

这样的类比"金字塔"命名与其说是考古学者的专业命名，不如说更像媒体的宣传语汇。有一点相似之处是外形上的，而根本的不同是：金字塔用巨大石块累筑而成，其工程之浩大艰巨，超乎想象。而本土的山上祭坛，是利用山包的高耸形状，只在其地表上铺上一些碎石而已。其工程量无法和金字塔相提并论。

7月20日下午自山西河曲县抵达兴县，随即走访了去年曾经调查过的高家村镇碧村小玉梁遗址，山西考古研究所已经在此展开数月的发掘工作。在紧邻黄河和蔚汾河的一座小山顶上，石头筑成的一座巨大房址清晰可辨，房址的地面用的是龙山文化常见的白石灰铺面，唯有房子中央的地面部位有一块巨大的圆形石板，上面没有白灰，似乎是室内的中央灶台，但看上去又没有一点烧土的迹象，1.5米左右的直径，比一般的灶台也要大出许多。是否有祭祀或天文观测的作用，暂不能贸然下结论。

三 兴县猪山上的石城和史前祭坛

　　7月21日,先在新落成的兴县龙山文化研究会张会长处看当地采集的古物,一件黑色石雕的鱼,较为引人注目,据说是在兴县二十里铺山上的龙山文化遗址采集的。该遗址在学界和网络上都找不出任何著录的资料线索,完全是一处未开发的史前遗址。于是,张会长邀请他的一位熟人,二十里铺村民任玉新作为向导,带领我们去攀登那一座隐蔽在采石场后面的猪山。因为它地处二十里铺村的后方,当地人又习惯称"后山"。在山上,地势比较平坦,四面散开的石头城墙和庞大的山顶建筑遗迹历历在目。这又是一座依山傍河而修筑的史前建筑群,其规模之宏伟和设计之巧妙,超过此次考察已经看到的所有遗址。其特征是,以方圆几公里范围内的山峰为界,在四边上依山修筑用石块夹泥土堆砌而成的城墙(图50)。虽然如今已经

图50　兴县二十里铺猪山北侧的史前城墙

图51　猪山史前城墙下的干涸溪水

残破不堪，但是依然能够大体上辨识出来。如在后山即北面山坡的城墙断壁下面，有一条干涸的山泉或溪水流淌的河道，顺山而下（图51）。史前先民充分利用山脉的走向，选中古城中央一条正南北向延展开来的山梁，作为与天体子午线对应的地上坐标，再沿着这个长长的山梁，在地表上铺石头层和石圆圈等，就如同要划出纵贯北京城南北的中轴线一般。与山顶古城中轴线形成十字交叉的，还有一条东西向的土坡形成的直线，上面也是铺满石块。这样一纵一横便形成一个人工利用自然地势而修造的巨大十字形，给山顶的古城增添了更加神奇而神秘的气氛（图52、图53）。旁边的一座圜丘之上，如今是耕种的农田，我们轻易在土层中发现的白灰面碎片，表明这里也曾经有和几十公里外的小玉梁山龙山文化建筑物同类的建筑。

　　按照比较宗教学家埃利亚德的看法，这种通过画十字的方式建构的宇宙山，一般具有象征宇宙中心的意蕴。用神话学的术语来称呼，就是所谓"宇宙神山"。一般用作祭天拜神的神圣空间，也是后来文明国家的政治统治中心。

图52　山顶的另一端指向黄河的支流蔚汾河

图53　东西走向的石城墙，与子午线交叉构成十字形

山的形象出现于那种表述天国和尘世联系的图式中，因此它被认为是处在世界的中心。事实上，在许许多多的文化体系中，我们的确听到过这种意义的山，既有现实中的，也有神话中的，它们都坐落于世界的中央。

如果需要追问这座史前圣山石城及其祭天台的建筑和使用年代，那么遍地俯拾即是的史前文化陶片，能够给出大致的答案。夹砂红陶，粗绳纹的灰陶和磨光黑陶（图54），还有典型的龙山文化三足陶鬲的残件器足。这座罕见的山上石头古城及其天文祭台应该是新石器时代后期的，以龙山文化时期为主。这和考察团从内蒙古阴山北麓看到的大乌兰石城，大青山南麓的阿善石城，准格尔旗黄河沿岸的寨子圪旦遗址等，形成远近呼应的一种别样文化景观。

目前的学术出版物中找不到有关兴县猪山（后山）的任何考察和发掘记录，这完全是被历史忘却的4 000年前的文化圣地。根据陶片的情况我推测它和石峁古城、兴县小玉梁遗址的年代大致相当。相信有朝一日会引起专业工作者和政府部门的重视，或许能够在此地建造一座国家级的史前遗址公园，给较为贫瘠的晋北地区找到文化旅游的重要增长点。

田野考察归来，继续补习有关史前古城建筑的专业论述，读到马世之主编《中国史前古城》一书，书中对国内史前古城所在几大地域的生态带和文化区进行梳理，分析从村落到城邑的文化演进轨迹，找出古城的产生、形成、发展的规律。该书把中国史前古城划分为六个区域，逐区逐城进行具体论述。书中概况指出：中原地区史前古城已发现8座，其中仰韶文化晚期城址1座，河南龙山文化城址7座。从时代看，其早期可达即今5 500年前，晚期可至距今4 000年前，跨度为1 500年。海岱地区史前古城已发现16座，其中大汶口文化城址1座，大汶口—龙山文化城址 3 座，山东龙山文化城址 12 座。从时代看，上限可达距今 5 500 年以前，下限可延至距今 4 000 年前，跨度约为 1 500 年。江汉地区史前古城已发现 10 座，其中大溪—屈家岭文化城址 1 座，其余为屈家岭文化城址或屈家岭—石家河文化城址。从时代看，上限可达距今约 6 000 年前，下限至距今约 4 200 年前，跨度约 1 800 年。江浙地区史前古城主要是太湖地区的莫角山良渚文化城 1 处，时间跨度大体距今 5 200 年前至距今 4 200 年前之间。巴蜀地区史前古城共 6 座，分布在成都平原，均为宝墩文化，其时代大体在距今 4 500 年前至 4 000 年前之间，跨度约 500 年之久。河套地区已发现史前古城 19 处 23 座，除 2 座为海生不浪文化城址外，其余皆属于老虎山文化（龙山文化）。从分布地域看，凉城岱海周围 4 座，包头大青山南麓 10 座，准格尔与清水河之间南下黄河两岸 9 座。其时代上限距今 5 000 年前，下限距今约 4 000 年前，时间跨度约 1 000 年。在六个地区作者汇集了 64 座史前占城址，被认为"大体上相当于中国历史上的五帝时代"。对这样的判断，笔者认为是用考古学材料求证神话传说时代的常见做法，目前还没有证实的把握。值得我们注意的是，全国共发现 64 座史前占城址，仅仅河套地区就有 23 座。其占比超过全国总数的三分之一。这意味着什么？为什么在黄河中游一带，黄河和黄河支流成为史前古城最集中分布的地带？史前的河套地区为什么人口众多，文化繁荣？这是否和黄河的漕运和贸易通道作用有关？迄今为止对此问题还缺乏研究。山西考古研究所等单位 2004 年出版《黄河漕运遗迹》一书，仅仅围绕晋南地区黄河沿岸地区做调研，发现汉代的黄河确实发挥着重要的漕运作用。可惜对于晋北和河套地区，还没有展开调研工作。从理论上推测，汉代的漕运不是汉代人发明的，应该是渊

图54 猪山山顶石城内的史前陶片

源有自。就齐家文化与龙山文化的关联而言，黄河的纽带作用是不容忽视的，双向的交流和影响一定存在。中国史前交通史研究，应该是一个尚待开发的领地。充分理解黄河在华夏文明发生期的交通四方作用，足以带来历史认知的新鲜层面。

四 方法论小结

读《论语》有关古礼的言论看，孔圣人对三代器物文化抱有一种强烈的认同感。这里面隐含着古物学家的格物致知倾向。用考古学理论家马修·约翰逊的话说："多数考古学家因为沉迷于古物而爱上这个学科。"由此看，文学人类学一派特别强调的四重证据法，认为纸上得来的知识毕竟觉得肤浅，需要有实际考察的知识相互印证。遗址、遗迹和文物，作为第四重证据，其认知意义目前还远远没有得到足够的重视。这不光是研究方法问题，也是个人爱好和生活趣味的问题。吴大澂、刘鹗、罗振玉这些对第二重证据（甲骨文）情有独钟的学人，原来都是古物古董的热情收集者。罗振玉在给日本版《有竹斋古玉谱》写的序言中说道：

予往岁尝欲依据经传，考之实物，继中承之书（指吴大澄《古玉图考》），而为释瑞，久未克就，而二十年中所傀及的古玉，约百器。经辛亥之变，避地海东，出所藏长物，以赡朝夕，于是东邦友人上野有竹先生，尽得予所藏古玉，并选良工精印，以传艺林。

原来率先关注第二重证据甲骨文的罗振玉，也是最早意识到第四重证据即文物的考史作用之先知先觉者，可惜他流亡日本时迫于生计而将自己收藏二十年的古玉全部出售给日本藏家。这样一来，他传承吴大澄的鉴识古玉之学的著述计划，也就随之付诸东流。其弟子兼挚友王国维能够提出二重证据说，却与四重证据擦肩而过。直到后来考古学、人类学勃兴，通过文物来探索已经失落的历史面目的可能性，才变为现实。从傅斯年、胡适等对新史料学的强调和对发掘古物的高度重视，到在哈佛大学人类学系获得学位，归国后亲自从事考古发掘的李济，终于将超越二重证据法的大思路明确提示出来。田野考古和田野调查的重要性，从李济到张光直，得到考古学、人类学专业内的重视，但是远未得到文史哲学者的重视。四重证据法能否推广实施，一场学术观念上的"人类学转向"是至关重要的。只有转向之后，才有可能超越学科本位主义的限制，自觉培育对文明史的整体性认识。

（原载《百色学院学报》2015 年第 4 期）

玉石之路新疆南北道
——第七、第八次玉帛
之路考察笔记

摘要：本文是中国文学人类学研究会2015年夏组织的第七次和第八次玉帛之路考察的笔记实录。分别对新疆的北道和南道做出实地追踪调查和玉石标本采样，希望能够从本土视角和本土材料出发，找出丝路的原型，为打造一个中国文化特有的国家品牌做前期的学术铺垫。

在文化自觉与反思西方学术话语的背景下，为重建中国人拥有自主知识产权的国家文化品牌，将有数千年历史的中国玉石之路申报世界文化遗产，中国文学人类学研究会同仁联合中国社科院、内蒙古社科院和《丝绸之路》杂志社、中国甘肃网等媒体，组成联合考察团（组），在2014—2015年间对西部7个省区分别做出八次玉石资源及其运输路线的田野考察。为了和当下的"一带一路"国家战略相呼应，玉石之路的系列考察活动又借用中国人熟悉的古汉语词汇，重新命名为"玉帛之路"考察活动，希望能够比丝路说更完整地体现这一条中西交通要道形成史的真相和因果链条。这里报告的是2015年8月和9月举行的第七次和第八次考察过程。

此前进行的六次考察主要围绕西玉东输的主通道河西走廊以及入关通道山西雁门关线和黄河河套线，基本没有进入到新疆地界。其中第二次考察抵达瓜州西北的玉石山，距离星星峡和哈密仅有一步之遥；第五次考察以甘肃肃北马鬃山玉矿为目标，兼及马鬃山以西的入新疆关口明水，但是都没有进入新疆。所以第七次和第八次考察的路线设计就分别以新疆北疆和南疆为目标，北疆主要看鹿石和石人等游牧文化遗迹，兼及现代玉石市场上新开发的戈壁滩五彩石英石——"金丝玉"的出产情况。南疆则聚焦自阿尔金山至昆仑山一线的传统优质透闪石玉矿带分布情况,及其当代和田玉市场状况调研。在第八次考察进入新疆之前,还安排了再度考察甘肃马衔山玉料和首次考察青海玉主产地格尔木的行程,这样从格尔木一路西北行,穿越柴达木盆地和阿尔金山,进入新疆若羌。具体行程是:兰州—临洮马衔山—兰州,西宁、湟源、青海湖、乌兰、都兰、格尔木,再从格尔木西北行,到青海新疆交界处的花土沟,至罗布泊、若羌、且末、民丰、于田、洛浦,最后抵达和田、墨玉县。再从和田飞往乌鲁木齐,考察收藏家的史前玉石器及新疆地质矿产博物馆。

考察组的这两次调研路线聚焦玉石之路的源头地新疆至青海昆仑山一线,旁及天山北路、准格尔盆地和阿尔泰山一线。具体情况是:第七次玉帛之路考察,于2015年8月4日至12日进行。目标路线为新疆北道,由上海交通大学、中国社会科学院组成考察组,组长叶舒宪教授,成员有中国社会科学院民族学与人类学研究所易华研究员,新华社资深记者汪永基,《人民日报》记者杨雪梅,新疆昆仑文化研究中心谢平秘书长等。考察行程为:甘肃广河县(中国史前的西部玉文化齐家文化的发现地)出发,经兰州至乌鲁木齐,访问新疆文物考古研究所、新疆自治区博物馆、新疆文联、华凌玉器市场等。从乌鲁木齐东行至北庭,考察佛教寺院遗址,再驱车东行,至木垒县平顶山,考察史前墓葬考古发掘现场;再自木垒县穿越准噶尔盆地北上至青河县,考察三道海子图瓦人文化遗留的墓葬和石堆金字塔、鹿石等。再驱车自青河县西行,抵达阿勒泰市,考察阿勒泰博物馆、戈壁玉市场、切木尔切克史前石人、石棺墓群遗址等。回程自阿勒泰驱车南下,途径克拉玛依、奎屯、石河子、昌吉,返回乌鲁木齐和北京。

一 草原文化与游牧文化

第七次考察可视为2015年来的第五、六次考察对象"草原玉石之路"的延伸。新疆北疆地区不仅以草原盆地著称,而且是贯通蒙古草原与中亚草原的中间地带。在草原岩画、草原石人文化和鹿石文化方面,都属于和蒙古草原一脉相承的文化传播带。

草原文化作为一个学术命题,是内蒙古自治区的社会科学工作者近年来针对中国地域文化长期以来以长江文化黄河文化为主要代表而提出的补充性概念。倡导草原文化的理念,旨在突出这样一种意识,即在我国关内的农耕文化之外,关外还存在着游牧民族的生态和生活方式及其传统,它同样应被视为中国文化传统的有机组成部分。内蒙古方面有一批新出版的著述,汇集而成"草原文化研究丛书"。从人类学研究的产食经济与生活方式看,不妨更明确地称之为"游牧文化"。从全球史大视野看,游牧文化是欧亚大陆腹地之中亚草原地带率先孕育出来的一种饲养家畜的和非定居的生产生活方式,由于该文化核心要素中包括家马的起源和马车的起源,极大地影响到整个旧大陆的历史发展进程。据俄罗斯学者库兹米娜《丝路史前史》一书的看法:史前期中亚地区生态环境中的半农半牧的混合型经济遇到危机,取而代之的便是放弃农业种植的纯粹游牧文化的崛起。而游牧文化的兴起同时给伟大的丝绸之路路线形成带来催化剂。[1]库兹米娜尤其关注

---

1 Kuzmina, E.E. *The Prehistory of the Silk Road*. Philadelphia: University of Pennsylvania Press, 2008, p.59.

史前文化谱系及其变迁，关注中亚青铜时代先于东亚而兴起，以及连接中亚与东亚，从而将欧亚大陆联为一个整体的物质要素——骆驼起源问题，库兹米娜用"大夏的骆驼"（Bactrian Camel）这样凸显特征的措辞，作为书中专节的标题。第七次考察在新疆北疆途中一再遇到散落在沙漠、戈壁中的骆驼群。如今早已不见古代商队的踪影，但北疆以东的驼队商道，直指巴里坤草原，新疆以东中蒙边境地带的戈壁，以及第五次考察所经历的额济纳至肃北马鬃山一线。从额济纳再向东，就是穿越巴丹吉林沙漠的商道——连接西蒙、中蒙和东蒙的草原之路。伴随草原之路的游牧族文化遗迹，主要表现不在玉文化（那是主要是华夏文明的特质）方面，而在石文化和金属文化方面，最典型的就是堆石墓、堆石建筑（金字塔、石圆圈）、石人、鹿石、岩画。

至于游牧文化起源的时间问题，目前学界已经有大致公认的见解。如库兹米娜所说："草原游牧主义的确立时间，估计有迥然不同的说法。Ａ．汤因比从常规理论考虑出发，将其界定为公元前4000年—前3000年。相反，大多数俄罗斯学者认为，游牧式畜牧业的经济、文化类型只是在斯基泰时期成型，因此，确立时间在公元前10世纪早期或中期。"[1]就新疆地区的史前考古发现而言，公元前10世纪正是从青铜时代到铁器时代的过渡时期[2]。显然游牧文化的机动性生活方式对杀伤性武器有特殊的依赖，所以能够先于中原农耕文化而进入铁器时代。最早的铜器和最早的铁器都不是农具，而是武器。阿勒

1　Kuzmina, E.E. *The Prehistory of the Silk Road*. Philadelphia: University of Pennsylvania Press, 2008, Intoduction.

2　韩建业：《新疆的青铜时代和早期铁器时代》，文物出版社，2007年，第1—2页。

泰草原石人的标志性器物即手中的刀剑，典型地体现着游牧文化及其生活方式对金属武器的高度依赖。

图55　汉画像石中的蚩尤执兵器图

对于中原农耕文明而言，最厉害的金属武器被来自西部的异族人群所掌握。体现在古代文献中，那便是"蚩尤冶西方之金以为兵"的神话叙事，以及有关"蚩尤铜头铁额"的文化记忆[1]。此类文化记忆中清楚地把金属武器的发源地表述为"西方之金"（图55），显然是中原人印象中的西方异族强敌——戎狄。

其实一个"戎"字的造字符号秘密，就透露出西方"执戈之人"的意思。更何况还习惯给这个强敌加上标志方位的"西"，叫做"西戎"。如果说汉字符号的发生属于文化文本的二级编码[2]，那么相当于一级编码即原型编码的应该是先于文字或外于文字而存在的图像与物体。草原玉石之路的考察所关注的西域各地文物，对于重新理解"西方之金""西戎"等华夏观念，提供着再情境化的媒介作用。

除了先进的金属武器，还有战马及马车，也是由中亚草原

1　《太平御览》卷七十九引《龙鱼河图》："蚩尤兄弟八十一人，并兽身人语，铜头铁额。"《云笈七签》卷一百："兄弟八十人，铜头铁额。"
2　关于文化符号编码的分级，参看叶舒宪、章米力、柳倩月编：《文化符号学——大小传统新视野》，陕西师范大学出版社，2013年。

文化率先催生出来，随着游牧族的迁徙，经过草原之路逐渐东渐到中原国家的。

⑤ 玉和马，通天下：初访新疆文物考古研究所 ··········

2015年8月4日上午，第七次玉帛之路考察组一行5人，几经周折，找到位于乌鲁木齐市鲤鱼山下的新疆文物考古研究所（图56），于志勇所长已经恭候多时。他亲自带领我们认真领略该所珍藏的重要文物，一一讲解其出土背景和考古价值、历史意义。

新疆考古是中国考古的先行之地，早在1921年瑞典学者安特生到河南仰韶村发掘出仰韶文化，奠定中国考古学的重要基石之前，就有1901年前后斯文·赫定和斯坦因等人在新疆塔克拉玛干沙漠地带的史前考古系列发现，楼兰、米兰、尼雅等非华夏的古国名称，随着这一批外国学者的新疆探险之

图56　新疆文物考古研究所

图57　新疆南疆出土的皮制马鞍

旅，不胫而走，享誉全球。如今有机会进入到新疆考古发现的文物荟萃之地，大家自然掩饰不住内心的激动。

　　该所的文物陈列馆分为三层，每一层集中展示若干重要遗址的发掘出土物，汇总起来构成覆盖新疆广大地区的文物网络。在第一层展厅汇集的是在新疆楼兰、小河、克里雅等遗址发掘或采集的文物。进门后向左的第一展柜，我的镜头捕捉到的第一件文物是南疆出土的一件完整的皮制马鞍（图57），第二件文物则是所谓"楼兰玉斧"——青玉斧（图58）。皮制马鞍子给人印象深刻，加上馆藏中一批青铜时代出土的马衔、马镳等马具，表明这里自古就活跃着骑马民族。他们或为印欧人种，或为突厥、阿尔泰、

图58　"楼兰玉斧"，罗布泊出土史前青玉斧

氏羌人种。策马扬鞭的游牧族人在没有进入东亚洲的中原地区之前，一定先活跃在中亚地区，因为中亚腹地的欧亚草原乃是家马的起源地和人类马文化的大本营。

中国自古开启的中原国家与新疆的远距离文化交往和经贸联系，最初就是由两种物质为媒介纽带的，一是玉，二是马。这两种物质都是先于丝绸而率先通行在所谓丝绸之路上的。《史记·大宛列传》记述张骞通西域的珍稀物质发现，还是和田玉及汗血马。对于19世纪的德国人李希霍芬来说，中原人以为具有战略意义的玉和马都不重要，欧洲人自古艳羡的东方丝绸才是更加重要的。于是，这一条文化通道被他命名为丝路。不过，按照库兹米娜的看法，最早提出丝绸之路的，不是李希霍芬，而是公元4世纪的阿米阿努斯·马尔切利努斯，在其《历史》一书第23卷中，首次出现"丝路"一词。[1]

8月5日在中国社会科学院考古研究所新疆工作队巫新华研究员带领下，考察木垒县平顶山史前墓地。看到主墓葬墓坑中人骨旁随葬马的景象（图59），再一次提醒观者，人和马的共在关系能够超越生死界限，给骑马的社会组织打上深刻的标志性印记。这里虽然不同于中原国家的古代葬俗，却应是商周两代盛行的王室贵族随葬车马坑制度的滥觞和始源地。玉石贸易和绢马贸易，成为中原与西域交往历史中最主要的实物内容。

楼兰玉斧，自从20世纪初年斯文·赫定在罗布泊一带发现楼兰古国遗址并初次采集到玉斧标本，早已经名扬天下。玉斧作为早于青铜时代的一种史前工具，在欧亚大陆各地多有

1　Kuzmina, E.E. *The Prehistory of the Silk Road.* Philadelphia: University of Pennsylvania Press, 2008, p.1.

图59　木垒县平顶山墓坑中随葬马

发现。由于楼兰位于新疆主要的产玉之山昆仑山和阿尔金山交汇地带，这里的先民就地取材制造玉斧，应该不是什么稀罕事。截至21世纪初，一百多年来在塔克拉玛干地区发掘和采集的玉斧已经接近百件，而第八次考察在和田的玉器收藏家章伟那里看到的藏品中就大约有数百件之多的大小玉斧，其中不乏用白玉和羊脂玉制成的玉斧。和中原文明玉器相比，楼兰等西域遗址中没有发现玉璧玉琮玉璋之类的礼器，只有玉质工具，这充分表明玉石在当地是世俗的实用物品，没有被相关的信仰神圣化和神话化。楼兰玉斧的存在，表明当地有大量优质透闪石玉料，这给西玉东输的玉石资源调配提供着物质条件。但是真正驱动西玉东输运动的是华夏国家的玉石崇拜和玉石神话。一旦崇拜美玉的中原统治者（如周穆王）认识到新疆玉石的存在，求取玉石或远距离贸易玉石的活动就随即展开。考察组推测这种西玉东输现象开始于距今4 000年之际。而库兹米娜则更加乐观，认为5 000年前就开始了。以下是她在《丝路史前史》中对玉石之路先于丝路的若干见解，

其中中亚考古发现的玉文化迹象,尤其值得借鉴:

毋庸置疑,目前存在部分路线,早在青铜时代就开始发挥作用。公元前3000年起,有的路线被用来将青金石从巴达克山运往西亚、埃及和印度(萨瑞阿尼迪1968)。人们也从索格底亚那(粟特)出口绿松石。巴克特里亚和索格底亚那进口的珠子,在公元前2000年的某些游牧部落的墓葬中被发现。这包括乌拉尔地区(在该地区的辛塔什塔和乌什卡塔等地发现有青金石,在阿拉布加发现绿松石);布哈拉附近的Gurdush地区,这里发现了青金石、玛瑙以及马耳他十字形的绿松石;甚至远及西伯利亚地区,在茹斯托夫卡发现了绿松石,形状也类似Sopka二期中的马耳他十字(库兹米娜1988,51,52)。

公元前3000年,玉石之路产生。采自和田和莎车(叶尔羌)的软玉(即玉)被运输到中原地区,在那里,龙山文化时期软玉被广泛使用(威尔茨1965,14),周代则更加明显。

在青铜时代,中国与外贝加尔之间的关系确立起来,外贝加尔位于玉矿附近,溯及公元前2000年之交到前1000年的三足鬲已经被发现(奥克拉德尼科夫1959)。公元前2000年,软玉被中亚地区的农民、欧亚草原地区的游牧部落所熟识(利提瓦扎德1995,14)。在安德罗诺沃文化墓穴中发现了玉珠及仿制品,这些墓穴位于乌拉尔地区的Alakul、乌什塔卡,哈萨克斯坦的埃什拉克、卡奈,以及西伯利亚的罗斯托夫卡(库兹米娜1988,52)。在图尔宾诺(巴德1964)、奥库涅沃以及相关遗址中,玉制品均作为随葬品的一部分。

因此,丝绸之路南线部分,沿着旧有青金石之路的痕迹,而这条青金石之路位于远及公元前3000—前2000年的西亚地区;也沿着波斯帝国统治者为联系广阔领土内的所有省份而修建的奢华之路，从埃及、小亚细亚到萨迪斯、波斯波利斯，进而向东到达印度和中亚各省，直达萨卡人的土地。这就是后来亚历山大大帝击败波斯帝国（阿契美尼德王朝）最后一位统治者大流士三世之后所占领的路线。[1]

在库兹米娜看来，无论是联结中亚与南亚、西亚和北非的青金石之路，还是联结新疆与中原的和田玉之路，都是在 5 000 年前就形成的。不过尽管如此，她还是按照约定俗成的惯例，附和李希霍芬的丝绸之路说，而不愿采用重新命名的策略。究其原因，或许是《丝路史前史》这样的书名，是应美国汉学家梅维恒（Victor Mare）之邀请的"命题作文"吧[2]。

三　从木垒县平顶山到青河县三道海子

平顶山考古工地的自然环境非常优美。那是在玉石—丝绸之路的天山北路以南，群山环绕下的一个游牧族栖息地。从墓葬规模看，这里曾经是某一游牧族地方性政权的统治中心。其主人究竟是匈奴，还是月氏，乌孙？抑或是其他的印欧人，塞种人？由于目前尚处在考古发掘清理阶段，还有待于出土人骨的DNA检测报告，才能最终弄清楚，是什么人早在 3 000 年前就盘踞在这天山北麓地区，依赖天然的易守难攻的山川屏障和丰美的水草条件，得以休养生息，营造出一个山间的伊甸园一般的牧野环境（图60）。大自然的召唤，让新华社资深记者汪永基不停地在四周拍照。

1　Kuzmina, E.E. *The Prehistory of the Silk Road*. Philadelphia: University of Pennsylvania Press, 2008, Intoduction.

2　参看梅维恒为《丝路史前史》撰写的编者序。

图60　木垒县平顶山贵族墓地发掘现场

在这里，激动人心的考古发现是，在一处作为制高点的平缓山坡顶部，一群墓葬旁边，有一系列整齐排列的石头圆圈，指示的似乎是大地子午线一般的神秘信息。华夏国家的都城建筑格局将此类子午线视为天地对应的中轴线。为了拍照取景获得俯视效果，《人民日报》记者杨雪梅像考古工作者一样，大胆爬上梯子顶，小心拍摄这山顶墓葬的石圆圈系列。随后参观木垒县博物馆，得知这里出土的早期彩陶器，形制和风格十分类似河西走廊至哈密一带的四坝文化。那是与甘青地区的齐家文化同时或稍晚的史前文化。如果有一条史前的玉路，一定和四坝文化先民不无关系。平顶山墓葬分为8层，其中第3至5层为青铜时代文化层，年代距今约3 000年。相当于中原国家的西周初年。木垒的青铜时代居民不光从事游牧业，同时也兼营农业。当地的特色文物是长方形或鹤嘴形的石锄，很能说明农耕生产的存在。还有1981年在四道沟遗址出土的祖性崇拜现象。类似的祖形石杵在新疆各地均有发现。更加醒目的是草原石人，此类文物构成北疆草原文化的标志物。据说，木垒发现的三尊草原石人，头脸像猴，都被指认为"突厥石人"，是突厥民族猴崇拜的表现。

　　木垒县博物馆还展出一批青铜器，与中原青铜礼器不同，这里的青铜时代之金属主要用来制作武器，如铜斧、铜矛（图61），还有铜马具。这些实物不禁又让人想起铜头铁额的蚩尤神话。

　　8月7日上午，考察组告别木垒，驱车北行约500公里，穿越准噶尔盆地东缘的大戈壁，到达另一个重要考古工地——青河县的三道海子。这里已经是共和国版图上最靠近西北边缘的一个地带，阿尔泰山分水岭处，毗邻蒙古国边界。东经91°04′，北纬46°80′。三道海子指的三个高山湖泊：边海子、中海子和花海子。如今的牧民每年夏季只有两个月在此放牧。这里显然是古代草原游牧民族曾经驰骋、逗留和迁徙的地方。新疆自治区人民政府于2009年立碑，标明"三道海子古墓葬和鹿石"为国家重点文物保护单位（图62）。在纵横百公里的大山及山谷平地中，分布着众多文化遗迹。最著名的当属位于花海子的边上的堆石金字塔（图63），被誉为中亚草原上最大的巨石堆。民间有一种传说认为该金字塔是蒙古族领袖成吉思汗陵。自

图61　木垒县博物馆藏青铜时代的铜矛

图62 "三道海子古墓葬和鹿石"为国保单位碑

图63 花海子的边上的堆石金字塔

从2007年新疆电视台《丝路新发现》栏目组在这里拍摄并播出上下集电视片《阿尔泰山中金字塔之迹——三道海子揭秘》，此地已经成为新疆北疆一处新开发的旅游目的地。

在金字塔周围耸立着一些静静地守护于此的鹿石（图64），有的鹿石上有太阳崇拜的图案。根据这些附属物可知，金字塔的建造时间要比蒙古族崛起的年代早许多，因此不大可能是成吉思汗的陵墓。有人认为应属于商周初时期北方草原的鬼方部落首

图64　堆式金字塔旁的鹿石

领之墓；还有人认为它是蒙古国第三代皇帝成吉思汗之孙贵由汗的陵墓；此外还有人提出该石堆为乌孙人或突厥人首领之墓。最为离奇的观点认为这就是所谓"麦田圈"，是外星人偶然光顾地球时留下的纪念碑。

堆石无言，不能解答这些林林总总的推测之辞孰是孰非的谜团。但是鹿石却是有其完整的文化谱系，能够帮助我们获得一些失落已久的文明信息。8月9日参观阿勒泰博物馆，对于鹿石和草原石人的认识得到初步的深化。鹿石是整个阿勒泰地区典型的游牧文化遗物，分布广泛，形式多样。学者大致归为三类：一类将鹿表现为图案化的形象（图65）；二类为写实性

图65　富蕴县拾勒格尔鹿石,摄于阿勒泰博物馆

的动物形象;三类为仅仅刻画出头饰、项饰和剑/弓形器。还有的刻画出类似曲尺的图案,等等。从年代判断,第一类鹿石始于青铜时代晚期;第二、三类鹿石属于铁器时代。对鹿石的意义解说五花八门:图腾崇拜说,始祖崇拜说,世界山或宇宙树说,男根或生殖崇拜说,等等。如果要从神话学背景入手,则需要考虑鹿这种动物在游牧族文化中的象征性和相关故事。

　　8月7日晚,夕阳映红整个花海子牧场,考察组一行在考古队的帐篷里用晚餐,当晚则住宿在蒙古包里。据中国社会科学院考古研究所新疆工作队郭物队长的介绍,目前在图瓦共和国发现的游牧族大墓,出土代表统治者的金质的三联神兽形象——金鹿/金野猪/金雪豹。纵贯欧亚达草原地带的鹿石文化的秘密,或许可以由此找到解读的线索。神鹿崇拜或鹿图腾信仰,早自石器时代就已经出现在狩猎社会之中。一方面是鹿的形象大量出现在史前艺术中,另一方面是鹿角作为神圣物/象征物出现在墓葬中。商周时期的玉器造型中专门有一类神鹿形象,应该是玉文化与史前神鹿表现传统结合的产物；先秦墓葬中大量出现鹿角和变形的鹿角动物，也是沿袭自史前文化大传统的结果。以湖北荆州楚墓出土的鹿角仙鹤最具有代表性。而北方和西北的草原之路，在传播鹿石文化的同时，还起到传播黄金文化与神鹿信仰相结合的派生物作用。从图瓦的大草原，到黄河河套地区，金鹿造型将整个草原游牧族文化带联系为一个整体。陕西神木县出土的战国时期变形金鹿（鹰头鹿身，现存陕西历史博物馆），从神话动物变形表现模式看，和鹿石文化反映的情况类似，以飞禽形象叠加走兽形象为特征。蒙古神话虽然产生的年代较晚，但是仍然保留着鹿神崇拜的重要线索。

据中央民族大学神话学者那木吉拉《蒙古神话研究综述》[1]的概述，1912年，日本学者白鸟库吉（Shiratori Kurakichi）发表《蒙古的传说》一文，论述《蒙古秘史》所载"苍狼白鹿传说"和拉施特《史集》所载"额尔古涅昆传说"，并与《隋书》和突厥人狼祖传说比较，并把它追溯到汉武帝时代的乌孙。1938年白鸟库吉发表《突厥及蒙古的狼种传说》一文，称"苍狼白鹿传说"是从突厥民族传到蒙古民族，很可能发生在西突厥的版图上。[2] 1948年，三品彰英博士发表《神话与文化领域》一文，认为，根据始祖神话的构成要素，可分为卵生型、箱舟漂流型、感精型、兽祖型四种形态。蒙古族狼鹿传说属于最后的兽祖型传说。这个传说可能反映了崇拜狼的游牧集团和崇拜鹿的游牧集团的结合。[3]比蒙古神话早许多，可以在以鄂尔多斯

1　那木吉拉：《蒙古神话研究综述》，史忠义等编《国际文学人类学研究》，百花文艺出版社，2006年。

2　转引自西脇隆夫提交《阿尔泰学·神话学国际学研讨会》的论文《日本研究阿尔泰神话概述》，北京，中央民族大学，2004年7月。

3　［日］三品彰英：《神话与文化领域》（日文），大八州出版，1948年，第2章。

青铜器为代表的草原青铜文化中看到鹿的形象十分常见。草原游牧族的鹿崇拜与商周玉器中的玉鹿形象有没有文化上的关联？这是鹿石研究引发出的又一个待解之谜，涉及游牧文化和农耕文化中神鹿形象的异同及源流考证。

（四）阿勒泰的金丝玉

在木垒县平顶山考察的游牧族文化遗址和墓葬，以及青河县三道海子游牧族文化遗迹，充分说明这一地区在中原国家的先秦时代，一直是游牧文化占据绝对主导地位的。游牧文化对金属尤其是黄金的崇拜十分明显。新疆文物考古研究所和新疆自治区博物馆藏的出土金器，是很好的证明。和金器相比，玉器在草原游牧文化中并不占据主要地位。古代游牧族成为西玉东输运动的二传手，历史上的诸多民族，包括月氏、乌孙、粟特、吐蕃等，都曾经在玉帛之路上充当贸易或输送玉石的主角。即使到今日，新疆的游牧族依然没有停止向中原输送玉石的工作。在阿勒泰地区，主要是一种色彩多样的石英岩，俗称戈壁玉或金丝玉，成为向内地玉石市场输送的主要品种。

严格地说，产量很大且分布较广的石英岩，本不能算是玉，只能视为美石。不过在如今和田玉资源濒临枯竭，市场需求却有增无减的情况下，各种不同的地方玉种都可以通过开发和炒作迅速地火起来。来自阿勒泰地区的金丝玉，当然也有后来居上，舍我其谁的市场表现。在青河到富蕴，再到阿勒泰的公路旅途中，每隔数十公里，就有路边的街摊，出售采集而来的各种金丝玉（图66）。其中以黄色和红色的较为显眼，也

图66　阿勒泰公路边的玉石市场出售金丝玉为主，2015年8月9日摄

更受市场追捧。8月8日初到阿勒泰市，随即走访一个熟人家，看到院子里堆满的各种玉石（石头），犹如建筑材料一般。这也是未来的旅游文化拉动下，玉石文化产业将要上演的另一出新疆特产玉石的大戏吧。大致预测，金丝玉的收藏价值至少不会低于前些年遭遇市场热捧的云南黄龙玉。

　　据百度百科的介绍，金丝玉具备宝石共有的高贵品质，像玉石一样被总结为"六德"。即：1. 细：是质地细密。2. 结：是内在分子紧结。3. 温：是玉石之蕴。4. 润：如露之欲滴。5. 凝：如透或半透的冻状。6. 腻：有如油之外溢。

　　在今人如此美妙的描述下，金丝玉的符号品质得到大大提升，其价格也自然水涨船高。因为色彩艳丽，观赏性极强，而且产量稀少，被一些有实力的市场人士看中，升值潜力不可小觑。其中最有名的金丝玉种类，被称为富贵大气的黄色宝石光、神秘梦幻的红色宝石光，幽深迷离的白色宝石光，等等，在藏家那里备受青睐。最高档的宝石光价格达到每克1万元人民币，这已经是黄金价格的数十倍，直追和田玉中的羊脂白玉。不过，金丝玉因为尚处在新开发阶段，不同品种间的价格差极大。中低档的金丝玉原石的价格从几元、几十元到几百元都有，可以满足不同收藏者群体的需求。在阿勒泰经常能够听到的故事是，河滩里捡来的一块金丝玉，几十元卖掉后，经过玉雕师的妙手回春，就能上演"乌鸡变凤凰"的神奇好戏——拿到拍卖会上获取成千上万的利润。这正是8 000年中国玉文化在当代消费社会衍生出的点石成金效应。

2013年10月10日，新疆金丝玉地方标准正式发布。

2014年7月，新疆克拉玛依市被命名为"中国金丝玉之城"。

可以想见，在符号引领消费和经济的当今世界，金丝玉的未来也一定会像它的美丽名字一样，是金光灿灿的。

五 青海道与青海玉

第八次玉帛之路考察目标路线为青海道至新疆南道，由上海交通大学、中国社会科学院和新首钢矿业公司组成联合考察组，于2015年9月1日至12日完成。考察组成员有笔者、中国社会科学院民族学与人类学研究所易华研究员，内蒙古社会科学院包红梅研究员，昆仑文化研究中心秘书长谢平、新首钢矿业公司河南分公司樊毅民副总经理、工程师魏军等。考察地域跨越甘肃、青海、新疆三省区，单线行程3 000多公里。聚焦玉矿资源点约十个：甘肃临洮马衔山玉矿，青海乌兰"昆仑翠"玉矿，青海格尔木白玉矿，西藏拉萨"西瓜玉"，青海新疆交界处阿尔金山（花土沟，芒崖镇）糖玉矿，新疆若羌黄玉矿，且末糖色玉矿，于田墨玉戈壁料，和田玉龙喀什河籽玉料，墨玉县卡拉喀什河（墨玉河）籽玉料。玉料信息和标本采样工作基本覆盖以上各矿点，大体上涵盖了我国当今玉石原料的青海料和新疆料的主要产地。第八次考察结束前的最后一个考察点是位于乌鲁木齐市的新疆地质矿产博物馆，那里展出各种玉石原料的标本。与考察组在各地采集的玉料相对照，能够更明确地掌握中国西部玉矿资源的总体情况。

在南疆的考察一路看到佛教文化遗迹，针对由西玉东输的玉石之路所带来的文化传播之多米诺效应研究，笔者已撰写两篇论文《从玉教到佛教——本土信仰被外来信仰置换研究之一》和《从玉石之路到佛像之路——本土信仰被外来信仰置换研究之二》[1]，于此不赘述。

中国玉文化是一个近万年延续不断的整体。从赤峰地区发现的8 000年前兴隆洼文化玉器开始，一直到今天，玉器生产和消费还在蓬勃发展之中，并且伴随着市场经济和消费社会的到来，有愈演愈烈的趋势。换言之，玉器不再是社会上层统治者通天通神的权力象征物，而是变成中国式的奢侈品／收藏品生产和消费的特色对象，拉动着千亿级的市场，并且伴随着市场炒作之风蔓延，各种新奇的玉料／玉种不断被发现，被追捧和流行的趋势。在这当中，最接近新疆和田玉资源的玉石，就是青海格尔木的玉石。更加机缘巧合的是，格尔木当地的产玉之山，居然和新疆和田的产玉之山完全同名，都叫昆仑山（图68）。到达新疆的且末、和田等和田玉主产地才知道，目前当地玉石原料产量递减，市场上演出较多的是狸猫换太子的滑稽戏，即以格尔木运来的青海玉，冒充新疆和田玉出售，买者依然大有人在。想起几年前到安徽蚌埠调研玉雕作坊时，看到一些玉雕工作室大量囤积青海玉料原石的现象。用上等

---

1 分别载于《民族艺术》2015年第4期、2015年第6期。

图67　青海格尔木的昆仑山主峰——玉珠峰

的青海料雕出的大件玉摆件，市场价格也常见百八十万的，不足为奇。这要归功于一次千载难逢的符号事件——2008年北京奥运会奖牌的金镶玉设计采用三种颜色的青海玉！从此以后，青海玉的"假料"（即假冒新疆和田玉的意思）帽子一下子被摘掉，其身价也就自然与日俱增。目前北京批发市场上的青海玉白玉镯子售价四五千元。极品的青海玉白玉料也能卖到几千元一克的惊人高价。介于青海玉与新疆和田玉之间的品种是产自俄罗斯的透闪石软玉，俗称"俄料"。

要问为什么青海玉能够以假乱真替代新疆和田玉？这还要从两个同名的昆仑山说起。青海玉之所以又称昆仑玉，原因就是格尔木也有昆仑山。巍巍昆仑山脉，发源于帕米尔高原，横贯亚洲中部，有"亚洲脊柱"的美誉。该山脉由新疆、西藏入青海，远及四川。昆仑山在新疆、青海两个省区内延绵约3 000公里，平均海拔5 000多米，终年积雪。一直以来被当地人视为神山／圣山（图67）。对于数千公里以外的中原人而言，昆仑山被想象成通天之梯，天帝之下都，永生不死的奥秘所在。昆仑山特产的美玉也被想象为人格化／女性化的存在，那便是掌握不死药的西王母。如果要用特殊的地点标明西王母的所在，那就毫无疑问是象征和田玉的专有神话名词"瑶池"。

青海玉的主要产地集中在格尔木市西南、青藏公路和铁路沿线一百余公里处的山上。据向导王平介绍，在格尔木北面一个叫小灶火的地方，昆仑山中也产玉，如今被私人矿主承包开采。这里西距新疆若羌约300公里，与若羌和且末等地产出的新疆和田玉，具有共同的地质构造背景。青海玉与和田玉在形状和外观特征方面大体一致，不是久经市场磨炼的有经验之人，很难区分出来。

9月5日，考察组在格尔木市政府办公室协助下，走访其中最大的白玉矿，看到公路边的山上的私人矿区，全封闭，禁止外人参观。突然一声轰隆，出现用炸药爆破的方式削山为玉的场景：一座大山的山头，已经被炸掉一多半。裸露出白花花的玉质山体创面（图68），让人不禁对如此现代化和破坏性的采玉方式感到十分震惊。唐代诗人李贺若是地下有知，也许会继他的《老夫采玉歌》之后再写一首《狂夫炸山采玉歌》吧。

在如今的玉器收藏界，买卖新玉的一个基本辨别功夫就是如何区分青海玉与新疆和田玉。大家总结出来的判断标准无非是如下一些：第一，青海玉的透明度要比和田玉大，用强光照射，透光多多的就是青海玉。第二，青海玉的内在质地要比和田玉疏松，其比重低于和田玉，俗称"手头不足"。第三，青海玉的质感不如和田玉细腻，缺乏油脂光泽的感觉，俗称玉料

图68 格尔木白玉山顶被炸平的景象

图69 格尔木的玉料市场

发干、不润。第四，青海玉的结构中常有一道道的透明水线。这好像是青海玉的身份证一般，不容忽视。第五，青海玉都是采自山体的山料，没有河流中经过水流冲刷打磨而成的籽料。这后一点特征会让人百思不得其解：为什么新疆和田玉就能够从山上滚落到河流中形成籽料，青海玉就不能？

有人通过仪器检测，认定青海玉与新疆和田玉的区别主要在于内部成分的不同：优质玉石的矿物成分主要是透闪石。和田玉在各种玉石中透闪石含量最高，一般能达到95％以上，而较少含有其他杂质。另外，青海玉虽然也属于透闪石，但是其中普遍含有少量的硅灰石、方解石等，各种成分的交织导致其玉质的致密程度有所下降。这就是造成青海玉不如新疆和田玉的主因。

考察组中的易华研究员一向不买玉，却在格尔木下榻的宾馆旁一家小玉器店看中一块大玉牌，其材质属于青海白玉中的上品，洁白无瑕，通透光明，店家开价25 000元。就在即将离开格尔木市的那个早晨，以18 000元成交（图70）。一路上爱不释手，时不时地拿出来看一看，摸一摸，似乎要亲身体会儒家所说的君子温润如玉的那种理想境界和审美感觉。如今的青海玉品种中，有一种特别受到追捧的叫青海翠玉，即在白玉质地上

图70　青海玉制成的白玉牌子

间有少许翠绿色（如同缅甸翡翠那样的颜色），又称飘翠。这是新疆和田玉中没有或罕见的品种，所以市场价格大大超出一般的白玉。一只用青海翠玉雕琢成的手镯，可以卖到十万元甚至几十万元。众所周知，青海玉是在20世纪90年代初才被人发现和开采，仅仅20年时间就已经名扬天下，被崇玉爱玉的中国人视为稀世珍宝。试想，如果再过200年，当玉矿资源枯竭时，其价值又该如何呢？

六 从青海到新疆：玉乡若羌与且末

9月6日，第八次玉石之路考察组告别青海向导王平，还剩下三人，租车从格尔木出发，驱车一整日，穿越柴达木盆地，翻越阿尔金山，在日落时分抵达新疆南疆的若羌，住在市中心的楼兰宾馆。

若羌地处新疆的东南角，塔里木盆地东部，塔克拉玛干沙漠东南缘，总面积约20万平方公里，有中国第一大县的美誉。20万平方公里约相当于两个浙江省的面积，可是若羌的总人口仅有3万人。这和我们考察过的甘肃肃北县的情况类似，地广人稀，物产丰饶。

抵达若羌，距离两年来总共八次的玉石系列考察之终点站——和田，也就剩下几百公里路途，多少有一些宾至如归之感。在楼兰宾馆的每个房间里，都陈列着若羌县委宣传部编印的一部小册子《黄玉故乡——若羌》。原来，作为本地特产红枣和黄玉在2014年被政府正式确认为这个中国第一大县的两张文化名片。相比之下，若羌黄玉的名气远不如若羌红枣那样普及流行，但是其历史文化价值却无与伦比。其符号传播意义更是无可限量的。

　　古玉制作和使用特别讲究选择玉料。在和田玉独尊的古代，以白玉和黄玉为尊，以青玉为次，以碧玉为更次。但是一般人弄不清楚黄玉的原产地究竟何在。汉语成语中多有以"白玉""白璧"为喻者。《红楼梦》第四回："贾不假，白玉为堂金作马。"中国文人笔下的白玉，为什么总是隐含着某种特殊价值呢？黄玉相比之下较为少见，所以成语中没有。至于绿色的碧玉，以前地位不高，有尽人皆知的成语"小家碧玉"这样的流行措辞。明范文若《鸳鸯棒·慕凤》："小家碧玉镜慵施，赵娣停灯臂支粟。"当代散文家徐迟在《牡丹》三中写道："他一心一意经理的买卖是武汉市的漂亮女子、交际花、艺人、舞女和小家碧玉。"以上例子表明，碧玉比喻小家，是古今一贯的。若以碧玉比喻小家，那么黄玉则无疑应比喻为玉类中的大家或名门望族。明代高濂《遵生八笺》对玉色的评级是："玉以甘黄为上，羊脂次之。黄为中色，且不易得。白为偏色，时有得者。"《明史·外国传》讲到嘉靖时修造方丘日坛玉爵，购用红黄玉，不得，乃遣使觅于阿丹。看来黄玉产地稀少，少于白玉。古代若羌黄玉被人发现和开采的数量十分有限，否则不会有如此极度推崇黄玉的观点。以黄玉为上，甚至超过羊脂玉，理由不在颜色本身，而在玉色中潜含的道德价值。所谓"首德次符"。中国人讲究中庸，即所谓不偏不倚。大黑大白，大红大绿，都会被当成"偏色"。而五行中的中央由黄色为象征，正是因为黄色是中和之色。黄玉既能体现儒家的中庸思想，又极为稀少，难怪能够获得至高无上的荣耀。

　　古人喜好用常见的食物来比喻玉色。例如，"黄玉"用来比喻栗子肉。如元代张雨《新栗寄云林》诗云："掲来常熟尝新栗，黄玉穰分紫壳开。"如今的古玉收藏界，专门针对四五千

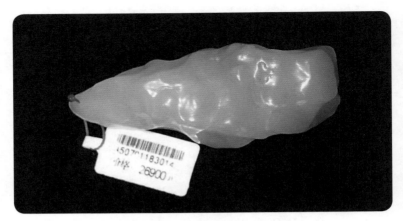

图71　若羌扶果玉器店里出售的若羌黄玉戈壁料

年前南方良渚玉器中颜色偏黄而润泽的一种玉料,称作"栗子黄"或"南瓜黄"。以《中国出土玉器全集》中的浙江卷(第8卷)所收录的余杭反山17号墓出土玉龟为代表。其标注是:"南瓜黄色,偏黄褐色,沁为花白,为圆雕龟形。"[1]同书江苏卷有一件江苏吴县张陵山4号墓出土的良渚文化玉蛙[2],也是用精美的黄玉制作的。不过这两件玉器的玉料不可能是新疆玉,只可能是地方玉料,具体产地不详。若以黄玉制作的玉器起源而论,应以赤峰地区出土的兴隆洼玉器中的黄色玉玦为最早标本,距今足有8 000年之久。当时的用玉,以就地取材为便利,并不是有意为之的特殊颜色讲究。

　　黄玉在我国的八千年玉文化史上,堪称贯穿始终的极品玉。如今若羌当地的玉器商店里,一般的黄玉戈壁料或玉雕挂件,报价一两万元,不足为奇。目前除了若羌,在甘肃临洮

1　古方主编:《中国出土玉器全集》第8卷,科学出版社,2005年,第101页。

2　古方主编:《中国出土玉器全集》第7卷,科学出版社,2005年,第18页。

马衔山出产的玉料中,也有精美细腻的透闪石黄玉,甚至还有鹅卵状的籽料,但数量很有限。2015年4月的第四次玉帛之路考察就在当地采集到黄玉籽料标本。临夏收藏家马鸿儒新出大著《齐家玉魂》中展示了马衔山黄玉籽料的照片,并试图对比齐家文化玉器中以黄玉为原料的情况。不过,4 000年前的西北先民使用黄玉时有什么样的神话观念联想和特殊寓意,如今已经难以给出贸然的判断。

在后代道教文化中,黄玉曾经被当做神话中玉女的标志物。唐代笔记《酉阳杂俎》云:"玉女以黄玉为志,大如黍,在鼻上,无此志者,鬼使也。"[1]了解到神话化的和田玉和神话化的黄玉,对若羌黄玉在未来的文化市场上的品牌形象,应该有再设计、再创意的广阔余地。尤其是当中国玉文化走向国际舞台之际,玉能够代表东方黄种人心目中的神圣。古往今来的黄玉与白玉的高下之争,在未来会遵循物以稀为贵的逻辑而分出最终的市场结果吧。

9月7日从若羌驱车前往且末,这是中国第二大县,也曾是古代西域三十六国之一。途中遭遇扬沙天气,公路南侧的昆仑山已经隐形不见。且末是如今和田玉的最主要产地,其产量约占到和田玉总出产量的七成。且末的玉石市场十分热闹,以出售各种玉料为主。给人印象深刻的是糖色玉,又称糖皮料、糖包玉。尤其是一种带糖皮的白玉,玉质细腻致密,油性十足,大都被当作上等和田玉出售。几天前在格尔木看到的青海玉中也有不少糖色玉,主要为浅黄褐色比较均匀的糖色浸染和斑点状的黑褐色。这样的玉料在古代玉匠那里会当作比较差的料,尽量回避不用。可是如今的玉器市场崇尚加

1　引自姚东昇:《释神》,周明校注,巴蜀书社,2014年,第158页。

图72　且末玉石市场

工设计方面的俏色，对糖玉的需求量也因此而日益增大。国内各种玉雕大师评奖活动都把俏色的巧妙设计作为加分的筹码，昔日的瑕疵之玉如今也能够转化成玉器加工增值的潜在优势。

　　在且末，考察组一行参观距县城5公里的扎滚鲁克墓地陈列室。该墓地于1980年代起多次发掘，测定的年代上限距今约3 000年，下限为东汉至南北朝时期，墓地沿用时间长达1 500年。墓穴形式为单基道长方形棚架墓，葬有男、女、小孩共14人，以仰身屈肢葬为主。墓葬出土陶器、铜铁器、丝毛织物、骨木器、木竖箜篌乐器等文物1 000多件。从体质特征看，似为印欧人种居民。他们所在的地理位置表明，在西玉东输的历史上，且末先民应该扮演着重要角色。与和田等地的先民一样，他们自己并不消费玉器，没有玉文化的传统，当地的宝玉只能向东输送到中原国家，才能获得超额的价值。我们已经从理论上把这种现象称为"神话观念决定论"。

七 和田博物馆和玉龙喀什河

离开且末，途经尼雅河大桥，考察组于9月9日抵达和田市，先考察古玉收藏家章伟的个人藏品。10日参观和田博物馆，进大厅看到一块迎宾石，是一块重达1 911公斤的玉料（图73），标签说明是"天然山流水玉"，白色灰皮下，隐约可见青色的肉。这就是和田玉故乡的标志物。展厅中不期而遇"玉石之路"的路线图（图74），认为以和田为中心的玉石之路有4 000多年历史。其证词是："历史证明，我国中原与和田的文化与商贸交流的第一个媒介，既不是丝绸，也不是瓷器，而是和田玉。可以说，和田玉是早期东西方经济文化交流的开路先锋。"

图73　作为和田博物馆标志物的迎宾玉石——1 911公斤的和田玉山流水

图74　和田博物馆对"玉石之路"的说明

玉石之路

人们大都知道，东西方经济文化交流上有一条举世闻名的"丝绸之路"。而以和田为中心的"玉石之路"却有着4000多年的历史。

历史证明：我国中原与和田的文化与商贸交流的第一个媒介，既不是丝绸，也不是瓷器，而是和田玉。可以说，和田玉是早期东西方经济文化交流的开路先锋。

Jade Road

It is known by all that there is a famous Silk Road in the economic and cultural exchange between the East and West. Now, we want to tell you that the Jade Road, which took Hotan as its center in ancient time, enjoyed a history of more

图75　和田博物馆展出的清代玉器

与这些掷地有声的语言相比,博物馆内展出的和田玉和玉器却十分稀少。史前期的玉器,仅有一件策勒县达玛沟采集的青玉斧。这不禁让人感慨,和田玉的故乡为什么罕见和田玉制品?

展厅中,在一件唐代玉器之后,和田本地的玉文化发展似乎断了线,跳跃性地一下就到清代玉器:玉象,玉猴(图75),三个鼻烟壶,其中一个白玉的,还有几个白玉带扣等饰件。这就是和田博物馆的全部展出玉器,如此而已。和昨日在收藏家章伟的"玉河子"店里看到的数百件玉石器相比,官方的博物馆展品之贫乏,可以想见。

参观博物馆之后,在中国农业发展银行和田分行办公室王余安主任引导下,考察组来到慕名已久的玉龙喀什河,这是和田玉中的极品白玉籽料出产最多的一条河,又称白玉河。

对于这条河,《丝绸之路新史》的作者,美国耶鲁大学的汉学家韩森(Valerie Hansen)这样写道:"1900年,当斯坦因第一次来到和田时,把在河中采玉的当地人,比喻为不肯吃苦劳动的买彩票的人。"[1]这充分显示出西方学者对中国玉文化价值的盲视。115年过去了，我们在2015年夏秋之交来到玉龙喀什河（即白玉河）之际，这里虽然早已经历了现代化大开采后的玉石资源枯竭，但是居然还有个别撞运气的采玉人。当然，确切地说，已经不能叫做"采玉"，而应叫做"挖玉"和"淘玉"（图76）。一种类似沙里淘金那样的作业方式：在河床下面的石子中铲出若干好看的，在河水中淘洗之后，再伺机寻找残存的小

图76　和田玉龙喀什河当代采玉现场，2015年9月摄

件籽料。如果和日前在格尔木昆仑山看到的炸山开采白玉矿的情形相比，白玉河的今日采玉是在经历现代挖掘机多年滥挖滥采之后重新回归原始的表现吧。只可惜，白玉河河床下可采的玉石已经寥寥无几。

　　说话间，一位淘玉人找到一件蚕豆大小的白玉籽料，王主任辨识之后，讨价还价，用400元买下。谁知周围人里马上又有玉贩闻讯赶来，要出500元购买这件小籽料。几乎纠缠了有

1　［美］芮乐伟·韩森：《丝绸之路新史》，张湛译，北京联合出版公司·后浪出版公司，2015年，第262页。

20分钟，眼看要红脸了，王余安主任只好出让今日考察组在白玉河中的唯一收获。据说这样的小件白玉，在市场上很容易以千元以上的价格出售。和田农业发展银行为考察组开车的维吾尔族司机买买提告诉大家，他几年前以6万元价格出售的一件羊脂玉，后来被卖到北京的收藏家那里，成交价达到惊人的400万元。世界上也许没有其他地方能够像新疆和田这样，从古至今一直在上演如此传奇色彩的"疯狂的石头"戏剧。如今的缅甸翡翠矿山开采大有后来居上的意思，但是翡翠这样的外来新玉种进入华夏文明的时间不会超过数百年，其历史文化意义当然无法和4 000年来源源不断供应中原国家的和田玉相比。

八 新疆的青金石

笔者前些年在翻译《苏美尔神话》一书时，关注苏美尔文明和古埃及文明对青金石的崇拜，以及由此引发的青金石国际贸易情况，顺便探究阿富汗出产的青金石在世界几大古文明传播的问题。当时国内学者对这方面的研究成果很少。阅读过苏州大学沈爱凤副教授写的《从青金石之路到丝绸之路》[1]。据她的判断：

以帕米尔高原为中心，从帕米尔的西麓向西直到地中海，就是青金石之路，而从帕米尔东麓的昆仑山下的于阗往东就

---

1 沈爱凤：《从青金石之路到丝绸之路——西亚、中亚与亚欧草原古代艺术溯源》，山东美术出版社，2009年。

是玉石之路，两段加起来就是日后的丝绸之路。从东亚、西亚两地人民选石材的不同，可以看到文化类型的有趣差异，这种差异取决于他们所属文明的不同体系。青金石与西亚人民对光的崇拜有关，而玉石则与石器时代中国先民的价值观和以后的儒家思想有关，因为众所周知，玉石的温润质地与君子的品德有相似性。[1]

这样对中西文化差异的解释略显粗浅。原以为青金石只是阿富汗的特产玉石。这一次来新疆，最后考察的一站是在乌鲁木齐市参观新疆地质矿产博物馆，对这里出产的繁复多样的玉石宝石留下了深刻印象。特别是在矿产展厅中看到新疆本地产出的青金石标本（图77），颜色极为纯正，看了就有让人心醉的感觉。

图77　新疆出产的优质青金石标本，2016　作者摄于新疆地质矿产博物馆

随后翻阅资料，看到40年前就有新疆学者对此加以论述。如王进玉《我国青金石出自新疆考》[2]一文，就明确提出中国的青金石矿藏在新疆境内。新世纪以来，有新疆大学2003年通过答

1　沈爱凤：《从青金石之路到丝绸之路——西亚、中亚与亚欧草原古代艺术溯源》，山东美术出版社，2009年，第320页。
2　《新疆文物》1987年第3期。

辩的一篇学位论文，在更广泛的调研采样规模上，做出系统梳理。该文是研究生阿布力克木·阿布都热西提在导师指导下撰写的《西域青金石与东西方文化交流》。文中认为：青金石（Lauzrite，Lpais Iazuli）是中国古老的宝石之一，文献中提到的"金碧""金璃""黯黛""璧琉璃""琉璃""璆琳"等均为青金石的别称。该论文的特色在于利用西域多民族的语言材料，展开语言与文化的关联分析：

语言是民族文化交流的见证。在任何一种语言里，总有一部分词是从别的语言里借来的。这种词叫"借词"或"外来词"。从这里外来词往往可以看出一个民族和另一个民族之间的文化交流情况。据我统计，青金石在汉语中的名称已有14种，而14种名称的读音与青金石的阿拉伯语、波斯语、梵语、印度语、藏语、拉丁语、回鹘语、现代维吾尔语、英语名称的语音基本上相吻合。青金石的汉语名称"琉璃""璆琳"很可能来自梵语，而梵语名称来源于波斯语，拉丁名称和英语名称来源于阿拉伯语，而阿拉伯语名称来自于波斯语。至于青金石的回鹘语名称和现代维吾尔语名称，它们既有波斯、阿拉伯语语音成分，又有汉语（古汉语）语音成分。上述诸语言中的青金石名称在语音，语义方面大致上一致的。一般讲，一个国家或民族接受外来的东西，总是连名称一起接受。上述情况说明，青金石从西域传到中原地区的。从青金石的语言现象来看，我们可以推断，因青金石而发生的西域与中原之间的经济文化交流是相当频繁，相当活跃的。[1]

1　阿布力克木·阿布都热西提：《西域青金石与东西方文化交流》，新疆大学硕士论文，2003年。

读完此文，觉得还可以进一步思考的问题是：新疆的青金石是在何时被何人发现和开采的？又是在何时通过怎样途径输入中原文明的？这就成为我们考察玉石之路的一个旁支性的分论题。因为从种类上说，青金石也是广义的玉石之一特类。这将给玉石之路的整体研究篇章，再增添出一种"变奏曲"。为此，需要重新聚焦帕米尔地区，也就是和中亚的青金石主产地非常接近的阿姆河流域，及其与南疆史前文化的玉石贸易关联。

（原载《百色学院学报》2015年第5期）

楼兰玉斧、和田玉斧

——访新疆和田玉器

收藏家章伟

1901年，世界上第一部以《丝绸之路》为名的著作之作者，瑞典探险家斯文·赫定在塔克拉玛干大沙漠腹地发现楼兰古城，轰动一时。斯文·赫定在楼兰遗址捡到一把玉斧，青玉质，号称"楼兰玉斧"，一直享誉文物界。随后，斯坦因和伯希和等英法探险家也分别在塔克拉玛干一带采集到史前玉斧。近几十年来，新疆考古工作者在塔里木盆地周边地区相继发现数十件史前玉斧，其中收获最多的一次是巴音郭楞州文物局在1997年考古调查所采集的41件玉斧。2011年巴音郭楞州博物馆新馆落成，举办过展示活动。这表明新疆昆仑山一带的和田玉料，早自史前时代就为当地先民作为制作砍砸工具的原料，而且显然是就地取材和批量制作的。这种现象自新石器时代延续到青铜时代，随后作为工具的玉斧被青铜斧所取代，也就不再生产此类玉质工具。这一现象，完全不同于中原地区的玉文化，围绕着玉璧、玉琮、玉圭、玉璋等重要玉礼器而发展。

　　尽管有如此明显的用途差别，新疆史前玉斧的文化史意义还是不容忽视的。过去认为玉文化是在东亚起源的，与中亚的新疆无关。还认为和田玉也是中原文明发现的，新疆本地人并不消费玉石。新疆玉斧的发现，相当于用本地的实物材料证明了和田玉文化的本地起源真相。只有等到中原玉文化的拓展与新疆的和田玉料发生关联以后，才完全改变了和田玉的原有的工具用途，转变成为中原国家政权的至高象征物，乃至统治阶级不可或缺的神圣宝物。新疆和田玉原料从此结束制作玉斧类实用工具的情况，转向为中原王朝御用——专门制作王室贵族专用的玉礼器。中原国家统治者的青睐，就这样一举扭转了和田玉的使用方向，并使之身价倍增。西玉东输的4 000年历史由此延续至今。可惜斯文·赫定一味因袭其老师李希霍芬提出的"丝绸之路"说，根本不明白楼兰玉斧所使用的和田玉对于塑造后代中国文明核心价值的至关重要作用。

笔者自2014年以来组织玉石之路田野考察，于2015年8月和9月举行的第七、八次考察，分别聚焦北疆和南疆。在新疆的三个博物馆看到楼兰玉斧及类似文物。如新疆自治区博物馆藏两件青玉斧，均来自若羌，一件稍大的标注为罗布泊地区采集，距今约3 000年，另一件较小的标注为罗布泊楼兰遗址出土，距今约3 500年。新疆文物考古研究所展示的南疆出土玉斧也是如此（图78）。颜色都是青绿色，制作方式粗陋，没有任何艺术化的纹饰，也不钻孔。当时人随手得来的玉料，随手打磨成手斧形状，就当作实用器使用了。这次在和田博物馆，还看到展出一件在策勒县达玛沟采集的青玉斧，长约10厘米。看了这些馆藏文物，给人的印象好像是平淡无奇，千篇一律。直到9月9日慕名拜访和田市著名收藏家章伟，观摩到他的藏品（图79），对新疆史前玉文化的印象为之一变。章先生有20年的收藏经历，藏品以当地以史前玉石器为主，仅大大小小的玉斧就多达数百件，让人眼界大开。玉斧中较小的3—4厘米，大者长达30厘米（图80），其制作工艺上虽然没有什么特别之处，但是个头却远远大于目前博物馆藏的玉斧。

图78 新疆南疆采集的史前和田玉青玉斧，摄于新疆文物考古研究所

图79　章伟收藏的古代玉石器

　　章伟收藏的史前玉斧极个别以外，都是没有孔的。令人惊喜的是，几件玉斧是用和田白玉制作的，其视觉特征明显不同于以往所见的青玉斧。大家都知道和田玉产量中青玉多多，而白玉稀少。按照物以稀为贵的原理，在战国时期成书的《礼记·玉藻》中，白玉被规定为天子级别的象征物。中国古人表达最高理想时也常用"白璧无瑕"这样的成语，可是有谁见过"白斧无瑕"的情形呢？

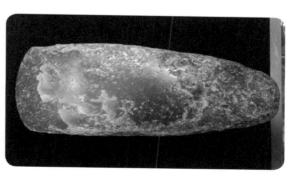

图80　史前期和
　　　　田玉制成
　　　　的青玉斧，
　　　　章伟藏品

图81　3 000年前和田白玉版的"楼兰玉斧"，章伟藏品

　　章先生的古玉藏品，与考古出土及专业采集的新疆玉斧相比，有非常明显的三个特征：一是数量庞大；二是器形大小各异，加工形态呈现多样性；三是玉质更优秀，数百件玉斧中不乏白玉斧甚至有羊脂白玉斧（图81），实在令人叹为观止。考察组当即建议对这些珍贵的藏品进一步甄别筛选、拍摄、整理成书，给出版界和收藏界奉献一部精美的图册。一旦面世，和田玉文化起源的真相，就将大白于天下。章先生的藏品也会"从养在深闺人未识"的私密状态，进入到为世人共享的阶段，尤其给玉文化研究界带来不小的震动。对于厘清"一路一带"形成的历史真相，也是具有启示意义的。

　　章伟的职业和所学专业都是金融，他和一般收藏家的区别是自觉钻研玉文化，通过收藏而不断积累学术观点，还编写出《和田玉文化的起源》小册子。他还尝试推测加工玉器的砣机的起源情况。

　　纵观新疆南疆的地势，呈现出南高北低之势。从西端的叶城、和田一带到东端的罗布泊、楼兰古国一带，蔓延数千公里的巍峨昆仑山及其北流水道，源源不断地向塔克拉玛干腹地提供丰富的和田玉籽料。新疆南疆的史前先民得天独厚地拥有这部分玉石资源，他们用玉石制作工具和权杖头。这些玉质工具包括玉斧、玉凿、玉铲、玉球等。而权杖头，是非中原文化的特征，其分布东至欧亚草原，西至两河流域和古埃及，具有相当的普遍性。和田地区的玉质工具和权杖头，必将给整个欧亚大陆的史前文化源流研究带来新的信息。

（原题为《新疆史前玉斧的文化史意义》，载《金融博览》2015年第12期）

齐家文化的未解之谜

2015 年 8 月 1—2 日，在齐家文化的命名地甘肃省广河县召开了研究齐家文化的第一个国际会议，主题是"齐家文化与华夏文明"。这是一次具有里程碑性的学术事件，必将对齐家文化与中国文明起源的探索产生深远的影响。笔者参与了这次会议的策划全程，在此用"未解之谜"的梳理方式，提示和展望未来的学术攻坚问题：

1. 齐家文化的来源为何？

本地起源说与外来源头说：本地起源说认为齐家文化是继马家窑文化半山类型、马厂类型之后兴起的地方文化，其族属仍为世代居住在西北地区的氐羌族。有学者认为齐家文化具有内在的礼制统一性，应视为史前期一个自成一体的地方性古国，可以称之为"齐家古国"。外来源头说认为齐家文化先民是自东向西迁移而来西北的，其直接源头是陕西一带的仰韶文化和龙山文化。持这种观点的学者还认为，齐家文化的先民在自东向西迁徙的过程中，为适应自然条件的变化，从原来的农耕生产转向农耕加游牧的混合生产方式。饲养牛羊猪，甚至接受草原文化传播的影响在国内率先饲养家马。

2. 齐家文化的终结：被哪一种势力以何种方式所征服或取代？

从公元前 2100 年到公元前 1600 年，齐家文化完成了其500 年的历史存在，走向衰亡。是什么人群的何种文化取代了齐家文化？答案有多种选择：寺洼文化？辛店文化？四坝文化？沙井文化？先周文化？根据 21 世纪新发现的青海喇家遗址的情况，有学者提出自然灾害毁灭说，认为是空前的大地

图82 寺洼文化及其马鞍口红陶罐，第九次玉帛之路考察2016年1月摄于庄浪博物馆

震加洪水，给齐家文化带来突然性的灭顶之灾。又有学者根据环境考古的数据，提出气候和生态变化说，认为自然条件的变化使得齐家先民无法适应原有的生产模式，被后来的文化群团所取代。只有在齐家文化灭亡和马的日益普及之后，才真正在北方和西北形成所谓游牧民族或骑马民族。历史上的农耕文明被游牧文化所毁灭的现象屡见不鲜。

3. 齐家文化作为一个史前的古国，其国都（统治中心）在哪里？

根据目前有限的考古发掘情况，专家们认为如下地点可能是齐家文化的统治中心：广和齐家坪或西山坪？积石山县的新庄坪？青海民和的喇家？根据文物普查中发现齐家文化遗址的频率看，在甘肃定西以东地区，遗址分布最为密集，如庄浪到漳县一带，齐家文化遗址和遗物呈现出星罗棋布的状态。这些地区都没有开展过规模性的正式考古发掘工作，或许意味着有重要的新发现之期待？从民间流传的齐家文化玉器情况数量看，定西到通渭一带，或为齐家文化玉器生产的核心地区。

4. 齐家文化与中原文化（龙山文化）是什么关系？

过去认为龙山文化年代较早，齐家文化的崛起受到龙山文化影响。近年来的测年数据有一个倾向，认为龙山文化始于距今4 300年前后，而不是距今5 000—4 500年前后。齐家文化的最早年代也被提前到距今4 300年前后，这样两者的开始年代几乎同时并行，所以两者的关系不是单向的传播和影响，而是双向的相互影响。目前已经有学者研究了陕西北部与内蒙古中南部地区的龙山文化受到齐家文化影响的情况，特别是陶器类型中的双耳罐，有自西向东传播的迹象。

也有学者根据镶嵌绿松石铜牌等文物，认为从齐家文化到二里头文化之间有明显的传播和影响关系（图83）。昔日的中国文明起源研究聚焦中原史前文化，多数学者没有考察过西北史前文化，尽管也有人提出过夏文化来源于南方良渚文化或石家河文化的观点，但均未能得到认同，如今大家至少意识到，齐家文化在学界被忽略的程度，超出一般。未来可能成为解决文明起源问题的一个重要突破口。

图83　广河出土的镶嵌绿松石铜牌残件

5. 齐家文化之玉礼器制度的来源

中国史前玉文化具有极其漫长的传播过程,即从一点到一线,再到大面积扩散。有人用宗教的传教现象来解释玉文化的传播现象。在齐家文化之前的马家窑文化基本上没有玉礼器生产和使用的制度。而与马家窑文化同时或稍早的北方红山文化、南方凌家滩文化和良渚文化都培育出规模性的玉礼文化体系。据此判断,后起的齐家文化玉礼器不是当地独创的传统,而是接受东部玉文化传播的结果。有个别台湾学者把齐家文化玉器在来源上同中原的龙山文化玉器视为一个体系,命名为"华西玉器"。这一说法时常有人引用,但是仍未能达成一致意见。理由是,齐家文化玉器具有自身的模仿与创新,不能完全等同于中原的玉文化,如陶寺文化或石峁文化。这两个文化都有标志性的器物即玉璇玑,而齐家文化玉器中迄今还没有见到玉璇玑。笼统的华西玉器说,不足以解释和凸显西北地方玉文化的特点。

6. 齐家文化玉器的种类和体系如何?

齐家文化玉礼器体系以如下素面器形为主:玉璧、玉琮、

图84　齐家文化玉礼器,2016年10月摄于广河县齐家文化博物馆

玉斧、玉铲（玉圭）、玉刀、玉璋、玉勒子、玉璜和多联璜玉璧的形制，玉瑗、玉环、玉镯子等。还流行未经再加工的玉礼器生产下脚料——玉璧芯子和玉琮芯子。齐家文化玉礼器的体系与中原和东部玉礼器的区别是，特色器形为三联璜玉璧，没有玉戈和玉璇玑，不见玉柄形器，也不流行玉玦。玉璋的数量也相对稀少。最常见的器形是介乎工具与礼器之间的小玉铲、玉锛。

7. 齐家玉器生产的玉料来源如何？

过去对此没有深究，一般认为是就地取材的。目前已经实施的玉帛之路调研计划基本上明确了：甘肃临洮与榆中两县交界处的马衔山玉矿是优质透闪石玉料的供应地，齐家文化玉器生产数量巨大，其玉料是以此地或其他地方玉矿为主的。特别是黄色、青黄色的玉料（图85）。此外，带有明显糖色色块的青玉，也应出自马衔山。至于甘肃考古所在肃北马鬃山新发现的玉矿，是否能够和齐家文化相联系，目前还没有足够的物证加以论证。至于甘肃青海的

图85　第四次玉帛之路考察临洮县马衔山玉矿，2015 年 4 月 30 日摄

祁连山玉料,至少有一部分被齐家文化先民所发现和利用。

8. 齐家文化玉器有没有使用新疆的和田玉?

在缺乏玉料成分检测的国家标准的情况下,目前学界人士对此一般保持沉默,有人认为齐家文化玉器中有和田玉,也有人认为不可能。中国玉石之路的研究者一般认为,齐家文化地处河西走廊,是新疆和田玉进入中原文明的必经之路。所以如果有西玉东输的文化运动,其开启者非齐家文化先民莫属。从考古发掘出土的和民间收藏品的情况看,有些油润度极高的透闪石玉料应该是来自新疆的和田玉。其所占比重,在整个齐家文化玉器中约为5%。目前我国高古玉收藏界的看法是一边倒的,即认为齐家文化玉器中存在少量的和田玉制品。至于其所占的百分比,则众说纷纭,从1%—20%之间。从考古文物证据看,所谓"静宁七宝"中的瓦楞纹饰的大玉琮(目前在甘肃省博物馆展出),是典型的和田玉中的青玉。而临夏州博物馆藏积石山县新庄坪采集的白玉琮,玉质纯白无瑕,经验观察最接近和田玉中的白玉。

9. 齐家文化与夏王朝有没有关系?

在1924年之前,国学知识传统中没有齐家文化的任何信息,有关夏商周的历史研究也根本不会关注西北的史前文化。90多年来的新知识让我们了解到齐家古国近500年的兴衰历史,她在时间上基本与夏王朝的纪年相对应,在空间上则偏于西北的陇原和黄河上游一带,与中原有一定的距离。纵观中国史前的各个地域文化,目前还没有一个文化在起讫年代上,能够比齐家文化更加接近夏王朝的年代。例如龙山文化或山西的陶寺文化,其开始的年代早于夏王朝数百年,基本上无法吻合。再如二里头文化，其最新的高精度测年为：二里头文化一期开始于公元前1750年，这个年代已经相当于夏王朝的末尾期，所以二里头文化不可能代表夏代文化。用排他法来看，既然齐家文化与夏王朝在年代上吻合，那么需要探究和论证的是夏族的来源与西北氐羌族群文化的关系。上古文献中一再透露的"大禹出西羌"信息，应该不是文学想象和虚构的产物，需要结合多方面的证据给予深入考察。以往的研究者把考察夏王朝的重心聚焦在中原文化特别是二里头文化，如今纠偏的学术契机已经显现，希望这次国际会议能够引领观念的变革，突破中原中心主义的传统观念束缚，给夏王朝和夏文化的溯源研究带来新的希望。

10. 齐家文化的青铜器来源之谜。

齐家文化是我国最早的规模性生产和使用青铜器的史前文化，关于其来源，目前多数学者认为受到西亚和中亚文明的影响，少数学者认为是本地文化自生的金属冶炼技术。从世界体系的整体观点看，一个地方的金属文化很可能受到时代更早的其他文化影响。齐家文化的铜器，从矿物成分到冶金技术，还有其他金属文化，如黄金制品，其独立发明的可能性很小，应该是通过史前的玉石之路上文化传播和贸易逐渐学来的，随后又对中原文明产生影响。

（原载《中国社会科学报》2016年2月4日）

陇东史前巨人佩玉之谜

——第九次玉帛之路（关陇道）踏查手记

摘要：本文为2016年1月第九次玉帛之路（关陇道）田野考察笔记。从通渭县碧玉乡的玉料调研采样，到庄浪县齐家文化遗址密集分布，再到华亭的关山古道和崇信的月氏道，关注镇原县常山下层文化佩玉巨人的意义探究。提示中国西部史前玉文化的源流，即齐家文化玉器的来源和去向，聚焦常山下层文化和先周文化中的玉礼器。通过介于陇山两侧的渭河流域与泾河流域的古道关联，寻找西玉东输的入关路网，兼及琉璃之路和黄金之路的传播以及秦式玉器与西戎文化的联系。

所有社会分析的前提在于将历史和地方相连接。

——德塞图[1]

2016年1月26日至2月2日，第九次玉帛之路文化考察在关陇古道上得以完成。本次考察路线呈现一个环形：从甘肃最东端翻越小关山进入陇东和陕西，又从陇县翻越大关山，回到甘肃张家川县和天水。本文根据笔者在中国甘肃网逐日即时发表的专家手记修订而成。谨在此对本次考察给予接待和帮助的甘陕两省的地方人士表示感谢。

一 庄浪入关山　遥望张棉驿

第九次玉帛之路考察在西玉东输的运输线路图的认识方面，补充以往未知或认识不清晰的关陇道的存在样式。本次

1　转引自［美］尹晓煌、何成洲编：《全球化与跨国民族主义经典文论》，南京大学出版社，2014年，第112页。

踏查路线的计划萌生，始于2014年7月第二次玉帛之路考察途中甘肃定西众甫博物馆刘岐江馆长携带的《中国文物地图集·甘肃分册》[1]一书的启示，当时大家在西去河西四郡的旅行车上浏览此书，却关注接近陇东地区的庄浪县，因为这里普查到的齐家文化遗址最为丰富和集中，引发研究者要一探究竟的好奇：为什么是庄浪而不是别处显示出四千年前齐家文化的密集分布情况呢？

经过这次匆匆走一回的亲历踏勘，大致上弄明白了一点地缘上的秘密：大陇山北面联接六盘山和宁夏，再向北随黄河流向北至贺兰山和内蒙古河套地区；向东南经过（小）关山即通往陇东高原和关中平原。它又是渭河流域与泾河流域的天然分水岭。这显然相当于各方面文化传播的一个交叉路口，一定和齐家文化形成时的内外影响途径密切相关。在周代以后，则是关陇文化互动的必经之地，内地农耕民族与关外游牧民族互动拉锯的战略要地。就连庄浪这个名字也不是汉语词，而是藏语词的音译。当代的甘肃人有个说法，是陇地有秦安，秦地有陇县，形成陇中有秦和秦中有陇的交错局面。我们据此设计出从庄浪县东行到华庭县，入小关山，经过崇信前往陇东地区，到平凉然后南下陕西，经千阳和陇县，取道关山牧场（秦人牧马的重要基地；张艺谋影片《秋菊打官司》的外景地）再度翻越大关山，到甘肃的张家川县，回程路经清水县，最后抵达天水市，结束考察。在考察实施过程中临时改变计划行程的是增加自平凉到镇原县的一站，为的是探索常山下层文化的实情。这次改变给考察带来显著的意外收获，即对齐家文化玉器的源流关

1　国家文物局主编：《中国文物地图集·甘肃分册》（上下），测绘出版社，2011年。

系梳理方面,获取了有关常山下层文化的关键资料和信息。

从河流水系方面看,本次路线介乎渭河道与泾河道之间,重点考察了泾河的支流水系道路,即陇东地区的蒲河道、茹河道以及陕西的汭河道古代线路情况,从而给玉石之路黄河道[1]的探究,带来泾河道与黄河道之间路网联系的新认识,特别是在此地出现于四五千年前的一个史前文化——常山下层文化玉器的重要意义。简言之,一是其时间意义,早于齐家文化玉器数百年出现于陇东,成为迄今所知最可靠的齐家文化之玉文化的直接源头。二是其空间意义,常山下层文化在地理覆盖面上与齐家文化呈现部分的重合,所以陇东是从空间上与齐家文化玉器起源密切关联的地方。或许这里正是龙山文化的玉礼传统与西北齐家文化发生接触和传播的中介站点。玉石之路泾河道成为引导后续研究的具有双重意义的考察区域:一是东玉西传作用(玉礼文化的传播),二是西玉东输作用(玉料资源的传播)。

在沿着大陇山东行,途径关山的路上,看到丝路古道上一个颇具戏剧性的站点——张棉驿。张棉是张骞的儿子。父亲威名传扬四海,儿子的名字却罕为人知。西汉年间张骞出使西域返回汉朝时,因为担心他在被俘匈奴期间与匈奴妻子所生的儿子被汉朝统治者忌讳,危及身家性命,就只好让混血儿子张棉留在这个关山古道的驿站,自己率队入关,进长安城向汉武帝汇报使命。考察团车过关山时,遭逢小雪纷飞的天气,翘首远望张棉驿,油然抒发怀古之忧思,拍摄到白雪皑皑的关山飞度景色,大家情绪激昂,即兴赋诗一首《雪中度关山》留念:

1　参看拙文:《玉石之路黄河道刍议》,《中外文化与文论》2015年第29辑。《玉石之路黄河道再探》,《民族艺术》2014年第5期。

陇山高，高巍巍。

三龙干，挺脊椎。

西接昆仑祁连，东指八百秦川。

南联岷蜀峨眉，北控六盘贺兰。

龙脉通达，华夏风水。

分河渭，隔泾渭。

得陇望蜀，得陇望秦。

夏周秦人，东进霸中原，

氐羌戎狄，虎视逼关山。

西玉东输，关陇古道艰。

封侯名博望，留子曰张棉。

华亭边关日下时，遥望崆峒轩辕年。

陇头吟一曲，浩歌啸长天。

二 碧玉乡解谜

中国人崇玉爱玉，自古而然。在人名地名之中，以"玉"为名者多不胜数，不过大部分是徒有其名而已，并不一定存在名称背后特指的某种玉石。像广西的玉林，山西的右玉，内蒙古凉城的西白玉，台湾的中央山脉主峰叫玉山，等等。都是名称有玉，而实际上无玉。这种有名无实的情况，让古今学人对记录着140座产玉之山名称的先秦奇书《山海经》望而却步，几乎没有什么人把祖国大地上这么多出产玉石的远古记载当真格的。这部书的性质也就变得真假难辨，扑朔迷离。

2013年3月，笔者在兰州参加复旦大学举办的"河西走廊人居环境与各民族和谐发展学术研讨会"后，与《丝绸之路》

杂志社主编冯玉雷一行驱车考察齐家文化玉器分布，先到静宁县博物馆欣赏著名的"静宁七宝"，随后踏查成纪古城遗址，再从静宁翻山越岭到通渭，路过一个叫碧玉乡的地方，当地一条小河也叫碧玉河。大家十分好奇，就下车一探究竟[1]。由村里一位老乡领到家中看他收藏的玉石，还当下解囊购买了一块他自己制作的白色的玉坠，暗淡无光而不润泽，从经验上看其材质像石英石，严格意义上讲就不算玉，所以也就没当回事。问老乡此地为什么叫碧玉乡，他说山后有个地方可以采到玉石，但是多数人说不清楚具体的所在。就这样，我们和碧玉乡擦肩而过，两年来的九次考察跑了太多地方，对这里的碧玉乡印象也已经在逐渐淡忘之中。

古希腊哲人赫拉克利特说过一句名言：人的双脚不能两次踏入同一条河流。可是命运安排我三年来要两次踏入通渭县的碧玉乡！

2016年元月26日，第九次玉帛之路考察团从兰州出发的第一站就是通渭，先看县博物馆展出的齐家文化玉器，再看当地收藏家"陇中玉"的皮影博物馆及齐家玉器藏品。他在介绍古玉时特别提到齐家文化玉器中哪些玉器是用什么样的玉材做成的，哪些玉材如今还能找到实物。就在通渭境内也有产玉的地方。这个重要信息是我们考察计划中没有的。于是，午后由他做向导，我们一行11人再次来到距离县城十余公里的碧玉乡。先在村中的老乡家里看玉，一件深绿色的玉石雕琢成的玉鸟，其色泽确实有点像碧玉，但是通透和温润的程度却无法和新疆玛纳斯碧玉相比。从村民家出来，踏着冰封

1　第一次到碧玉乡的随机考察情况，参见孙海芳：《初识齐家玉》，见《玉道行思》，甘肃人民出版社，2015年，第20—22页。

的小河，走进一道河川，河两边随处可见一些被丢弃的玉石原料，其成色都不大好，青色居多，也有黄色的和白色的，没有看到碧绿色的。沿着河川走进几里路，居然河床底下的巨大石头也呈现出玉石的样子，在光线照射下熠熠生辉（图86）。莫非是《山海经》中记载的哪一座玉山，终于在千载之后被今人发现了？

据陇中玉介绍，目前所见碧玉乡出产的玉石硬度不高，裂纹也较多，影响到其市场开发价值。我们从村民自己就地取材制作的玉石手串看，情况的确如此。在五光十色的当今玉器市场上，这里出产的玉石因为质地较差，难有一争高下的机会。不过，可以进一步探究的问题仍是有意义的：当地的以碧玉为名现象，毕竟不是毫无根据的，而是有实物原型的。当地还有"碧玉关""玉关"这样的本土名称，这给我们考察的玉帛之路路网增添了新的内容。尤其是碧玉乡出产玉石的历史，应该一直溯源到4 000年前的齐家文化时期，这就给齐家文化玉器传统为什么取材非常多样化的历史谜团，带来求解的新

图86　碧玉乡访玉，2016年1月26日摄

线索。国人习惯说"千种玛瑙万种玉",如今通过目验方式可以辨识的碧玉乡之玉,就不下四五种之多。拿考古发掘的齐家玉器实物,小心对照今天看到的当地玉材,大致能够还原出这一段文字根本没有记录的史前玉文化的隐情。

至于碧玉乡的玉材在历史上各朝各代是否有过开发和运输的情况,目前还缺乏调研,有待日后的探究。

③ 假如安特生先来大地湾

自从2005年受聘为兰州大学翠英讲席教授开始,笔者迄今连续来甘肃已经十一个年头。2006年夏曾第一次到秦安大地湾考察,被陇山葫芦河流域史前先民的文化创造力所吸引。8 000年前最早的小米种植和最早的彩陶生产,两个指标均在东亚洲地区遥遥领先。震撼之余,随后撰写的《河西走廊——西部神话与华夏源流》[1]一书中,依据大地湾的考古发现,对学术界流行的中原中心主义观念提出批判。特别是针对考古学方面把大地湾文化称为"仰韶文化甘肃类型"的做法,表示质疑:仰韶文化是距今7 000—5 000年的中原史前文化,大地湾一期文化的开始时间距今约8 000年。这也就是说,大地湾先民发明彩陶和栽种小米之际,中原的仰韶文化还远远没有发生呢。年代大致相当的小米种植也在内蒙古赤峰的兴隆洼文化、河北武安的磁山文化、河南新郑的裴李岗文化等有所发现,基本上覆盖了北方半个中国;但是和大地湾一期年代相当的彩陶,截至目前还没有看到。换言之,大地湾所在的陇山葫芦河流域至渭河流域,

---

1　拙著:《河西走廊——西部神话与华夏源流》,云南教育出版社,2008年。

应是中国和欧亚大陆彩陶文化的重要发源地。

考察团从兰州出发的这第一天，取道通渭县前往庄浪途中，按计划可顺路到秦安大地湾。自己也想有一次再度思考大地湾文化的机缘。因为在通渭考察时得知当地有新发现的碧玉乡玉料产地，就临时改变行程，增加了下乡走访采集玉料标本的任务。还在当地朋友带领下去踏查省级文物保护单位——李家坪遗址，结果这一天直到晚上夜色朦胧时才驱车经过秦安县。夜间遥望大地湾，十年前第一次参观后的问题再度浮现出来，并伴随着如下假设：

1921年，北洋政府聘任的瑞典地矿顾问安特生在河南渑池县仰韶村发现史前文化，命名为仰韶文化。这一重大发现成为中国考古学诞生的标志事件。1924年，安特生来到甘肃后，先后在临洮至广河一带发现马家窑文化、齐家文化、寺洼文化、辛店文化等。所有这些西北史前考古文化的命名都一直延续至今，但是它们在年代上均晚于仰韶文化。这就给新兴的中国考古学带来一种与生俱来的成见，好像只有仰韶文化是源头，西北的其他史前文化都是在仰韶文化基础上发展出来的。假如当年的安特生也来到秦安的大地湾考察，情况会怎样呢？假如安特生在去仰韶村之前先来大地湾，情况又会怎样呢？可推测的结果是，至少那种认为史前文化只能自东向西传播的错觉模式不会出现。大地湾文化因为其年代的久远被排在北方史前文化的早期位置，随后出现彩陶文化的自西向东传播运动，催生出仰韶文化。在这种源流关系中，当然不会出现中原中心主义偏见所支配的命名现象——将大地湾文化称为"仰韶文化的甘肃类型"。这完全是弄错了文化父子关系的一种误读吧。

8 000年过去了，逝者如斯，葫芦河水依旧南流，入渭河，再东流入黄河。是渭河和陇山将甘肃陇原大地和陕西关中地区的文化串联为一体。中国历史上的炎帝姜姓族群和夏人（氐羌族群）、周人和秦人，都是先后沿着渭河的自西向东方向，从甘肃入主关中和中原的。从葫芦河到渭河一线，不知还埋藏着多少我们所未知的文化奥秘。

四　饮矿泉的齐家先民
——崇信县龙泉寺齐家文化遗址

元月28日，考察团自华亭县驱车抵达崇信县，登龙泉寺，畅饮甘甜山泉水，瞻仰正在修造中的公刘庙，追慕周人的先祖事迹，特别是探访到位于山上的一处齐家文化遗址。崇信博物馆的陶荣馆长带领我们先观看一处齐家文化陶窑遗址和几处居住遗址。只见山坡黄土层断面中有两层白灰面清晰可见，下面一层较薄，大约3毫米，上面隔着60厘米的土层，有上一层的白灰面，较厚，约8毫米。如果这两个白灰地面都是齐家文化先民的房屋地面，那么相隔60厘米的黄土，意味着多少岁月的沉淀呢？从临夏积石山县的新庄坪遗址，到宁夏隆德渝河北岸的页河子遗址，从青海民和黄河边上的喇家遗址，到甘肃永靖黄河岸边的王家坡遗址，作为齐家文化遗址标志性特征的白灰面，考察团成员已经司空见惯。但是这里十分罕见的双层白灰面，还是能够引人深思的。齐家文化不同时期的先民屡屡到芮河畔的龙泉寺山上居住，主要原因之一当然是为了饮用泉水的方便。用白色石灰修造房屋的地面和墙壁，始于仰韶文化后期，在陇东的常山下层文化得到发扬光大，并为随后兴起的齐家文化继承下来。

图87　崇信县龙泉寺齐家文化遗址旁的山泉，4 000年长流不息

　　多年来，我们考察过的齐家文化遗址不下几十处，唯有崇信龙泉寺的这一处遗址最富有"诗意地栖居"意味。大家戏称这里4 000年前居住的是饮用天然矿泉水的齐家先民（图87）。站在龙泉寺山上，俯瞰山下冰封的芮河，远眺芮河延伸流向的下游，即汇入泾河的方向，自然想起自己多年前的陇东之行。

　　就白灰面这一建筑技术的源流演变情况看，庆阳地区的仰韶文化开其先河。位于西峰区后官寨乡南佐村的南佐遗址，面积40 000平方米。20世纪80—90年代初由甘肃省考古研究所进行发掘，但发掘报告尚未发表。据赵雪野在1995年《中国考古学年鉴》披露的资料，南佐遗址有一座殿堂式建筑基址，长方形，长33米，宽约19米，南面为敞开式，地面铺6层白灰面，墙高2.8米、宽1.6米。这是可以和秦安大地湾发现的史前殿堂式建筑相媲美的重要发现。其年代为仰韶文化晚期，距今约5 000年。出土文物主要有石斧、石刀、石铲、陶刀、陶纺轮等，没有发现玉器。随后在这一地区兴起的常山下层文化，遗址在镇原县城南的城关镇常山村，位于茹河河畔南岸二级台地上，面积300 000平方米，距今约4 900年。出土文物有石镞、石弹丸和骨刀等。还发现窑洞式居室，面积为9平方米。室内地面为白灰面。本地的史前文化继常山下层文化之后，便是齐家文化。如位于蒲河上游黄土梁峁的老虎嘴遗址，在镇原县庙渠乡老虎嘴村，面积6 000平方米，曾经出土一条残长23米的陶水管道，直径14厘米。可见当时的齐家文化先民利用陶管道引水设施。

28日下午，考察团从崇信抵达平凉，照例先参观平凉博物馆。特别留意的是"静宁七宝"中最大的一件青白玉璧（图88），玉质中透露浓重的深色斑纹，因直径约30厘米，堪称齐家玉璧之王。由静宁借展到平凉后，一直是这里的镇馆之宝。晚饭时，考察团向平凉博物馆的两位馆长请教，他们提到常山下层文化的文物中有可能出现玉器。我们在庄浪博物馆就已经看到，齐家文化的陶器类型与常山下层文化非常接近（图89）。

图88　齐家文化静宁七宝之大玉璧

图89　常山下层文化红陶尊，2016年1月27日摄于庄浪县博物馆

齐家文化玉器的起源也可以由此获得线索，如同白灰面和红陶尊器型那样，都是齐家文化直接继承常山下层文化的物证。于是决定改变行程，增加走访镇原县，专门探查常山下层文化遗址，以便加深对齐家文化源流的认识。

五　月氏道与月氏钱范

　　2012年10月我从新疆的塔里木大学到庆阳陇东学院讲学时，时任该校科研处副处长的张多勇老师负责接待，他带我走访当地的齐家文化玉器收藏者，还有幸采集到若干标本[1]，大致得知到齐家文化在陇东地区的分布情况。当时张多勇还向我讲述了他多年来骑摩托车下乡做历史地理调查的事迹。陇东

1　该次采集的玉器石器标本，见拙著：《图说中华文明发生史》，南方日报出版社，2015年，第34页图版。

到宁夏固原一带的山山水水，都留下了他的足迹，堪称活地图。玉帛之路考察活动若来陇东，确信没有比他更合适的引路人。多勇兄随后到西北师范大学攻读博士学位，四年不见，想必他早已修成正果。

图90　汉代月氏钱范，2016年1月28日摄于崇信县博物馆

元月28日上午参观崇信县博物馆，陶荣馆长在开始介绍中就提到，本县地域虽小，人口也少，但是考古文物却是一流的。特别是有关上古时期卤县的所在地和月氏道的所在地问题，崇信的出土文物提供了特殊的证明。尤其是崇信出土的汉代月氏钱范（图90），表明月氏人来到靠近中原的边塞地区定居的情况，让我想到张多勇在几年前写的考证文章《从居延E·P·T59·582汉简看汉代泾阳县、乌氏县、月氏道城址》。[1]

月氏人分为大月氏和小月氏，是河西走廊地区先于匈奴而存在的游牧文化族群，后来被强悍的匈奴人击败，逃离河西走廊，迁移至新疆至中亚地区。汉武帝派张骞出使西域的目的，就是联合月氏人共同对付匈奴。在先秦史上，月氏这个名称

1　张多勇：《从居延E·P·T59·582汉简看汉代泾阳县、乌氏县、月氏道城址》，《敦煌研究》2008年第2期。

被写作"禺氏",文献中记载禺氏之边山出产玉石,而尧舜时代的中原政权之建立,有一个物质条件,即"北用禺氏之玉"。现代学者认为《管子》书中提到的"禺氏之边山"就是新疆的昆仑山,"禺氏之玉"就是和田玉。根据我们近年的考察和研究,汉代以前的昆仑概念比较模糊,可以泛指西北产玉的多座大山,不一定专指新疆南疆的昆仑山[1]。最早从西域向中原王朝输送玉料的族群,就是禺氏,即月氏人。就与华夏国家的关系而言,属于印欧民族的月氏人反而比蒙古人种的匈奴人更显得友好,这个奇特现象中潜藏着"化干戈为玉帛"的深层历史经验,可以为研究民族关系史树立团结互利的范例。

1989年在崇信县黄寨乡河湾村庙家山出土一"货泉"铜制钱范,铜母范其背面筑有"月氏"二字。陶荣馆长在《文物》发表文章,指出这是新莽时期铸钱用的母范。同年崇信县铜城乡马沟村出土新莽时期陶子范残片,经清理,发现是一处残窑址,有部分陶子范残片。经整理复原,有"货泉"和"货布"两种。其中一件"货泉"陶子范较完整,当为另一件铜母范翻模的子范。他考证"月氏"为地名,即汉代的月氏道。道是汉代县一级的行政建置。《后汉书·官志》说:"凡县蛮夷曰道。"即凡是少数民族聚居地而设为县的,就名之曰道。"月氏道"的存在,表明汉代统治者给游移在华夏边缘的月氏人以固定的属地,并授权给他们在当地铸造自己的钱币。崇信出土的汉代铜钱母范上虽然仅有两个字,但是也足以说明当时有一批月氏人居住在靠近中原的陇东地区。那时的月氏人是否和尧舜时代的月氏人一样,充当玉帛之路上的交流使者呢?暂不

---

1 拙文:《昆仑与祁连》,见《玉石之路踏查记》,甘肃人民出版社,2015年,第170—174页。

得而知。可以肯定的是，继月氏人之后，又有许多西域民族相继充当西玉东输的主要角色，包括乌孙、氐羌、吐蕃、回鹘、粟特、党项等。理解了西玉东输的历史将近三四千年的不断延续，再看如今在河西走廊一带到关陇古道一线，出现众多民族遗留下的历史足迹，也就不足为奇。

张多勇、陶荣这样的本土学者，为研究地方的历史文化，常年奔走在田间地头，他们熟悉本地的一山一峁，属于学界中最能够"接地气"的一族吧。

六 巨人佩玉　惊现陇东
——常山下层文化的未解之谜

元月29日，考察团出发以来的第四日。早上观摩平凉崆峒区博物馆，随后离开平凉，由崆峒区博物馆齐馆长和梁所长驱车领路，取道双凤山和庙底下村两个史前文化遗址，驱车北上，翻越三座黄土大塬，中午1时20分抵达茹水河畔的镇原县城。镇原县委宣传部的王部长和专程从庆阳陇东学院赶来的张多勇教授已经在镇原新宾馆大堂等候多时。

下午3时考察镇原县博物馆。这是2010年新落成的建筑，馆藏文物有5 000多件，其中珍贵文物771件。博物馆一共六个单元的展厅，主题分别为旧石器时代文化、新石器时代的常山下层文化，秦汉雄风、佛教石窟寺文化、历代瓷器展和红色文化展。最让考察团成员兴奋不已的，是常山下层文化展厅。这里有一座1991年在三岔镇大塬村大塬遗址发掘的墓葬（M4）复原景观（图91）。只见一位男性巨人仰身屈腿平躺在墓穴中，年龄在45—50岁，身高达到2.1米。身体左侧分三

图91　2016年1月摄于镇原县博物馆，距今4 500年的佩玉巨人墓葬

图92　巨人左手所执墨绿色玉环图片，摄于镇原县博物馆

排堆放随葬品，计有陶器72件，其中泥质红陶篮纹高领瓮20件，夹砂红陶单耳杯52件。巨人左手边上有碧绿色玉环一件（图92）。据馆长王博文介绍，当年清理墓葬时，巨人右手处还有一件玉斧。

我在青海柳湾博物馆看到过一座马家窑文化墓葬复原景观，随葬陶器数量达到惊人的90多件。眼前的这座陇东巨人墓葬随葬70多件陶器，显然也是距今4 000多年的史前社会阶级分化的表现。从部落集团走向方国政权的文化演进历程中，凡是有明显社会分化迹象的地方，都意味着呈现出从原始社会通向文明门槛的征兆。在华夏文明国家，帝王佩玉和君子佩玉已经完全制度化。儒家伦理强调的"古之君子必佩玉"，过去我们不知道究竟有多"古"。如今知道常山下层文化的年代距今4 900年左右（一说距今4 300年），其年代大约比孔圣人建立儒家学派的春秋时代还要"古老"大约一倍。如果说儒家和道家都属于有文字记录的华夏文化的小传统，那么4 000多年前的陇东巨人佩玉景象，就突出呈现了玉文化大传统的深远和辉煌。

当日晚间在镇原新宾馆二楼举行的座谈会上，王馆长应邀介绍了镇原县境内发现常山下层文化遗址和文物的情况，多达300多处，其中发现有玉器的约二三十处。尤其是三岔镇大塬村大塬遗址一带，据当地老乡说在二十世纪八九十年代有大量玉器和陶器出土，陶器多到可以用卡车装载。该遗址的地理位置，恰好位于陕甘宁三省交接地带。这又透露出一些重要的信息，伴随着常山下层文化的一系列未解之谜，值得深入研究。尤其是从中国玉文化史的全局视野看，陇东史前玉器发现的意义非同小可。我把即兴想到的八个谜题列举如下：

第一，常山下层文化的人种族属是怎样的？为什么会有2米以上的高大身材？要知道西北史前文化墓葬的骨骼，平均身高在1.6米左右。

第二，齐家文化人口的平均寿命不足30岁，大塬遗址M4这位约50岁的男性佩玉巨人，莫非是当时社会中德高望重的老寿星？

第三，常山下层文化的来源是怎样的？或者说是如何从仰韶文化中脱胎而来的？

第四，常山下层文化是怎样构成齐家文化源头或源头之一的？

第五，常山下层文化的玉器生产来源如何？是北方红山文化，还是中原仰韶文化？

第六，常山下层文化玉器所用玉料产地在哪里？为什么其玉器颜色较为单一地呈现墨绿色蛇纹石特征？这和齐家文化玉器原料的多样性形成鲜明对照。

第七，从陕甘宁三省交界处的特殊位置看，陕西神木县石峁遗址龙山文化时代的大量玉器生产与常山下层文化玉器的关系如何？

第八，河南灵宝西坡仰韶文化墓葬新出土的10余件暗绿色蛇纹石玉钺，距今5 000年左右，是目前已知中原史前玉礼器生产最早的案例。它和陇东的常山下层文化玉器，在用玉材料上较为相似，是否有源流影响的关系？

七　齐家文化玉器与先周及西周玉器
——灵台县博物馆侧记

齐家文化在公元前2000年前后的西北大地上兴盛过大约五六百年，它是怎样衰落和消亡的？它的后继者是怎样的？由于没有任何文献记载，这两个问题至今没有令人满意的答案，只有通过出土文物本身提示的信息，作出某种推测。继齐家文化之后在同一地域内崛起的史前文化有辛店文化和寺洼文化。学界有一种观点认为寺洼文化与先周文化有一定的渊源承继关系。从玉文化提示的信息看，寺洼文化并未继承齐家文化的玉礼器生产传统，其陶器生产也显得粗糙和原始。一般认为是非农耕社会的戎族先民的文化。如果说，距今3 000年前后的辛店文化和寺洼文化都没有直接继承齐家文化的玉文化传统，那么这个传统究竟到哪里去了呢？莫非是戛然而止一般中断了吗？

元月30日下午5点，考察团经泾川县来到灵台县，第一目标就是位于荆山上的灵台县博物馆。馆藏文物以百草坡西周墓地出土的精品文物为主，在玉器陈列方面，紧挨着两件齐家文化玉器（一暗绿色玉环，一件孔雀石玉琮），是三件先周文化玉器，其中一件琮式玉环（图93），出土于西屯乡北庄，玉质优良，属于略显淡黄色的青玉。一件有孔青玉钺（图94），出土于西屯乡桥村遗址，也是玉质精良的青黄玉。从经验上判断，其玉材大约是马衔山产的优质透闪石玉料。一件权杖头残件，出土于上良三村，玉质稍差。还有五件西周玉器（包括一件绿松石串），其中的玉环和玉璧，所用玉料与先周玉器一样精良。由此看来，先周文化和周文化的玉器传统显然继承着齐家文化，一是素器不加纹饰的古朴特征，二是优良的

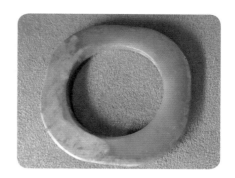

图93 琮式玉环，先周文化，摄于灵台博物馆

图94 先周文化玉钺，2016年1月30日摄于灵台博物馆

有孔青玉钺

时代：先周文化

出土：西屯乡桥村遗址

透闪石玉料。这至少从一个方面提示着齐家文化的后继者，很可能与周人文化有一定关联。而西周玉器所用玉料，在周穆王以前，很可能多有来自陇山以西的马衔山玉料。到周穆王之后，就有越来越多的新疆和田玉进入中原吧。

灵台这个位于甘肃省最边缘的小县，在玉文化源流探讨方面提供了宝贵的实物线索。希望日后当地能有更多的考古发掘成果。

八　关陇道与琉璃之路、秦式玉器

元月31日晨，自灵台县出发，沿着达溪河西行，慕名而来，瞻仰密须国旧址，观密须之鼓的遗迹。密须是一个古国的名称，为商代的一个姞姓之国，后被周文王所灭，以封姬姓。后又为周共王所灭。今日的灵台县百里乡政府，投资1 600万，修建起一座密须国纪念园区。一个曾经繁盛的地方古国，居然被西周统治者两次灭国，不免会引起历史爱好者的很大兴趣。翻阅《灵台民间文学故事集》之《文王伐密》，得知周文王姬昌灭掉密须国之后，挥师东进，在达溪河畔的荆山上，修筑一座高高的土台，举行盛大的献俘、祭祖、谢天的仪式，由此完成了周人灭商朝之前的一个重要战略步骤。这个土台就叫灵台，也是灵台县得名的由来。

至于密须国的第二次亡国之原因，听起来更是匪夷所思。《国语·周语上》："恭王游于泾上，密康公从。有三女奔之……康公不献，王灭密。"这显然是因为美女而亡国的父权制社会历史观的又一例证。

离开密须国所在的百里乡，考察团用车载导航做指引，想直接前往陇县，放弃原计划中的千阳县城，因为刚刚得知千阳县博物馆不开放。谁知人算不如天算，导航仪把我们领入陇山南麓的千山万壑之中，左突右冲，下山后来到一个镇子，叫张家塬镇，向赶集的老乡打听，才知道大道前方五公里处，就是我们不想去的千阳县城。

恰逢中午时分，大家便在千阳县城歇脚并午餐，吃一顿羊肉泡馍。在等待用餐的间隙，两人打听到一家古玩店，寻觅史前玉器未果，只见柜台角落里有一个汉代玉石蝉，几只铜带钩和琉璃耳珰（图95）。这几件古代遗物成为此行采集到的参考性物证，用来见证玉帛之路千河（古名汧河）古道上曾经的文化辉煌。

深蓝色的琉璃，原产地为4000多年前的古埃及。埃及人发明琉璃的目的是替代稀有的玉石种类青金石（主产地在今阿富汗）。琉璃通过玉石之路传播到巴比伦、波斯和印度等地，随后在距今3000年前后通过新疆和河西走廊传入中国。西周贵族奢侈品中开始出现琉璃，在战国至西汉时最为流行。

图95　战国铜带钩和琉璃耳珰，2016年1月31日摄于陕西千阳县古玩店

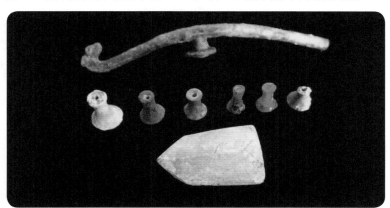

图96 马家源西戎贵族墓出土战国琉璃杯,摄于张家川县博物馆

当时的上层社会把琉璃当成外来的新玉种,或是人造玉石。千阳古玩店里淘来的战国琉璃耳珰,在沿着千河进入关中地区的秦人墓葬中时有发现。秦人原来在甘肃天水礼县一带为周王室养马,与戎狄杂居,被中原人视为虎狼。后来通过汧渭之会,秦人势力挺进中原,变法图强,最后成为霸主,统一中国。秦人是如何像接力赛那样从西戎人那里接受琉璃生产技术,并进一步向中原文化传播的?张家川县马家源战国时期西戎首领墓葬新出土的金银器

和琉璃杯(图96)等珍稀文物,可以为解读这类问题带来重要的灵感。换言之,秦人在黄金之路和琉璃之路上同样扮演着"二传手"的角色。

当代新兴的玉文化研究表明,秦人的玉器种类和工艺风格均与关东六国不同,学界因此命名为"秦式玉器"。秦式玉器无疑在选材和加工方式上都以西周玉器为基础,逐渐体现出与众不同的秦国特色,像亚字形玉饰、宫灯形镂空玉佩、龙纹马鞍形玉佩、龙纹璋形玉器、工字形管衔环等,都是秦人玉器与众不同之样式。秦式玉器出土较集中的地点是陕西凤翔县的秦都雍城遗址、凤翔县南指挥村的秦景公大墓、陕西宝鸡市益门二号春秋秦墓、秦都咸阳城遗址、西安市北郊战国晚期秦祭祀坑等。可惜本次考察计划中并没有列入凤翔。

当日下午考察团抵达陇县，虽已鞍马劳顿，却顾不上休息，在陇县图书馆朱恒涛馆长的引领下，下乡寻觅位于川口河畔的川口河齐家文化遗址。前往川口河村途中，经过一个村庄——边家庄，不禁心里一惊，这不是1986年11月发掘出春秋时期秦人墓葬5号墓的那个边家庄吗？据考古报告，该墓为长方形土坑竖穴墓，青铜器组合为5鼎4簋，属于春秋早期秦国大夫级贵族墓。出土的玉石器计有：玉泡2，玉圭11，石圭4，石管2，石璧1，石条形饰5，石贝290件。串饰两组，一串在颈部，由玉玦2件、玉牌7件、玉鱼1件、玛瑙珠80粒和若干绿松石组成。另一串置于胸前，由70粒玛瑙珠组成。看来秦人早期用玉的取材十分多样化。在美玉原料不足的情况下，也用石料做替代，正像古埃及人发明琉璃替代青金石一样。从用玉广泛性看，透闪石玉、绿松石、玛瑙，也是源于齐家文化和西周人的用玉传统。至于西周以来红玛瑙的用料来源问题，嘱咐考察团成员易华去做专题论文，迄今还没有明确答案。就秦人与西戎的密切关系看，很可能要诉诸草原游牧文化。就玉文化的发展而言，秦人的创造性，主要体现在玉器器形的推陈出新和加工纹饰的特殊风格方面。

秦宫一号大墓出土的玉鞋底，古往今来，较为罕见，其原初制作的神话想象初衷里有没有一种"脚踏青云梯"的寓意，即让死去的秦景公能够顺利地实现飞升天国之旅呢？莫非是秦人别出心裁地对车马坑一类商周王公贵族随葬礼制奢华传统的一种锦上添花吧？

玉石鞋底出土的位置很有讲究，就在椁室盖板的中央位置的朱砂面中。有学者推测这件鞋底可能下葬时是有鞋面的，或为丝织品，下葬入土后被腐蚀融化掉了，所以只剩一双鞋底。不过目前还没有其他旁证可以证明这一推测，只能聊备一说。

详情和图片均可参看刘云辉著《陕西出土东周玉器》[1]一书。

如果说秦人在死后升天想象方式上有什么可以借鉴的前代资源,借助玉制的鞋底,如同西北地区史前期陶器造型中特有的大足之人的形象,或者特制陶靴子形象有关[2],这便是河西走廊及其以西地区的史前西戎族墓葬冥器传统,并不见于中原和东方、南方地区。秦人在与他们接触的过程中向比邻的西戎传统学习借鉴一些文化成分,正像其屈肢葬和洞室墓的葬礼习俗来源于西部戎狄一样。

这次的考察路线设计是从甘肃灵台到陕西千阳,再从千阳到陇县,返回甘肃张家川、天水,没有安排到陕西凤翔县。这就错过了观摩当地秦公大墓遗址的机缘。秦公大墓是迄今为止中国发掘的最大古墓,最惊悚的发现是墓穴里居然有186具殉人骨架,成为全中国自西周以来发现殉人最多的墓葬,把秦国最高统治者的专横残暴显露无遗!同时还发现墓葬椁室中有柏木"黄肠题凑"椁具,这也是自有中国考古学以来,已知的周秦时代最高等级葬具;椁室两壁外侧的墓碑是中国墓葬史上最早的墓碑实物。尤其是大墓中出土的石磬是中国发现最早刻有铭文的石磬。最珍贵的是石磬上的文字多达180多个,字体为籀文,酷似"石鼓文",依据其上文字推断墓主人为秦景公。从文学人类学的研究范式而言,这件刻字石磬真是不可多得的二重证据兼四重证据。

玉戈自从在陕西神木石峁遗址龙山文化中出现以来,流行于商周两代,到春秋时期就逐渐减少。秦景公大墓中出土的大型仿铜戈之玉戈,长13.6厘米,高11.8厘米,内长3.5厘米,

1　刘云辉:《陕西出土东周玉器》,文物出版社,2006年。

2　拙文:《物的叙事:史前陶靴的比较神话学解读》,《民族艺术》2009年第2期。

厚0.5—1.2厘米。这是目前仅见的唯一一件优质白玉戈,其玉质润泽有光,直援直内,长胡三穿,援上下两侧开刃,刃后部磨出凹形槽。学界专家的推测是,这是秦景公出行时所使用的仪仗性玉器,难怪其玉质和工艺品位显得如此出类拔萃。

九 小结:齐家文化源流问题

2月1日恰逢传统的小年。陇县街道上已经响起鞭炮之声。考察团一大早告别陇州宾馆,先取道白雪覆盖之下的关山牧场,不料因雪大,山中道路封堵,只好退回陇县再找大路翻越大关山。下午来到张家川县,匆匆地考察县博物馆和马家源西戎贵族首领墓地。戎族人的那一大批耀眼的金银器和马车饰件,给大家留下深刻印象。这毕竟是与中原华夏族的文物呈现不同风貌的骑马民族的文化。再从张家川至清水县,已经是日落时分,赶紧考察县博物馆。除了一批精美的先秦金银器以外,黄帝故里清水县的熊神博山炉引起我的兴致,回来后写出相关考证小文一篇。[1] 2月2日晨从清水驱车回到天水市博物馆,先考察拍照,随后在馆内会议室召开专家座谈和总结会。

会后反思九次考察所获得的实地经验,可以提炼出的初步新认识在于,对中国史前西部玉文化脉络的把握方面,从朦胧和模糊不清状态转化为逐步清晰起来的全景图。这主要体现在两个方面:

第一,齐家文化及其玉文化的来源:常山下层文化玉器。

---

1 拙文:《汉代天熊神话钩沉——四重证据法的证据间性申论》,《民族艺术》2016年第3期。

对常山下层文化的研究相当薄弱。关于它是不是一个独立的史前文化,它和陕西境内发现的客省庄文化[1]、宁夏海原县发现的菜园文化是什么关系,目前也还多有争议[2]。1993年甘肃礼县县城以东13千米的永坪乡大堡子山秦公墓地被严重盗掘,大量珍贵文物流失海外,震惊了国内外的学术界。考察团在千阳县下榻的那一晚,听当地的一位文物商说,20世纪90年代远近最知名的出产文物之乡就是礼县,各地的商贩和盗掘者闻风而至,约有十万人之众,大堡子山上下人头攒动,连卖冰棍和羊肉串的都蜂拥而至。事后,甘肃省文物考古研究所于1994年3—11月对墓地进行了抢救性发掘和勘探。2004年3—4月,又组织联合考古队对西汉水上游干流及其支流漾水河、红河、燕子河、永坪河流域,东起天水市天水乡,西至礼县江口乡约60千米的范围内进行了踏查,几乎走遍了河流两岸的每一处台地。共调查遗址98处,其中,仰韶时代文化遗址61处,龙山时代文化遗址51处(包括常山下层文化和齐家文化),周代遗址47处(包含周秦文化的遗址37处,包含寺洼文化的遗址25处)。这是对天水地区较大规模的遗址调查,基本上可以梳理出一个可信的史前期考古学文化的发展序列。而不再简单地套用"仰韶文化—齐家文化"的大一统模式。[3]

1. 仰韶文化
2. 常山下层文化、案板三期文化(庙底沟二期文化)(龙山

1　胡谦盈:《试论齐家文化的不同类型及其源流》,《考古与文物》1980年第1期。

2　宁夏学者薛正昌的《黄河文明的绿洲——宁夏历史文化地理》一书对此有简介,宁夏人民出版社,2007年,第7—10页。

3　甘肃省考古研究所等:《西汉水上游考古调查报告》,文物出版社,2008年,第259—269页。

文化早期）

3. 齐家文化（龙山文化晚期）

4. 商周文化（寺洼文化等）

5. 秦文化

根据联合考古调查报告，该地区相当于龙山早期的文化遗存主要有两类：一类是常山下层文化因素，另一类是案板三期文化因素（或者说庙底沟二期文化）。常山下层文化的遗址发现不多，有盐官镇新山、盐官镇东庄、盐官镇玄庙嘴、盐官镇马坪山、盐官镇高城西山、祁山乡祁山堡、长道镇左家磨东、长道镇盘龙山、永兴乡赵坪、城关镇雷神庙……陶系主要为泥质橙红色、砖红色或橙黄色，还有一些泥质灰陶。[1]常山下层文化带耳器发达，2005年在礼县城关镇西山遗址还发掘出双耳罐和三耳罐，耳与口沿齐平，有的与齐家文化双大耳罐的形态已经非常接近。这就给齐家文化的起源带来器物学的明证。西汉水一带的常山下层文化发现玉器不对，但同一个文化在陇东地区却有玉礼器出现，给中原龙山玉器与齐家文化玉器之间架设起交流沟通的中介和桥梁[2]。

第二，齐家文化玉文化流向：先周文化玉器。灵台等地先周文化玉礼器的存在，给周文化玉器的起源找到西北本地的根源，或许对商代玉文化也有相应的影响。齐家文化在距今3 600年之际走向衰亡，其玉礼器传承由于先周人和周人的作

1　甘肃省考古研究所等：《西汉水上游考古调查报告》，文物出版社，2008年，第270页。

2　相关的探讨和争鸣，参看谢端琚：《试论齐家文化与陕西龙山文化的关系》，《文物》1979年第3期。张忠培：《齐家文化研究》，《考古学报》1987年第1/2期。梁星彭：《齐家文化起源探讨》，见《黄河中上游史前、商周考古论文集》，社会科学文献出版社，2015年，第108—120页。

用,为商周以下的华夏玉文化注入活力。可以说,要不是先周玉器和周人玉器的承接作用,齐家文化玉器传统或许就因为后继无人而永久沉寂和失传了。实际上,素面不加雕饰的玉璧之类,直到东周和汉代仍有继续生产的情况。目前研究西周玉器已经形成热点,而对先周玉器的研究则非常薄弱。在中国知网上搜索关键词"先周玉器"或"先周文化玉器",结果居然没有一篇完全切题的相关文章。

以上两点认识,代表此次考察在学术观点上的重要推进,这也预示着下一步的调查和研究方向。熟知非真知。两年多来的九次玉帛之路考察,覆盖西部七个省区,驱车总行程约两万公里。总算能够把19世纪西方人命名的"丝路"在中国段的形成之真相,说出个其然和其所以然的大致道理。若用四个字来概括,就是"玉成中国"。

（原载《百色学院学报》2016年第2期）

鹗熊再现镇原

2016年元月29日，第九次玉帛之路考察团在镇原县博物馆参观拍照。常山下层文化的佩玉巨人墓葬景观，给大家留下深刻的印象和更多的思考。震惊之余，有两件不大起眼的器物，对别人似乎没有什么吸引力，对我而言，却如遇神助一般。这就是出土于当地汉代墓葬中的两件彩釉陶器：一件是现场展出的黄釉鸱鸮立像（图97），出土于屯子镇包城村，高18厘米；一件是《镇原博物馆文物精品图集》第42页展示的红釉神熊坐像（图98），征集于城关镇东关村，高19厘米。汉代人为什么喜欢在制作随葬冥器时塑造出此类的鸮与熊之陶像，这一鸟一兽的陶塑像，会有什么讲究呢？

图97　汉代黄釉鸱鸮，摄于镇原县博物馆

图98　汉代红釉色陶熊，镇原县博物馆藏品

2015年，我出版一部国学新知识普及型的《图说中华文明发生史》，总结出一个从文化大传统到小传统的远古神圣图腾大置换原理。这个原理在讲学时概括为两句顺口溜，叫做"姬姜从女王"和"鸮熊变凤龙"。姬和姜是黄帝和炎帝的姓，喻指黄炎二帝为早期华夏社会形成期的统治领袖。姬姜

二字皆从女旁,这似乎表明远古姓氏由来以女性为核心的社会文化现象,学术上与此相对应的术语叫做"母系氏族社会",古书上则称为"知母不知父"。黄帝族崇拜熊图腾,故其国号为有熊。从黄帝的孙子颛顼,再到夏代始祖鲧和禹,再到后代的楚国王族,崇拜熊的文化现象一直没有中断,表现为鲧化黄熊神话,大禹治水化熊开山(轩辕山,这个山名就隐喻着黄帝族名号记忆)神话,以及历代楚王登基后由芈姓改称熊某的惯例。最近热闹一时的电视连续剧《芈月传》让"芈"这个冷僻的姓风靡天下,变得尽人皆知,却很少有人知道,这本是楚王族的尊姓,却在登上王位后一律不再称"芈",而要改称"熊"。从有人解释这是以氏为姓,其实不然,这是对黄帝有熊圣号的一种呼应,隐含着熊图腾的远古信仰真相。司马迁《史记》所记,楚国始祖从鬻熊到熊丽、熊狂、熊绎、熊艾,一直到亡国之前不久的楚考烈王熊元,一共有近三十代王,都以熊为圣号。楚国被秦国所灭,熊图腾或熊神的文化记忆通过汉代的文物造型而继续着其深远的传承。那就是汉画像石中常见的天国仙境中的天熊形象,有时位于西王母和东王公的中央位置,显得非常突出和无比神圣。还有汉代陶器青铜器经常见到的三熊足造型模式,其隐喻的神话宇宙观是:神熊顶天立地,贯通天地人鬼三界。

至于鸮即猫头鹰,从仰韶文化到红山文化一直崇拜为尊神化身(图100)。和整个欧亚大陆上史前时代发现的母神信仰一样,猫头鹰是代表昼夜更替现象的阴阳转换之神,也就是隐喻着生命和死亡相互转换的母神。到商代时作为鸟图腾的正宗形象,压倒夏代的熊图腾,大量出现在殷商文物造型中。国家博物馆和河南博物院的双料镇馆之宝,安阳殷墟妇好墓出土的一对精美无比的青铜器鸮尊(图99),就是商代图腾信仰

图99　商代鸮尊是汉代陶鸮的原型，安阳殷墟妇好墓出土，国家博物馆藏品

图100　陕西华县出土仰韶文化陶鸮面，距今6 000年，摄于北京大学塞克勒考古与艺术博物馆

以鸮为"玄鸟"的明证。更不用说台北南港的"中研院"博物馆陈列的殷墟1001大墓出土大理石神鸮形象了。西周人推翻商朝，为取代玄鸟崇拜而特意炮制和宣扬"凤鸣岐山"神话，从此后的国家意识形态将鸱鸮完全妖魔化，打入冷宫，成为凤凰的对立面，影响到随后三千年的中国文学表现传统。文人墨客将鸱鸮贬为恶鸟和不孝鸟，再也不能抬起头来。虽然有西汉大文豪贾谊作《鵩鸟赋》，依然让鵩鸟即猫头鹰充当智慧大神的角色，但是时代语境变迁，大传统的神圣已经日渐失落。猫头鹰还是被后人曲解为勾魂的神秘使者，暗示着死亡与灾祸。唯有汉代文物造型中，在随葬阴间冥府的冥器一项中，保留着远古母神鸱鸮的身影，那就是形形色色的陶鸮。最显著的是三门峡博物馆展出的一件汉绿釉陶鸮，器形硕大而威武，多少保留着商代青铜鸮尊的神圣性色彩。相比之下，镇原县博物

图101 河北易县出土战国鎏金铜牌鸮
熊抱双羊线描图

馆展出的这件黄釉陶鸮就显得小巧玲珑一些，唯有圆圆的一对大眼睛，似乎在活灵活现地注视着千古之后的所有参观者。

鸮与熊合为一体的神话化形象，在上古艺术中也有所表现的，如河北易县出土战国时代的鸮熊抱双羊鎏金铜牌（图101）。汉语成语"一代枭雄"的原型，就应该是此类神话化的鸮熊形象。至于"英雄"与"鹰熊"的谐音联想关系，已经有乾隆皇帝的御制诗句在先，这里就无需再多费笔墨。

挑战『丝路』西方话语权：

还『玉帛之路』真相

——第九次玉帛之路考察

总结辞

唐代诗人戴叔伦《塞上曲》云：

汉家旗帜满阴山，不遣胡儿匹马还。愿得此身常报国，何须生入玉门关。

末句用东汉名将班超的典故。班超一生在西域征战三十年，暮年垂老时上疏请归，有"臣不敢望到酒泉郡，但愿生入玉门关"二句。此后，文人习惯将玉门关视为胡汉分界的标志、华夏国门所在。王建《秋夜曲》云："玉关遥隔万里道，金刀不剪双泪泉。"王建用"玉关"简称来串联起玉门关两端的万里道路，若不是运送美玉之路，路上关口怎能叫玉关？李益干脆用"入关"二字概括从外部进入玉门关。无论是为"丝绸之路"命名的德国人李希霍芬，还是著有《佛教征服中国》的荷兰汉学家许里和，都不曾推敲过玉门关得名的中国原因。在他们眼中，玉门关只是丝路或佛路上一个普通站点而已。本土的交通要道就这样被外国人在殖民时代用欧洲人的视角加以命名为"丝路"。

玉门关与这条文化大通道上运输的玉石真的无关吗？

本着对本土文化自觉和重建中国话语的初衷，2014年6月至2015年9月，中国文学人类学研究会先后组织八次玉石之路田野考察，驱车总里程约二万公里，聚焦河西走廊及其两端的古代交通路线，尝试弄清和相对复原古代西玉东输的"路网"。这八次考察始于山西大同盆地至雁门关一带，那是先秦时代西来文化的进关路线及关口，直到明代时其关口位置略有变动；终于新疆的若羌、且末、于田、和田、墨玉县，那是昆仑山连接阿尔金山及河西走廊的主要运玉路线站点，上古时期沿塔克拉玛干沙漠南缘分布主要绿洲所在。在那里，分布着一系列的早期佛教遗迹：如和田地区民丰县的尼雅佛寺、民丰县东南的安迪尔佛寺、若羌县东北罗布泊西岸的楼兰佛塔、尉犁县东南孔雀河边的营盘佛寺和佛塔、若羌县城东70公里处的米兰佛寺佛像，等等。2003年新疆考古工作者在罗布泊南面古城遗址发现古墓，发掘出一件彩绘佛像的绢衣。问题随之而起：中国玉石之路的田野考察为什么自始至终都在发现玉石的同时，与佛教和石窟寺佛像不期而遇呢？自新疆和田至中原的数千公里的漫长路途中，华夏本土信奉的神圣信仰表现为物质化的玉石及其运输路线，而外来的佛教信仰则表现为佛教建筑及以佛陀为中心的巨型偶像塑造。后者更加具有艺术化的观赏性，以至于今人在欣赏自龟兹克孜尔石窟、敦煌莫高窟、张掖马蹄寺石窟、武威天梯山石窟、永靖炳灵寺石窟、天水麦积山石窟，一直到山西大同云冈石窟和河南洛阳龙门石窟的整个佛教造像衍生系列时，几乎没有人意识到石窟佛像传播所走过的路线，原来就是西周以来日益繁忙的运送和田玉给中原国家统治者的玉石之路。

在这一条近4 000公里的传播路线上，自新疆南疆到敦煌和河西走廊的佛像传播主要是皈依佛教信仰的印欧语系民族如月氏人完成的；而自武威天梯山石窟到大同云冈石窟这1 000多公里的传播，则是由北魏统治者拓跋氏完成的。大同当时就是北魏的国都平城，随着从平城到洛阳的迁都行为，洛阳龙门石窟的开凿原来还是拓跋氏的贡献！

早在夏王朝以前的尧舜时期，新疆的和田玉就通过印欧语系的大月氏人，输送到中原国家。我们据此判断玉石之路上西玉东输的历史有约4 000年，相比佛路和丝路的2 000年，确实有大传统与小传统之巨大差别。问题在于，为什么在同一条道路上传播玉石的人和传播佛教的人，主要都是非华夏民族之印欧人种的分支呢？这是一个十分耐人寻味的问题。汉武帝派张骞出使西域的目的就是联合大月氏，共同对付强敌匈奴人。虽然联合月氏的初衷没有实现，但这件史实至少可以表明：中原华夏国家与游牧在西北的印欧人种的关系，要大大好于和北方草原新崛起的游牧族匈奴人。如果还要进一步追问其所以然，那么目前除了玉石之路大传统的存在以及活跃在此路上的不同人种间因互利互惠而达成"化干戈为玉帛"之和谐关系以外，还没有什么更恰当的解释。

中国式的和平理想表达方式为什么自古就以"化干戈为玉帛"这样一句尽人皆知的成语来呈现？来自深厚的中国历史经验的民族团结理念，还有比这更实在更精当的表达吗？迄今还没有过，今后恐怕也不会有。

（原载《丝绸之路》2016年第6期）

踏破铁鞋有觅处

西部七省探玉路

——九次玉帛之路

考察成果综述

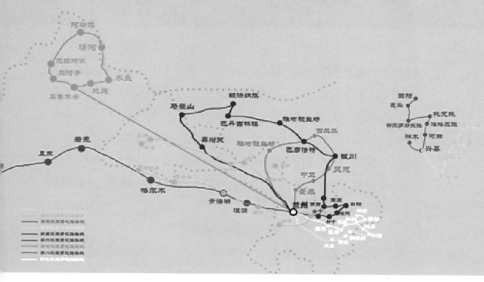

图 102　九次玉帛之路考察（2014—2016）路线汇总图

一　玉之所存　道之所在

在完成中国社会科学院重大项目"中华文明探源的神话学研究"过程中，跟随着问题意识的指引，获得一个始料未及的重要认识，我们这个华夏古文明的发生发展，原来是建立在一种特有的"资源依赖"基础之上。即由某种神圣化的玉石需求，驱动着史前期东南西北四方的玉文化玉礼器生产潮流，经过数千年的相互作用与融合，随后汇聚为中原玉礼器体系，并驱动着中原国家最高统治者的行为，催生 4 000 年延续不衰的"西玉东输"运动。其根本原因是中原地区所缺乏优质玉石原料，恰恰是西域地区的特产。这当然不只是一种物资的开采运输所带来的经济贸易活动，其初始的驱动力是上层建筑方面的神话信仰观念，以某种地方特产的最优玉石作为代表天意和神意的符号物，由此获得天人合一的精神满足与保佑心理，能够给中央政权提供合法性的证明（参看《中国文化信仰之根的玉石叙事》访谈录，《当代贵州》2015年第10期）。中国民间熟知的所谓"人养玉玉养人"之说，直到今天还是平民百姓们津津乐道的精神信念。这个信念曾经给华夏最高领袖们带来痴迷一般的对神圣化玉石的渴求，以楚国的卞和献玉璞传奇和秦昭王渴求和氏璧的故事为登峰造极的历史呈现。不然的话，一部上古奇书《山海经》里怎么会记录着140座山出产玉石！不然的话，西周的最高统治者周穆王怎么会不远万里亲自到新疆昆仑山跑上一趟呢！不然的话，张骞的凿空西域之团队怎么能从于阗南山采来玉石标本，让汉武帝亲自查验并翻阅古书资料，给昆仑山再度去命名呢（参看《史记·大宛列传》）！

　　要想知道华夏文明是怎样从史前时代的"满天星斗"的地方性政权各自为政的局面，转变成夏商周时期的中原早期国家崛起（有专家称之为"月明星稀"的过程），一个无法忽视的方面就是玉石的崇拜和信仰是如何传播并拉动新疆和田玉输送中原王朝的伟大运动。为了能够充分认识这一方面的历史真相，除了到国家西部的大地上去做艰苦卓绝的和广泛的实地探查，几乎没有什么捷径可以走。也没有更多的前代文献可以查看。于是乎，自2014年夏开始，笔者借助于一个非政府组织——中国文学人类学研究会的学术平台，联合《丝绸之路》杂志社和国内的多个省市和单位，发起了中国玉帛之路文化考察活动。两年来总共完成九次有计划的田野之行，即总计两万公里的实地踏查工作，基本覆盖了西部七个省区所有已知的产玉之地。如今考察团成员可以很自豪地说，自《山海经》一书问世至今，还没有什么人比我们更清楚中国西部有多少出产优质玉石地方，每个地方产出什么样的玉石，以及运送玉石通往中原地区的路径情况。自周穆王以来，也还没有人比我们更加痴情于弄清楚西行取玉的路线图之细节。

以下就是九次考察的具体内容及已经发表的相关调研成果：

第一次考察：玉石之路山西道（雁门关道与黄河道：大同—代县—忻州—太原—兴县—北京）。2014年6月完成。这一路径的考察主要看玉石之路的早期进入中原之路线，希望探明周穆王路的出关段、尧舜禹时月氏（禺氏）玉路的具体情况。本次考察除了认识雁门关对战国时代以前的西玉东输路线的关键意义，更重要的新发现是龙山文化时代玉石之路黄河道的求证，在邻近黄河的山西兴县碧村小玉梁发现龙山文化建筑遗址和玉礼器群。这就和黄河西岸陕西方面神木石峁遗址玉器群的发现形成对应局面。给下一步的研究带来一个突破口。

考察成果有：《玉石之路黄河道刍议》（《中外文化与文论》2015年第29辑），《玉石之路黄河道再探》（《民族艺术》2014年第5期）。此外，《百色学院学报》2014年第4期"文学人类学专栏"刊登两篇报告：拙作《西玉东输雁门关——玉石之路山西道调研报告》和张建军《山西兴县碧村小玉梁龙山文化玉器闻见录》。

第二次考察：玉帛之路河西走廊道。2014年7月完成，行程达到4 000公里。也可视为"齐家文化—沙井文化—四坝文化之旅"，希望探明西部的史前玉文化即齐家文化向西覆盖延伸的情况，及其与河西走廊一带的史前文化之关联，摸清西玉东输的早期路径情况。具体行程路线是：兰州—民勤—武威—高台—张掖—瓜州—祁连山—西宁—永靖—定西。每到一处，必看史前文化遗址和县博物馆所藏玉器。学术上的主要收获是根据新发现的古代玉矿分布情况，提出"游动的昆仑山"和"游动的玉门关"命题（参看拙文《游动的玉门关》,《丝绸之路》文化版,2014年第19期;《金张掖,玉张掖》,《祁连风》2014年第4期;《重逢瓜州日,锁定兔葫芦》,《兰州学刊》2014年第5期等）。考察团认识到,瓜州有可能曾经充当古代多处玉石资源输入中原国家的集散地或汇聚点,即肃北、瓜州北部大头山,加上原有的新疆和田地区及其他地区。我们在瓜州沙丘包围中的文化遗址——兔葫芦遗址所进行的一日考察中,看到有被切割的多种玉石料堆积现象,目前尚不能准确认定其年代归属,但是可以判断出存在着不同地区的不同玉料汇聚瓜州的情况,结合当地学者根据田野调研得出的瓜州地区四处玉门关的新认识,确定日后的研究可以聚焦到瓜州双塔村的兔葫芦等重要遗址。

由于西玉东输文化运动在历史上持续时间很长,可以看成是玉教神话信仰驱动下的多米诺文化现象,可以探究的问题很多,尤其是在以比较文明史的国际视野审视其凝聚和催生华夏文明核心价值方面。故宫博物院前任院长郑欣淼先生从北京经敦煌赶来瓜州,加入考察团的后半程行动。他对玉帛之路考察活动的文化史意义给予一再的强调。甘肃省委宣传部的连辑部长出席本次考察的出发仪式并授旗,还作了重要讲话。

此次考察人员多,成果较为丰富多样,计有：1. 玉石标本采样。2. 考察报告。3. 电视片四集《玉帛之路》,武威电视台2015年正式播出。4. 报告文学与考察笔记,如《乌孙为何不称王——玉帛之路踏查之民勤、武威笔记》(《百色学院学报》2015年第1期)、《鸠杖·天马·玉团——玉帛之路踏查之武威笔记(二)》(《百色学院学报》2015年第2期)、《玉璧的神话学与符号编码研究》(《民族艺术》2015年第2期)、《从玉教到佛教——

本土信仰被外来信仰置换研究之一》(《民族艺术》2015年第4期)、《玉石之路》(《人文杂志》2015年第8期)、《黄河岸边邂逅齐家文化》(《金融博览》2015年第8期)等。后汇集成书,出版为玉帛之路丛书,包括考察团成员七位(冯玉雷、易华、刘学堂、孙海芳、徐永盛、安琪、叶舒宪)的共七种,甘肃人民出版社2015年10月出版。5.《丝绸之路》专号2014年第19期。6. 与高台县和瓜州县联合共建中国文学人类学研究会甘肃分会的田野基地。7. 配合本次考察,在兰州西北师范大学举办了"中国玉石之路与齐家文化研讨会"。甘肃省考古研究所郎树德研究员、中国社会科学院考古研究所甘青工作队队长叶茂林研究员等在会上发言。

第三次考察:玉帛之路环腾格里沙漠道。2015年2月由《丝绸之路》杂志社独立完成。可称为玉帛之路"原州道、灵州道"沙漠路线考察。弄清楚今人视为畏途的戈壁沙漠区,在古代依然有商贸路径可以穿行,自河西走廊北出民勤至宁夏和内蒙古地区。可以视为河西走廊的北路支线。考察报告见冯玉雷《玉帛之路环腾格里沙漠路网考察报告》(《百色学院学报》2015年第1期)。

第四次考察:玉帛之路与齐家文化考察。2015年4月完成,借助于甘肃广河县筹备齐家文化国际研讨会之契机,展开先期调研,聚焦齐家文化玉料来源的调查,故可称为"齐家文化遗址与玉料探源之旅"。具体行程是:兰州—广河—临夏—积石山县—临洮马衔山—定西。学术上的重要进展在于根据甘肃榆中临洮交界处的马衔山玉矿及其标本采样数据,正式提出"中国西部玉矿资源区"的新命题,并在此基础上形成提交甘肃省政府的文化发展对策报告一份。考察成果见《丝绸之路》专号2015第13期。拙文有《齐家文化玉器与西部玉矿资源区——第四次玉帛之路考察报告》(《百色学院学报》2015年第3期),《三万里路云和月——五次玉帛之路考察小结》和《玉出二马岗　古道辟新途》(并见《丝绸之路》2015年第15期)。这一次是考察团第二次来到广河县参与齐家文化国际研讨会的筹备,同时还参与新建的齐家文化博物馆的布展和解说词起草工作,有力促进了一个西部贫困县的地方文化资源发掘与文化建设工作。

第五次考察:以"玉帛之路草原道"或"草原玉石之路"为名,在2015年6月完成,主要目的地是甘肃肃北马鬃山玉矿,兼及马鬃山以西的入新疆关口明水。这是通过内蒙古社会科学院投标国家社科基金特别委托项目"草原文化研究"之子项目"草原玉石之路"的调研计划。考察路线是:兰州—会宁—隆德—宁夏西海固地区—银川—阿拉善左旗—阿拉善右旗—额济纳旗—肃北马鬃山—嘉峪关—酒泉—兰州。本次考察的重点在于穿越巴丹吉林和腾格里两大沙漠地带,探明从额济纳旗向西到马鬃山、再向西通往新疆哈密的古代路网情况。通过草原丝绸之路北道的田野新认识,从多元的视角,厘清西玉东输的玉矿资源种类,理解早期的北方草原和戈壁地区运输路线与玉石玛瑙等资源调配有何种关系,与金属文化传播又有何关系,并尝试解说马鬃山玉料输送中原的捷径路线是否存在的疑问。本次考察出发的第一站就在甘肃会宁县博物馆看到深藏不露已久的齐家文化大玉璋,对其文化史意义作出及时评估。考察成果见《会宁玉璋王——第五次玉帛之路考察报告》(《民族艺术》2015年第5期),《草原玉石之路与〈穆天子传〉——第五次玉帛之路考察笔记》(《内蒙古社会科学》2015年第5期)。相关的图文报道见《人民画报》2015年第7期发表的秦斌文章《探秘玉石之路》。还有正在撰写之中的《玛瑙之路》等新的研究子课题。

草原文化，本是内蒙古自治区的社会科学专家在近年来针对中国的长江文化黄河文化而提出的概念，有一批新出版的著述汇集而成的"草原文化研究丛书"。若从人类学研究的产食经济—生活方式看，不妨更明确地称之为"游牧文化"。游牧文化是欧亚大陆腹地之中亚草原地带率先孕育出来的一种饲养家畜的和非定居的生活方式，由于其中包括家马、骆驼的起源和马车的起源，极大地影响到整个旧大陆的历史发展进程。据俄罗斯专家库兹米娜的看法：史前期中亚地区生环境中的半农半牧的混合型经济遇到危机，取而代之的便是放弃农业种植的纯粹游牧文化的崛起，而游牧文化的兴起同时给伟大的丝绸之路路线形成带来催化剂（库兹米娜《丝绸之路的史前史》，英文版第59页）。在中国北方草原地带展开的古文化调查，将给欧亚大陆桥的形成史研究带来新的视角和材料。

第六次考察：玉帛之路河套道，于2015年7月完成。行程为北京—包头—固原—阿善遗址，鄂尔多斯—保德—兴县—神木—府谷。考察寨子疙瘩等系列史前文化遗址及其出土玉器情况，特别是兴县猪山的龙山文化大型祭坛情况。考察成果见拙文《兴县猪山的史前祭坛——第六次玉帛之路考察简报》，《百色学院学报》2015年第4期。

第七次考察：玉石之路新疆北道，于2015年8月完成。考察路线是：兰州—乌鲁木齐—北庭—木垒—清河—阿勒泰—克拉玛依市—玛纳斯—乌鲁木齐。此行主要观察到草原鹿石和石人等古代游牧文化遗迹，兼及现代玉石市场上新开发的戈壁滩五彩石英石——金丝玉的出产情况。考察组从甘肃广河县出发，经兰州至乌鲁木齐，访问新疆文物考古研究所、新疆自治区博物馆、新疆文联、华凌玉器市场等。从乌鲁木齐东行至北庭,考察佛教寺院遗址,再驱车东行,至木垒县平顶山,由中国社会科学院考古研究所新疆队队长巫新华研究员接待,考察史前墓葬考古发掘现场;自木垒县穿越准格尔盆地北上至清河县,由郭物研究员接待,考察三道海子图瓦人文化墓葬和石堆金字塔、鹿石等。再驱车自清河县西行,抵达阿勒泰市,考察阿勒泰博物馆、戈壁玉市场、切木尔切克史前石人、石棺墓群遗址等。回程自阿勒泰驱车南下,途径克拉玛依、奎屯、石河子、昌吉,返回乌鲁木齐。

第七次考察可视为2015年来的第五、六次考察对象"草原玉石之路"的延伸。新疆北疆地区不仅以草原盆地著称,而且是贯通蒙古草原与中亚草原的中间地带。在草原岩画、草原石人文化和鹿石文化方面,都属于和蒙古草原一脉相承的文化传播带。

第八次考察:玉帛之路新疆南道及青海道,2015年9月完成。考察路线是:兰州—临洮马衔山—兰州,西宁、湟源、青海湖、乌兰、都兰、格尔木,再从格尔木北上,到花土沟、若羌、且末、民丰、于田、洛浦、和田、墨玉县、乌鲁木齐的新疆地质博物馆。

第七和第八次考察的路线设计就分别以新疆北疆和南疆为目标,南疆聚焦自阿尔金山至昆仑山一线的传统优质透闪石玉矿带分布情况,及其当代和田玉市场状况调研。在第八次考察进入新疆之前,还安排了再度考察甘肃马衔山玉料和首次考察青海玉主产地格尔木的行程。这样从格尔木一路西北行,穿越柴达木盆地和阿尔金山,进入新疆若羌。这就将古往今来中国西部主要的玉石产地基本上覆盖,相当于完成一次较为全面系统的玉文化资源普查。这样的新知识不仅对于理解古代文明有很大的益处,而且对于促进当代的玉文化开发和文化创意产业,也能有很好的学术指导意义。第八次玉帛之路考察的目标锁定为青海道至新疆南道，参与者有筹建中的新疆天阳昆仑文化研究中心，新首钢矿业公司河南分公司等新成员。考察地域跨越甘肃、青海、新疆三省区，单线行程3 000多公里。聚焦玉矿资源点约十个：甘肃临洮马衔山玉矿，青海乌兰"昆仑翠"玉矿，青海格尔木白玉矿，西藏拉萨"西瓜玉"，青海新疆交界处阿尔金山（花土沟，芒崖镇）糖玉矿，新疆若羌黄玉矿，且末糖玉矿，于田墨玉戈壁料，和田玉龙喀什河籽玉料，墨玉县卡拉喀什河（墨玉河）籽玉料。玉料信息和标本采样工作基本覆盖以上各矿点，大体上包括我国当今玉石原料的青海料和新疆料的主要产地。在第八次考察结束前的最后一个考察点是位于乌鲁木齐市的新疆地质矿产博物馆，那里展出各种玉石原料的标本。与考察组在各地采集的玉料相对照，能够更明确地掌握中国西部玉矿资源的总体情况。发表的相关成果有《新疆史前玉斧的文化史意义》（《金融博览》2015年第12期）、《若羌黄玉》（《丝绸之路》2015年第21期）、《白玉崇拜及其神话历史》（《安徽大学学报》2015年第2期）。

第九次考察：玉帛之路关陇道及陇东道。2016年1月25日至2月2日完成。路线是：兰州—通渭—庄浪—华亭—崇信—平凉—镇原—泾川—灵台—千阳—陇县—张家川—天水—西安。驱车行程约2 000公里。本次考察旨在探明齐家玉器向东的延伸分布、丝路东线之关陇古道情况以及民间收藏情况。重要学术收获是对齐家文化遗址密集出现的庄浪县及其与关山道、陇东文化的关系，尤其是"月氏道"的位置确认，对古密须国的认识，对平凉地区作为关陇文化互动中介的认识，对镇原县常山下层文化的初步认识，给齐家文化来源的认识带来启迪。同时也大大加深对中原龙山文化和西北齐家文化之间关系的认识。对齐家文化与先周文化和周文化的关系认识，关山两侧的秦陇古道及其文化互动情况，尤其是自齐家文化到寺洼文化和西戎文化的传承线索。考察成果见中国甘肃网即时发表的专家手记系列，及《丝绸之路》专号，2016年第6期。《百色学院学报》2016年第2期"文学人类学专栏"发表的《第九次玉帛之路考察记》等。

二 讲述前所未知的"中国故事"

由于古往今来的学者始终没有启动这样以玉石资源和玉石输送路线为主题的专业性和系统性考察活动，我们的九次考察的新知识积累与发酵作用，正在逐渐显现出来。有些认识是计划之中的，有一些完全是出乎意料的。从实地观察和实物资料中找到的历史信息量是巨大和空前的。这些方面，足以提炼为若干重要的研究和创作素材，讲出我们以往根本未知的或不可能想到的一批"中国故事"。借用天水市作协主席王若冰先生的评语："以'玉帛之路'追溯丝路古道历史渊源，是对丝路文明史正本清源的贡献。"

下面对此类题材做一个初步的归纳和简介：

其一，常山下层文化：齐家文化玉礼器传统的由来。通过物质文化交汇过程的探索，理解以齐家文化为代表的中国西部玉文化孕育与兴起的历史真相。齐家文化的源头为什么出现在陇东？陇东位于泾河上游，沿着"泾渭分明"的水路传播便与中原腹地（以渭河与黄河交汇处为轴心地带）的史前文化发生密切关联。与齐家文化相比，常山下层文化的年代较早，其玉礼器传统显然与中原和东部的玉文化源流有关，成为中国史前玉文化发展中的"东玉西传"最关键的中介者。未来可以追踪研究的问题是,常山下层文化与中原史前文化的源流关系与互动关系,如庙底沟二期文化、客省庄二期文化、案板三期文化、商洛东龙山文化等。

其二,先夏文化与夏文化:齐家文化与夏文化的关系研究。夏禹出西羌是古代文献中反复出现的重要信息。过去的理解缺乏整体认识的知识背景,包括民族史与文化史的互动视角。通过齐家文化及其玉礼器体系与中原二里头文化关系的比较和辨识,特别是陕西石峁文化的新发掘与认识,能够对夏文化起源中的西北因素给予切实可靠的物质证明与理论诠释。

其三,先周与西周文化:齐家文化玉礼器传统的去向。齐家文化的西北当地后继者,如四坝文化、寺洼文化、辛店文化、沙井文化等,都没有继承齐家的玉文化传统,使之在西北地区被迫中断,难以为继。倒是从陇东至宝鸡地区的先周文化,以及随后的周人文化,有效继承了齐家的玉文化传统,使之最后融入中原国家的玉礼器体系传承。这是一个非常有趣的新研究领域,需要说明的是,西北史前玉文化在甘青地区难以为继,却在关陇地区为周人继承,其民族学原因是什么? 周人既是以夏人后裔为族群文化认同的主体,也是华夏观念形成中的最基础的人种主体。与周人比邻和通婚的姜戎族或氐羌族,在陶器形制上便表现出明显的差异(如周人的连裆鬲与姜戎的乳状袋足鬲),其玉礼器传统的有无,同样体现的是华夷文化之别。需要聚焦的新问题是:在齐家文化与先周文化和周文化之间的关联性,是否能够考虑先夏文化与后夏文化的民族学辨识问题?

其四,马鬃山与马衔山:齐家文化玉料来源。中国史前玉文化的地域性分布，如红山文化和良渚文化、石家河文化等，大都以就地取材的玉料资源为其发生的物质基础。齐家文化玉器生产也不例外。过去不知道马鬃山与马衔山玉矿的存在，无法弄清齐家文化玉器的用料资源情况，如今的新认识刚刚揭开序幕，进一步探索的空间很大，如古代的祁连玉矿开发情况。

其五，玉石之路：齐家文化玉料东输路线图。相当于明确认识距今 4 000 年上下的西玉东输路线情况，用实证的玉石和玉器采样，重建失落的丝路史前史之中国段。这方面的未来工作以玉文化标本采样和 GPS 定位图的绘制、中国玉石之路博物馆筹建等为发展远景。其所能够拉动的文化创意与旅游新线路开发，是可以预期的。

其六，用玉石之路的原型作用及其文化置换，说明中国所以为中国的原理。探索西玉东输的常年积累，造就多线路的玉石之路，其所带来的文化传播之多米诺效应，波及丝绸的向西出口和佛教石窟寺的东传，在具体的考察资料梳理基础上，瞄准以往的学术研究空缺，提示文化传播中的因果链条和时代变化。已发表论文《从玉石之路到佛像之路——本土信仰与外来信仰的置换研究之二》(《民族艺术》2015 年第 6 期)，《从玉教说到玉教新教革命说——华夏文明起源的神话动力学解释理论》(《民族艺术》2016 年第 1 期)，《多元如何一体：华夏多民族国家构成的大传统奥秘》(《跨文化对话》总第 35 辑，三联书店，2016 年)、《多元"玉成"一体——玉教神话观对华夏统一国家形成的作用》(《社会科学》2015 年第 3 期) 等，对中国所以为中国的人文地理要素与精神信仰要素之间，找出本土文化理论建构的契机。

其七，玉石之路关山道：揭示秦文化东进中原并最终统一中国的奥秘。第九次考察的新认识。最后两天穿越千河流域的关山飞度，聚焦秦人从甘肃东进中原的路线，观摩了张家川县马家塬西戎墓地发掘现场，以及清水县战国西戎墓地出土的金银器，体会了先秦古书中所说秦人与戎狄杂居的真正含义，以及秦人兵器领先、马车和车战技术领先，以至于最终能够武力统一中国的奥秘。可以说玉帛之路的实地考察，逐渐让我们明确中国之所以为中国的深刻学理。为什么秦统一后要熔化天下之金属兵器，用一件至高无上的宝玉和氏璧打造象征天命和权力的传国玉玺？关于秦人族源问题目前学界有东来说和西来说，相持不下。我们认识到，东来的玉文化和西来的金属兵器文化和马文化，正是成就秦人丰功伟绩的关键文化融合要素。

三　玉帛之路：重建中国文化品牌与中国话语

　　在文化自觉与反思西方学术话语的背景下，为重建中国人拥有自主知识产权的国家文化品牌，九次玉帛之路考察活动，提炼出一个现实的文化建设目标——将有数千年历史的中国玉石之路申报世界文化遗产。为了和当下流行的"一带一路"国家战略相呼应，玉石之路的系列考察活动又借用中国人熟悉的古汉语词汇，从本土立场出发，重新命名为"玉帛之路"考察活动，希望能够比源于西方人的丝路说更完整地体现这一条中西交通要道形成史的真相和因果链条。

　　新时期以来的文学人类学一派跨学科研究，打通文史哲和考古学、神话学，倡导实物证明的四重证据法，将八千年延续至今的玉文化作为华夏文明发生的一条文化主脉。发源于西辽河流域的史前玉文化，经过约四千年的传播，覆盖到中国大部分地区。并找出史前玉文化传播的信仰原因，概括为以玉为天和以玉为神圣的玉石神话系统，作为先于文明国家而形成的一种"国教"，积淀为华夏国家的核心价值观。无论是儒家的君子比德于玉伦理观，还是道家的玉皇大帝信念，琼楼玉宇的天国想象，乃至"宁为玉碎"的舍生取义精神，以"温润如玉"为理想的艺术美学，无不发源于史前的玉石崇拜神话。考古学提供的出土玉器叙事链，表明华夏文明及其独有的核心价值理念足有八千年历史，堪称举世罕见。研究表明，中国玉文化史潜藏着一种巨大的文化资源，亟待从国家文化战略层面给予重视和开发。基于九次玉帛之路考察的西部田野经验，2016年初以国家社科基金重大招标项目"中国文学人类学理论与方法研究"课题组名义提交的对策报告《玉文化重建中国文化品牌》指出：

"玉帛之路"的提出，可以成为一场中国本土文化重新自觉运动的开端及助推器，促进人文学术知识创新的起跑点，也能够成为拉动文化产业和经济转型的符号资源。

当今的大国崛起之现实需求，逼迫出新的学理问题，那就是重新认识中国文化的特质，确认中国传统的核心价值。随着一带一路战略的实施，给西部大开发的方式带来转变：从自然资源开发到文化资源开发，当下可实施的是横贯"陕甘宁青新"五省区的玉文化旅游路线设计。

千里之行，始于足下。玉之所存，道之所在。

前人植树，后人乘凉。玉帛互动，千秋万代。

（原载《丝绸之路》2016年第13期）

2015年草原玉石之路（第五次玉帛之路）考察纪要

（上海交通大学人文学院博士生） 丁 哲

摘要：2015年草原玉石之路调研，聚焦甘肃新发现的玉矿资源，探寻从玉矿资源地到达中原国家的运输路线，特别是经过两大沙漠地带的草原之路情况，试图从文化传播和信仰传播的视角找回驱动华夏文明发生的玉教信仰之根。

关键词：草原玉石之路　文学人类学　马鬃山　额济纳

2015年6月7日，相关专家学者聚会兰州。8日，2015草原玉石之路（第五次玉帛之路）文化考察活动在兰州启动，该活动由内蒙古社科院"草原玉石之路"项目组、上海交通大学、甘肃丝绸之路与华夏文明传承发展协同创新中心主办，西北师范大学《丝绸之路》杂志社、中国甘肃网、中国文学人类学研究会甘肃分会承办。这次活动是"2014玉帛之路文化考察活动"的延续，希望依托甘肃以及全国各地长期致力于华夏文明、玉石文化以及丝绸之路方面研究的专家，共同研究、挖掘、弘扬玉石之路深刻的文化内涵。

6月8日早晨，考察团从兰州出发赶往第一站，甘肃会宁县。在会宁县委宣传部郭副部长和会宁博物馆的马馆长特意安排下，考察团得到特殊礼遇，进入文物库房，上手观摩和拍摄馆藏的玉器。该馆收藏文物中最令人振奋者，就是1976年会宁头寨子镇牛门洞遗址出土的大玉璋。此器长54.2、宽9.9、厚0.2—0.1厘米，是尺寸最大的齐家文化玉器之一，仅有青海喇家遗址出土的大玉刀比它更大一些。玉璋为青黄色玉质，在光线暗淡中呈现为黑色，用光照则显现为黄色。玉璋下部分别有三个单面穿孔，中部残断后修补。阑部有凹槽，一端两小牙，一端一小牙。通体打磨抛光精细，因为极薄，好像一大刀片。这应该是齐家文化玉器中仅见的玉璋精品，级别之高，罕有其匹，称之为齐家文化玉璋王，一点也不夸张。

当天下午，兴奋的考察团满载收获作别会宁，驱车前往第二站，宁夏回族自治区隆德县。在中途考察了隆德沙塘镇和平村北塬新石器遗址。据隆德县文物管理所刘世友所长介绍，该遗址发掘面积400平方米，清理房址9座，灰坑多条。其中窑洞式房址1座，保存基本完好，分洞室、过洞、洞前活动面三部分，出土有石器、陶器、骨器等。在隆德县文物管理所，考察团遇见了第二个"惊喜"——一块直径达36厘米的齐家文化大玉璧。考察团团员们称它为"玉璧王"。这块1988年出土于隆德县页河子的玉璧，其尺寸之巨，在西北史前文化中也属罕见。

6月9日晨，考察团出发翻越巍巍六盘山，于当天中午抵达第三站，宁夏固原市。考察团在馆长魏瑾研究员的陪同下参观了固原博物馆，集中拍摄齐家文化文物，特别是该地区出土的玉器。

当天下午，考察团赶往彭阳，不料因为司机不熟地形，选错了山路。颠簸近三个小时后，车子终于到达第四站，宁夏彭阳县。此地考察的重点是县文管所收藏的玉器。承蒙杨宁国所长慨允，考察团得到特殊礼遇，进入文物库房，上手观摩和拍摄玉器。彭阳县文管所收藏的玉器以齐家文化为主，多为当地考古出土、采集和征集所获，虽仅十数件，但涵盖齐家文化玉器常见器类，且有不少精品，基本反映了齐家文化玉器的特征。值得注意的是1986年从彭阳白阳镇店洼村征集的一件玉璧。外径16.1、内径6.4、厚0.9厘米，青黄色玉，局部有褐色斑。原断为汉代，1996年国家文物局专家将之定作新石器时代（一级文物）。但是，此物器形极其规整，作正圆状，显然为大口径金属管钻套打成形，这和新石器时代玉璧那种削方成圆磨出的不规则圆形有异；内孔上下笔直，边沿规整，表面有细密纵向磨痕，而新石器时代晚期，尤其齐家文化玉璧内孔是单面管钻，另一面击穿制成，为"喇叭"形，其中小口径孔的边沿多崩口；玉璧内外边沿截面保留有细密规则的纵向划磨痕迹，这是二次精修打磨使然，也与早期玉璧粗犷的横向磨痕不同；另外，器表平整、光滑，未见早期玉璧表面常有的切割和磨蹭痕迹。综上，此玉璧表现出较新石器时代更晚的特征，由于表面光素无纹，无法断定其确切年代，但从犀利规则的工艺特征判断，这件玉璧有战国时期制作的可能性，当然这需要日后的进一步研究。

6月10日早，考察团从固原出发西行，沿着六盘山脉的西边余脉，到达第五站，宁夏西吉县。经过特别请示，考察团获准对西吉县文管所收藏的一件著名的凤纹大玉琮进行观摩。据文管所工作人员郭菲介绍，此玉琮是20世纪80年代县由文物工作者在白崖乡农民家中用一袋尿素换购而来的。因为其出身的神秘性，还因为它特有的凤鸟纹饰，引发学界的持久争议。一种观点认为它是齐家文化玉器；另一种观点认为是西周玉器；还有一种观点认为是齐家文化玉器的传世品，明清时代有好事者在上面雕刻出凤纹。经过观摩，考察团一致认为这是一件齐家文化玉器。理由是：其一，玉琮用料是齐家文化玉器中常见的带有深色斑纹的青玉，光照下呈亮黄色，表明其玉质优良，吻合齐家文化的玉料特征。其二，40倍放大镜观察其表面和孔内的加工痕迹，符合齐家文化制玉工艺。其三，玉琮的形制也属于齐家文化玉器风格。玉琮表面的凤鸟形象虽刻画随意，但整体造型已接近明清时期的成熟风格，故断其为明清时代加琢应当不会有大的问题。

当天中午，考察团离开西吉，驱车翻越月亮山、南华山，前往第六站，宁夏海原县，这也是西海固地区的最后一站。菜园新石器时代文化遗址就在海原县城西南10公里处,而在分布地域上,菜园遗存与齐家文化有大片的重合区,因此,考察团期待着在海原文物管理所能"收获"齐家玉,无奈仅藏于此的一件玉璧和一件玉琮均已被银川博物馆借调,空留遗憾。下午4点半,因要赶往第七站,宁夏银川市,考察团不得不放弃考察菜园村文化遗址。当晚23点,考察团部分成员在银川下榻的酒店与宁夏文保中心主任马建军和宁夏社会科学院历史研究所所长薛正昌等专家进行了座谈。座谈结束时已经是次日凌晨。

6月11日早,考察团车出银川,穿过贺兰山,过三关口,进入内蒙古阿拉善盟境内。中午抵达第八站,阿拉善左旗巴彦浩特镇,团员们考察了盟博物馆和奇石玛瑙市场。下午2点,考察团出发向阿拉善右旗前进,这段路程有538公里,是开始考察以来最长路程的跨越。驱车3小时后,行至腾格里沙漠,刚入阿拉善右旗界,考察团中叶舒宪教授等人下车在沙漠采集玛瑙标本,引得大家纷纷下车捡玛瑙,大家大大小小都有收获,旅途的疲劳一扫而空。考察团穿越腾格里沙漠,经过了夕阳染红的曼德拉山和雅布赖山,在夜幕中赶到第九站,阿拉善右旗巴丹吉林镇,已经是22点了。

6月12日早晨,考察团前往阿拉善右旗文管所观摩文物。活动的具体负责人是旗文化文物局副局长范荣南。据范局长介绍,总面积7万多平方公里阿拉善右旗从来没有开展过正式的考古发掘,所有文物都是在普查和田野调研时采集、征集来的。该旗所的发现文物中,最有特色者除马家窑文化彩陶和四坝文化三足鬲外,就是大量玛瑙细石器和手印岩画。

参观完阿拉善右旗文管所文物。考察团一路向西,穿过龙首山、合黎山大峡谷，沿黑河北上，驶向额济纳旗。一望无际的巴丹吉林沙漠，一条寂寞公路，480公里无人区，满眼的荒凉和闷热的车厢，团员们谈天说地，让这难熬的时间过得快一些。下午17点30分，考察团到达第十站，达来呼布镇，随即奔向旗博物馆。

6月13日上午，考察团到达位于额济纳旗北部的居延海，这片戈壁沙漠中的绿洲是穿越巴丹吉林沙漠和大戈壁通往漠北的重要通道，曾是兵家必争必守之地。19岁的大汉将军霍去病大破匈奴后汉朝曾在这里屯兵戍边，创造了居延地区灿烂的汉文明。

下午，考察团来到位于额济纳旗达来呼布镇东南25公里处的黑城遗址。黑城是古丝绸之路上现存最完整、规模最宏大的一座古城遗址，2 000年前开辟的丝绸之路北线居延北线，就在黑城附近通过。黑城始建于公元9世纪，公元1372年明朝大将冯胜攻破黑城后遭废弃，是居延文明的主要遗址代表，也是如今西夏文化研究的重要遗址。

6月14日，是考察第七日，迎来极富有探险性的一天。因为考斯特中巴车无法在额济纳到甘肃肃北县马鬃山镇的土路行驶，考察团只好兵分两路。叶舒宪教授率考察团一行六人走丝绸之路北线，因该路段路况不佳，在当地租用两辆四驱越野车，计划当天横绝800里无人区，向西直走直线到马鬃山镇。这条路正是斯文·赫定率领的西北考察团在20世纪初所走过的路线，也可能是周穆王西巡之路，更是古代民间沿用数千年的驼队之路，今人习惯上称为丝绸之路的北线。包红梅研究员等四人乘坐考察车绕道酒泉、嘉峪关，用两天时间赶到马鬃山镇，两队于次日在马鬃山会合。

叶舒宪教授等人早上8点从达来呼布镇出发，沿途路况极差,颠簸难行,在额济纳与甘肃交界处,一度误入歧途,生生在没有路的戈壁中"闯"了出来。800里路程,竟用了11个半小时,晚上7点30分才抵达肃北县马鬃山镇,即本次考察第十一站。个中艰辛,可以想象。

包红梅研究员等人驱车一天,到嘉峪关已是下午6点,因为距离马鬃山镇还有300余公里,但天色已黑,只能在嘉峪关逗留一夜,第二日再早起赶往马鬃山。

6月15日,考察团对马鬃山玉矿遗址进行了考察。该遗址位于甘肃肃北县马鬃山镇西北约20公里的河盐湖径保尔草场戈壁滩处,遗址面积约5平方公里,遗址内首次发现作为拣选玉料作坊的半地穴房址、玉矿周围的防御型建筑,以及地面式石围墙作坊。马鬃山玉矿遗址初步确定年代为战国至汉代,是中国已发现的最古老的玉矿遗存。

从官方发表的资料,及考察团在遗址附近采集到的玉料看,马鬃山玉玉料成分为透闪石,属于古人心目中的"真玉"。颜色主要为黄绿、灰绿色、青灰色,大部分呈不透明,其质地较松、脆,浅绺裂较多,内部常泛有浅赭色色斑及饴糖色藻丝状沉积结构纹。类似马鬃山玉的玉料,在甘肃临洮马衔山也有发现,即马衔山玉。马鬃山玉、马衔山玉可以认为是甘肃地区出产的玉料的代表。

在今山西侯马地区及其周边地区的战国早中期遗址中就出有大量与马鬃山玉、马衔山玉特征极其接近的玉器,这似乎找到了战国时期马鬃山玉矿遗址所出玉料的其中一个去向。实际上,自史前至春秋时期有大量玉器的质地,与以马鬃山玉、马衔山玉为代表的甘肃地区出产玉料存在着一致性。当然这只是初步目测,相关深入研究即将展开。

以马衔山、马鬃山为代表的"甘肃玉",质地精优者不逊于和田玉，更重要的是，甘肃玉矿具有新疆不可比肩的地理优势和交通条件，其位置较接近中原，且水道为大型玉材运输提供了巨大便利。学界、收藏界常认为新疆和田玉为商代至战国时期之主流用玉，而忽视了甘肃省蕴藏的丰富玉矿资源，现在看来有必要重新检视这种认识。在距今4 000年以来的玉石之路上不仅仅输送的是和田玉，也应当包括了大量甘肃地区出产的玉料。以马鬃山玉、马衔山玉为代表的甘肃地区出产玉料可能改写中国玉文化史，当然这只是初步推测，尚需日后相关综合研究进行验证。

6月16日晨5点，考察团从马鬃山镇出发，历时七个小时到达甘肃酒泉市。下午4:50乘高铁返回兰州。至此，2015草原玉石之路（第五次玉帛之路）文化考察活动的田野考察部分结束。

6月17日上午在西北师范大学举行首届中国玉文化高端论坛（图103），宣布五次考察的三个新认识：

图103　2015年6月17日在西北师范大学举办的中国玉文化高端论坛

其一，中国西部的玉矿资源区，以新疆喀什、和田为西界，以甘肃临洮马衔山为东界，长约2 000公里；北以甘肃肃北蒙古族自治县马鬃山玉矿为界，南以青海格尔木玉矿为界，宽约不足1 000公里，总面积约200万平方公里，相当于中国国土总面积的五分之一。

其二，传统观念中的宝玉石出自新疆昆仑山，其美名为和田玉，自周穆王时代就大量输送中原。当代新发现的马鬃山玉矿，马衔山玉矿和格尔木玉矿，充分表明玉石资源产地不仅新疆和田一地，在新疆玉、青海玉之外，需要国家有关方面给予高度重视和有序开发的新资源是甘肃玉，一旦形成品牌，其背后的经济利益巨大，拉动文化创意产业等相关产品，形成甘肃文化的新亮点，具有可持续开发的广阔前景。

其三，对中国玉石之路的认识，从原来简单的"一源一线"，到"多源多线"，多线之间又有交叉互动，形成一种路网的存在，又随着不同历史时期的地方政权格局而变化不定。这就从中国本土实地考察的基础上，给丝绸之路中国段的具体路径带来前所未有的认识。

（原载《百色学院学报》2015年第4期）

齐家文化与玉帛
之路学术访谈

2015年5月1日上午，在第四次玉帛之路考察结束之际，西北师范大学《丝绸之路》杂志社、中国文学人类学研究会甘肃分会就齐家玉文化在兰州嘉峪宾馆组织主题为"齐家文化与玉帛之路文化考察"的访谈活动。

参加者

王仁湘　中国社会科学院考古研究所边疆民族与宗教考古研究室主任，研究员

叶舒宪　上海交通大学致远讲席教授，中国社会科学院比较文学中心主任

易　华　中国社会科学院民族学与人类学研究所院研究员

冯玉雷　西北师范大学《丝绸之路》杂志社社长、中国文学人类学研究会甘肃分会会长

唐士乾　广河县文广新局局长

　　　　甘肃考古研究所

刘　樱　丝绸之路杂志社出版传媒有限公司制版中心主任

录音整理　瞿　萍　《丝绸之路》编辑

冯玉雷：非常难得，能有这样一次聚会。虽然条件简陋，参加人员不多，但我们探讨的问题一点也不小。大学毕业，因为文学创作需要，我常常跑田野采风，读大地文章。后来，与恩师叶舒宪先生再次相逢。叶先生劝我为深化个人创作，先转向学术研究——尤其研究西北大地史前玉文化。我深知自己的劣势：记忆力不好，感性思维好些，不愿意受条条框框限制，因此，没有遵从师命。不过，因为对田野调查的陶醉，还是有了很多共同考察文化遗址的经历。特别是2012年7月到《丝绸之路》杂志任职以来，因工作关系，我不能再继续小说创作，

而办刊中的很多文化学术活动，正好与叶老师等学者孜孜以求的史前文化学术梦完美衔接，连续策划实施"玉帛之路"文化考察及相关学术活动。最近，4月26—29日，我们完成第四次玉帛之路文化考察活动，对兰州、广河、临夏、积石山县、临洮马衔山玉矿、定西等地的文化遗址及博物馆进行考察，并且在广河参加一次有关齐家文化研究与展示的座谈会。今天，我们请王仁湘、叶舒宪、易华三位先生从自己研究的角度来谈谈齐家文化。

首先请王仁湘先生谈一谈。

王仁湘：西北地区是所有从事考古的人所向往的地方，这里的人民、土地、风俗等都值得我们不断探索。尽管西北地区的考古具有很大的吸引力，并取得了卓越的成就，但当我们真正身临其境开展研究的时候，就会产生一种畏惧之心。这是因为，过去考古的前辈所做的研究为我们积累了大量的材料，已经挖掘到了一定的深度，就我自身而言，我已经在中原和西南地区的相关考古研究方面打开了一定的局面，如果让我从西北地区重新开始是有一定困难的，因此，我也是用了三年的时间决定并来到西北担任甘青考古队的队长。过去，我们做甘青的工作时，由于甘肃、青海面貌基本一致，因此是将其作为一个文化带来考虑的，具体做工作的人也不多。我学生时代毕业后，也在甘青地区做过工作，具体是在天水的太京乡甸子村西山坪。我在这里发现了一个重要的地层。前仰韶时期，关东地区发现了两个重要的文化类型——老官台、北首岭下层，两者面貌不同，类型不清楚，没有根据。而我就是在天水西山坪发现了这个地层，这也是我开始做西北工作时的明显收获。我学生时期在关中做考古工作，会经常将甘青和关中进行比对，甘青地区主要的彩陶文化是马家窑、齐家，除此之外，我们都不太了解，因此，我在担任甘青考古队队长时，先选择了具有仰韶文化类型的青海，调查了一些早期遗址，最先选择的点是循化。循化有一个重要的仰韶文化遗址，这里出土了很多庙底沟时期的器物，我们采集了很多标本，并决定在这里开展工作，然后前往民和考察，然后返回青海，准备筹备工作。到了民和之后，我们了解到了喇家文化。喇家遗址是齐家文化的重要遗址，在我们开展工作之前，这里已经有了一些重要的发现，有很多重型玉器，当地老乡盖房的时候，挖出的人骨身上便放有玉璧。当时，我意识到了这里的重要性，就放弃了循化的考察，在民和开展工作。我们还在此发现了一处丰富的仰韶遗址，这既丰富了我们在此有关仰韶文化的研究，也有利于我们开展齐家文化的相关研究。因此，我们在官亭盆地开展了整体的考察，还在大河附近的杏儿乡、杏儿沟附近发现了几处仰韶遗址。可以说，我对齐家文化的研究兴趣，就是从那时候培养起来的，有一些重要发现，产生了一些重要影响。那里的考察面积有40万平方米，堆积非常好，我们发现了陪葬玉器的墓，还发现了放置玉器的房子，也就是一处灾难遗址，我们在现场感受到了地震洪水发生时人性的光辉，在这里，我们也发现了很多大型玉器、马家窑彩陶等，这些都让我们看到了当时黄河岸边的先民生活。通过那次的考察，我深入地认识了齐家，但是由于当时的重点在仰韶，我便放下了齐家的相关工作，也因为这样，使我们对齐家的认识还缺乏深广度。就我的了解，考古界、学术界对齐家的研究关注的不多，整体的认识还停留在早期，没有提升，或者说本身的判断并没有进步，尤其是开展了近十年的华夏文明探源工程，还没有将其纳入研究范围，没有关注齐家的研究。现在看来，我们需要重新认识齐家文化的意义，这里有许多过去没有见到过的出土品，我们需要对其东西两侧文化产生的影响重新评估，吸引更多的研究者进行研究。强化对齐家的研究一定会为华夏文明起源发展问题打开新的局面，得出前所未有的结论，从而推进中原地区的考古深入。通过对齐家文化的研究，重新认识华夏文明起源的过程、路径，也许会从根本上改变我们过去的一些根本的认识。

冯玉雷： 叶舒宪老师有一个观点，认为在华夏民族统一之前，是玉文化首先统一了中国，对此您有什么看法？

王仁湘： 传统的玉的研究主要在于收藏家，尽管近年来考古界内也有相关研究，但传统的思维范式就是判定年代，并不涉及玉的内涵。我们的考古工作更注重证据，我自己认可叶老师的一些看法，但并不代表考古界其他学者，尤其是老一辈专家能够接受这些观点。我自己研究彩陶，我认为彩陶统一了中国的核心区域，秦的大一统是建立在早期彩陶文明认同的基础上的。我赞同叶老师的观点，玉石是早期文明的一个重要符号。我自己认识不深，但我认为叶老师的观点是站得住脚的，没有问题。

冯玉雷： 请您谈谈对我们刚刚考察的新庄坪遗址、马衔山遗址玉矿的感受。

王仁湘： 新庄坪遗址出土过重型玉器，我很向往，考察后，我觉得很震撼，其文化面分布之大，我感觉比喇家还高一个档次。由这个点看，齐家的高度不是我们现在已经取得的认识，并且我觉得，可能还有更高层次的遗址，我们没有掌握、发现，齐家一定有都邑性质的大型遗址，不一定有城，但会有相当的规模，继续发掘，我认为一定会有收获。至于马衔山遗址，我和叶老师的感受是相近的，当时的人是怎么发现这座玉矿，它又对齐家产生了什么影响，都值得我们研究。我们可以用青铜时代的铜矿资源比较，如果没有铜矿，青铜文化如何发展。

现在看来，马衔山遗址玉矿对齐家文化的发展产生过重要的作用。马衔山遗址玉矿就在齐家文化的分布区内，这为齐家文化玉器达到一定高度提供了得天独厚的条件，具有重要的意义。

关于马家窑彩陶，我有一点看法。由于我是研究仰韶彩陶的，过去我们都认为，马家窑彩陶是从仰韶彩陶发展而来的，这个认识没有问题，但是发展演变的路径并不非常准确。提到马家窑，都认为是从豫陕晋传播到这里的，其实并非这样，这里本来就有仰韶分布。甘青地区的彩陶是一脉相承发展下来的，从大地湾出现彩陶，到仰韶、马家窑，是有完整链条的，传统是固有的、本身的。基于此，我们对甘青地区的文化高度就会有一个新的判断，也就是，它从东西吸收长处，促进自身发展。值得强调的是，彩陶在这里的发展是最繁荣，传统延续最久的，这里是彩陶的一个中心区。中原地区仰韶之后就没有彩陶文化了。有了这些认识发展的变化，我们会更加重视这里的研究，关注其在华夏彩陶发展史上有什么样的地位和影响。我认为，甘青从仰韶到马家窑，到齐家，始终处在一个文化高地。

冯玉雷：非常感谢王老师。叶舒宪老师2005年开始到甘肃进行田野考察，我们大冬天坐漏风的大巴车，啃大饼，跑田野，参加人数很少，慢慢地，考察团队越来越大，如今得到省委宣传部、文物局、西北师范大学、地方政府、文化企业等方方面面支持，感慨很多。下面请叶老师谈一谈。

叶舒宪：2005年起，我来到甘肃作调研，2008年写了《河西走廊：西部神话与华夏源流》一书，一个主要观点是，华夏文明的源流如果离开了西北的史前文化是无法被认清的。我在书的末尾对彩陶文化的起源说提出了一些批判性的看法。如齐家文化是二里头文化的源头之一，夏文化的溯源不能局限在中原二里头文化，而必须考虑齐家文化等。还有，我们都知道，秦安的大地湾遗址被学界称作是仰韶文化的甘肃类型。我认为，这个提法本身在逻辑上就有问题。因为如果是一个类型的话，应该是流而非源，但大地湾的彩陶是迄今发现的时间最早的彩陶，仰韶文化距今7 000—5 000年，大地湾文化一期距今8 000年，两者相差1 000年，我想，这主要还是有关中华文明起源的"中原中心说"偏见所导致的。大部分人对西北认识不足，西北文化研究的缺失，使得华夏文明的研究不完整。2009—2012年，我们在中国社科院立了一个重大项目"中华文明探源的神话学研究"，主要是用人文方面的神话解释研究，去补充考古学的发掘与年代学，希望能够还原出史前期社会的神话信仰和观念。我们发现，信仰中的中国文明之"根"比文字、文献早得多，都是来自非文字的符号，如彩陶、青铜器、玉器等。这些器物中有一部分具有实用价值（陶器），但铜器、玉器的起源最初都并非实用。陶器中有一部分纹饰为人头、人身或动物形象、植物形象和几何形符号，这肯定涉及当时人的精神崇拜，而不能简单当作日常生活用品来对待。史前无文字的文化大传统中最能代表精神崇拜的就是玉器。因此，在完成项目的过程中，我们将重要的研究方向从文献文本转向史前玉文化发生发展的脉络，将玉文化作为比汉字更早的华夏符号来研究。2012年以来，一共组织了有关玉文化研究的六次田野考察（前四次已经完成，后两次考察待完成），参与六个重要的学术会议。下面，我将它们作逐一梳理。

第一次会议是2012年11月在北京召开的"首届中国玉器收藏文化研讨会"，收藏界的人多，学界人不多，我在会议上首次提出"玉石之路黄河道"的命题。提交的文章叫《玉石之路黄河道刍议》。基于以前调研的经验，我意识到黄河两岸是史前玉器最集中出现的地方,我便以刍议的方式提示黄河在玉文化传播过程中起到了什么样的作用的问题,引发讨论。同年我又在《丝绸之路》上刊发文章《黄河水道与玉器时代的齐家古国》(《丝绸之路》2012年第17期),提出和论证"新黄河摇篮说"。过去有关文明起源的普遍认识是,世界上主要的古老文明都是在大河流域的灌溉农业基础上形成的,黄河是中华文明的摇篮,也是农耕文明的发源地。然而,仔细研究会发现,华夏史前并没有灌溉农业,黄土地上的主要作物是耐干旱的小米,黄河的水并没有主要起到灌溉的作用,而是起到文化传播和资源运输在作用。例如,家马传入中国之前,人的运输力是非常有限的,主要的运输通道是漕运,也就是水运。黄河通道及其支流泾河、渭河等都是可能曾经充当资源运输的通道。众所周知,每一种文明起源都有一种重要的物质资源基础,那就是长距离的贸易、文化互动、传播等文化现象。那么,长距离运输的对象是什么也成了我们关注的内容。在青铜时代到来之前,先民最关注的资源就是由宗教信仰、神话观念决定的资源,将玉视为神的化身,因此,史前人类便基于神话观念,规模性地开采玉石原料,规模性地生产和使用玉礼器。过去,我们将这套行为视作一种习俗,以审美为主,现在看来,玉文化的发生发展都是有神话信仰作为支撑的(参看《神话观念决定论刍议》,《百色学院学报》2014年第5期;《玉石神话背后有一种"玉教"吗——华夏文明的信仰之根的讨论》,《百色学院学报》2014年第6期)。

第二次会议是2013年6月,中国文学人类学研究会联合中国收藏家协会在陕西榆林举办"中国玉石之路与玉兵文化研讨会"。这是国内国际第一次以"玉石之路"名义召开的学术研讨会,会议成果今年刚出版面世(叶舒宪、古方主编《玉成中国——玉石之路与玉兵文化探源》，中华书局，2015年）。榆林的石峁遗址新发现4 300年前的巨大城池，建城用石块的间隙穿插着玉器。会议根据大量玉礼器和玉兵器在史前中国分布范围，提出了"玉文化先统一中国说"。考古发现，南至珠江流域，北到辽河流域，西至河西走廊，东到东海之滨，都有玉璧、玉琮、玉璜一类礼器出现，这体现了一种信仰、神话观念的传播过程。在这个过程中，我们认为齐家文化起到了极为重要的作用，那些出现大规模生产玉礼器的地方，我们就认为是玉文化的观念、宗教、信仰已经传播到了的地方，而当地一旦接受，就成为一种文化认同，也可以说大一统最早是一种信仰观念和文化上的认同。

第三次会议是2013年10月8日，新华社甘肃分社在兰州召开的"丝绸之路高级论坛"。会议提出了玉石之路与丝绸之路的关系问题，再次凸显齐家文化玉器对夏商周玉礼器体系形成的文化传播作用。史前时代，处在中原和新疆昆仑山之间的玉文化就是齐家文化分布区，其面积有100万平方公里，延续时间大约为500年。然而，对于齐家文化没有任何的文献记载，也没有相关的研究著作。如果，我们将齐家文化置于中国玉石之路的大背景下研究，其与华夏文明的关系就比较清晰了。

第四次会议是2014年7月12日，在甘肃省委宣传部的支持下，由《丝绸之路》杂志社具体负责安排，在西北师大召开的"中国玉石之路与齐家文化研讨会"暨"玉帛之路文化考察活动"，考察丛书于2015年10月面世（甘肃人民出版社）。会议的最大收获就是，我们重新认识了齐家文化背后的玉矿资源带，并在祁连山看到了现在还在开发着的祁连玉，在瓜州大头山看到了一种带有褐色皮的白玉（石英岩），这也就是说玉矿原料在祁连山到昆仑山一带都有分布。有两个点是我们要考察研究的，那就是肃北马鬃山新发现了战国到汉代的玉矿，以及此次考察的马衔山玉矿，两者从玉料样本上看，都非常接近齐家文化玉器的用料，我们也了解到了齐家文化玉器用料的地域广度，大大超过以往的史前地域性的玉文化用料。这一发现大大拓展了"昆仑"的概念。据《史记》记载，张骞通西域的直接结果就是将新疆和田玉运输到了汉王朝，汉武帝亲自将出玉料之地命名为昆仑山。可以说，新疆青海的昆仑山，与甘肃的马衔山、马鬃山、祁连山是一个连成一片的整体，这里有华夏祖先最关注的物质资源的分布带。从昆仑山、祁连山到马衔山，东西长将近 2 000 公里，南北宽度将近 1 000 公里，这近 200 万平方公里的玉矿资源带，通过数次的调查，逐渐清晰，这对于认识华夏文明的起源背后的第一重要资源——优质透闪石玉料，以及将西部资源传播到夏商周文明国家的齐家文化的传播意义具有重要作用。可以看到，博物馆陈列的西周以后的高档次玉器基本都是以白玉为主，史前白玉出现的最可能的地方就是甘肃到新疆一带。我们在马衔山集中采集了与齐家玉有关的玉料（或有少量白玉）。我们在临夏州博物馆看到 13 件齐家文化玉器精品，其中大部分主要出自积石山县的新庄坪遗址。如王仁湘先生所言，那里可能是一个齐家文化的政权中心，其意义可能不亚于青海民和的喇家遗址，尤其是那里出现了玉璋。

玉璋在我国东部出土比较多，在此之前，齐家文化中尚未发现过玉璋。1970 年代时，新庄坪遗址采集的玉器中还有白玉琮，虽然目前仅看到一件，但是仍有非凡的意义。它说明，齐家文化玉器生产中确实已经开始使用白玉了。那么，白玉究竟来自哪里，就是必须要关注的话题了，如果我们不能在马鬃山玉矿中找到相应的白玉，那我们能作出的唯一推论就是，这些白玉来自新疆昆仑山。如此，也就可以将齐家文化分布的100万平方公里及其西侧的200万平方公里的玉矿资源区联系为一个整体，并给《礼记》中记载的"天子佩白玉"以及中国人"白璧无瑕"的道德理想找到了物质方面的西北原型（参看《白玉崇拜及其神话历史》，《安徽大学学报》2015年第2期）。

第五次会议也就是本次会议及考察活动，可以视其为将于2015年8月1日在广河召开的"齐家文化与华夏文明国际研讨会"的前期的筹备及调研。由于可能8月参会的很多学者没有到过甘肃西北，因此这次会议的主要作用就是引导，也就是为"齐家文化与华夏文明国际研讨会"定调子。尽管齐家文化涉及范围广，但参与本次调研的成员都是齐家文化研究的核心学者，研究统一指向齐家玉器方面，包括博物馆收藏的和民间收藏的标本，希望将考古文博界和民间收藏界打通和结合起来，这是很难的，需要继续尝试，着力解决的是玉石之路及其与华夏文明关系的问题。

第六次会议是2015年8月1日，即将在广河召开的"齐家文化与华夏文明国际研讨会"。

以上就是，自2012年提出玉石之路黄河道并启动玉石之路实地考察以来的六次重要会议。

下面，我将梳理一遍与这六次会议密切相关的田野考察活动：

第一次考察：2014年6月，玉石之路山西道（雁门关）考察。我和易华等沿着北京—大同—代县雁门关一线，考察了《穆天子传》中记载的周穆王前往昆仑山寻找西王母，也就是先秦时代西玉东输的路线。考察中，我们发现，文献中记载的每一个点都是有据可查的，同时还发现了比这条陆路更古老的水路：玉石之路山西段的黄河道。这两者是并行的，分别沿着黄河与雁门关延伸。也就是说，上古自西北进入中原是没有捷径的，需要绕道而行。绕道河套和晋北盆地。在没有马之前，雁门关道也难走，黄河道才是正道。我们在黄河岸边的兴县小玉梁山看到龙山文化遗址和民间收藏的史前玉器，与河对岸的石峁玉器大同小异。（见《百色学院学报》2014年第4期文学人类学栏目文章，如《西玉东输雁门关——玉石之路山西道调研报告》和《山西兴县碧村小玉梁龙山文化玉器闻见录》。）2004年，中央电视台与社科院考古所联合开展考察活动，但由于考察活动并非学界组织，最后没有形成考察报告，仅拍摄《玉石之路》纪录片，存在遗憾。我们考察的目的就是为了将路线细化，用GPS定位方式勾勒出整个路网，也是丝绸之路考察的中国本土视角新成果。

第二次考察：2014年7月，玉帛之路河西走廊道段（齐家文化与四坝文化之旅：民勤—武威—高台—张掖—瓜州—祁连山—西宁—永靖—定西）考察。考察成果有七部书，以及《丝绸之路》所出的一期专号（2014年第19期）。还有相关的考察报告，已经发表的有：叶舒宪《乌孙为何不称王？——玉帛之路踏查之民勤、武威笔记》、冯玉雷《玉帛之路及其古代路网的调查及研究》，并见《百色学院学报》2015年第1期。易华《齐家玉器与夏文化》，见《百色学院学报》2015年第2期。

第三次考察：2015年1月，我们申报内蒙古社会科学院的草原之路调研项目，规划出沿着腾格里沙漠的考察路线图。在申报等候审批程序的过程中，2月初，由《丝绸之路》杂志社冯玉雷社长带领由杨文远、刘樱、瞿萍、军政组成的考察团，先期展开一次玉帛之路环腾格里沙漠路网考察。这是2014年7月"玉帛之路文化考察活动"之后，我们重新圈定的古代玉石之路北部路网。此次考察特别关注到了从民勤到阿拉善左旗、内蒙古河套、陕西北部地区的玉石路线问题。考察报告见冯玉雷《环腾格里沙漠考察》，见《百色学院学报》2015年第2期。

第四次考察：2015年4月26日至5月1日，玉帛之路与齐家文化考察（齐家文化遗址与齐家玉料探源之旅：兰州—广河—临夏—积石山县—临洮马衔山—定西—兰州），此次考察主要关注公私博物馆收藏的齐家文化玉器情况，关注玉矿资源的分布并采集玉料标本，研究齐家文化所用玉料的供应情况、比例情况，收获很大。

第五次考察：2015年6月，我们即将展开和内蒙古社科院协作组织的玉帛之路草原道的调研。此次考察将从呼和浩特出发前往包头，考察河套地区沿着黄河修建的系列史前城址，后沿着草原之路向西到达额济纳旗、马鬃山、哈密。目的在于了解玉帛之路（丝绸之路）北道（草原线）在早期与玉石有何关系，与史前使用金属的文化有何关系，解释马鬃山玉料输送中原的具体路线问题。

第六次考察：计划在2015年7月举行，即"2015'玉帛之路考察活动"，主要目的在于研究古代丝绸之路没有打通西安、宝鸡、天水路线之时，古人以宁夏固原为十字路口的路线情况。寻找齐家文化的统治中心，主要关注铜器和玉器，我们从考古发现和文物普查情况看，齐家文化相关遗址和文物点最多的两个地方分别是庄浪、漳县。宁夏的西海固地区民间还收到了器形较大、玉质高档的玉礼器，特别是白玉的。因此，此次考察将以固原为中心，在陇东地区进行较详细的调研，进一步厘清西北史前玉文化与中原文明的互动关系。

以上就是，自2012年启动玉石之路研究以来，六次重要田野考察活动的简单介绍。

冯玉雷：易华兄也常常背着包跑西北田野，如痴如醉，不辞辛苦。首先我作为西北土著对您这位湘江江畔生长的学人表示崇高敬意。我们共同经历的考察同白酒一样，度数高得灼人，但味道很纯粹。感谢您对纯粹的学术精神和情怀！我想，您的感想也很多吧。

易华：我的考察，可以简单概括为：七探齐家。我对齐家文化的关注研究是从十年前开始的。下面我将自己这十年的研究过程及成果作一简单介绍。2008年，我撰写出版了《夷夏先后说》，这部书是我在整个世界范围内，对齐家文化概念进行的梳理，得出的初步结论是齐家文化极有可能是夏文化。因此，我也是从这一年开始，有意识地集中研究齐家文化。2008年夏季，我与国内外20名专家参加了"中原与北方青铜文化互动"的考察活动，其中一半为考古学家，一半为与考古相关的专家，此次考察使我对青铜文明的起源有了一个更为深入的认识。在参加完此次活动后，我就集中关注青铜的问题、夏的问题、齐家的问题。自此之后，我就开始了西北的考察。2008年冬，考察了西安的相关古迹。2009年，我沿着西安—宝鸡—千阳—天水—兰州一线进行了考察，期间，在兰州召开了"中国民族史"会议，我向会议提交了论文《夏与西北》。2010年，武威召开了第二届西夏学国际会议，我宣读了论文《西夏、大夏与夏的关系》，并进行了讨论。会后，我考察了从酒泉到居延海及银川的西夏文化中心，至此，我完成了对西夏文化圈的考察。2011年，在金昌召开了沙井文化会议，因为沙井文化中的洞室墓比较多，我提交会议的论文是《洞室墓文化的来龙去脉》。后来，我前往喇家遗址进行考察，与叶茂林老师进行了深入的交流，并考察了柳湾遗址、青海湖、塔尔寺等。2012年，新疆举办了游牧文化与考古会议，借这次机会我考察了吐鲁番、呼图壁等新疆境内重要的点，并参观了新疆考古所。

2013年，我参加了中国社会科学院人类学与民族学研究所组织的大调查中的喀什调查组，调查时间长达1月，主要涉及塔什库尔干塔吉克自治县等地。喀什考察结束后，我们还到北疆进行考察。新疆与巴基斯坦、阿富汗相联系，并到达西亚，这里还有张骞博物馆、班超的故事等，因此，此次考察使我对丝绸之路有了更为感性的认识。2013年秋，我参加了甘肃举办的"丝绸之路文化峰会"，我同叶舒宪、王巍作了大会主题发言，我在会议上主要讲了"青铜之路"，这距离我2004年首次提出的"青铜之路"概念已过去了将近十年，通过十年的调查研究，我对这一概念也已经有了比较肯定的把握。2014年，我与叶舒宪一同参加了《丝绸之路》杂志社举办的"玉帛之路与齐家文化研讨会"暨"玉帛之路文化考察活动"，会上，叶舒宪强调玉帛之路，我强调齐家文化。2014年秋季，我参加了大唐西市组织的丝绸之路国外考察，主要调研了伊朗德黑兰、伊斯法罕等城市以及乌兹别克斯坦西瓦、布哈拉、萨尔马罕、塔什干等城市。伊朗是西亚大国，其历史继承了两河流域的传统，其波斯帝国与罗马帝国、秦帝国有重要联系。当时，波斯帝国将罗马帝国称为大秦，将秦帝国称为秦。通过这次考察，我更深入地体会到了中国和中亚的亲密关系，并不断确定了"中国与中亚的联系是从汉代以前就开始了的"这一认识。从2008年至今，我总共撰写了七篇与齐家文化有关的文章，我称之为"七论齐家"。2014年是齐家文化发掘90周年，我写了《正本清源说齐家——纪念齐家文化发现九十周年》，对齐家文化的性质、历史作了简要论述，明确了齐家文化是青铜文化的观点。2008年，我写的《夷夏先后说》只是初步提出了齐家文化是夏文化，2014年，"玉帛之路文化考察活动"后，我写的

《齐家华夏说》则是聚焦齐家，从不同的方面细致论证了齐家文化就是夏文化这一观点，这两本书可以算作是姊妹篇。

下面，我对这七个方面作逐一介绍：第一，我将齐家文化与二里头文化进行了对比，发现两者性质大同小异，齐家比二里头略早200—300年，二里头是夏文化晚期，齐家是早期。第二，我从地理分布角度论证了齐家文化是夏文化，齐家文化的核心分布区是甘青宁，但其影响范围达到了内蒙古、山西、河南、四川等地。首先，从历史地理来说，这片区域与《史记》记载的夏的分布区大致相同，同时，大禹治水的故事也发生在这里。其次，从自然地理来说，齐家文化分布区在青藏高原、蒙古高原、黄土高原的结合区，地理特征复杂，有山川、河流、草原，这些共同造就了稳定的生态系统，易于吸收农业文明，为较为复杂的社会结构提供了基础。再次，从交通地理方面来说，这里是丝绸之路关键地带，汉代之前，外来的物种、文化首先会进入这个地区。因此，从文化圈的角度来说，齐家文化不仅是东亚、华夏文明的重要组成部分，也是东亚和世界文化的重要组成部分。第三，我将齐家文化中出土的青铜器进行了梳理，发现齐家文化的主要遗址中都出土了青铜器，这样就可以肯定地说齐家文化就是青铜时代的文化。齐家文化是中国、东亚最早的青铜文化的认可，标志着中国进入了世界青铜时代体系。第四，我从齐家玉和夏的关系方面进行了论述，玉器是齐家文化的重要特征，玉器发展有三个高峰，分别是红山文化、良渚文化、齐家文化。齐家文化中50厘米以上的大玉器有很多，同时，石峁文化、二里头文化中也有50厘米以上的大玉器，二里头文化中的玉器与齐家玉器基本相同，对此，我写了《齐家玉与夏文化》一文。我发现，齐家玉器中不仅有良渚风格的璧和琮，还有珪、刀、戈，这就说明进入齐家文化后，玉器的发展有向玉兵方向开拓的趋势。红山、良渚都是以玉礼器为主,从齐家、二里头开始便出现了玉兵。齐家玉器中有完备的璧和琮、珪和璋、刀和戈系统,可以肯定地说,齐家文化中玉的种类是最多的,玉材是最丰富的,玉质是最好的。第五,我从齐家陶器和夏的关系方面进行了论述,齐家文化陶器种类多,其中的双耳罐数量很大,这标志着齐家文化向西南和东北传播的过程,但目前相关研究的还不多。第六,我对齐家文化的墓葬进行了初步的梳理。4 000年以前,中国的墓葬形式比较单调,从马家窑晚期马厂类型及齐家文化开始,墓葬类型得到了极大地丰富。齐家文化中出现了洞穴墓、火葬等各种类型的墓葬方式,是我所见的墓葬中类型最为丰富的,它不仅吸收了中原的墓葬传统,也吸收了欧亚大陆的墓葬传统。齐家墓葬类型的复杂反映了当时民族成分的复杂、社会贫富差距的分化,以及父系社会的开始和性别间的不平等。历史记载,从夏代开始中国进入父系社会,考古发现,从齐家文化开始中国进入父系社会。这些联系使得我们能从墓葬方面鉴别齐家文化是夏文化。第七,我从民族史的角度鉴别了齐家文化就是夏文化。首先,文献记载,西夏自称"夏""大夏",他们将党项羌视为自己的祖先,同时,因为大禹也属羌族,因此西夏也将大禹视为祖先。其次,西夏的地理分布范围与齐家文化的地理分布范围是重合的。再次,匈奴后裔赫连勃勃曾经建立了大夏国,并将大禹视为祖先,同时,从周朝开始,出现了夏崇拜。因此李元昊西夏、赫连勃勃大夏、周人崇夏是有着密切联系的,同时三者崇拜的夏的方向与齐家文化是重合的。

综上所述,我运用历史学、考古学、民族学、地理学等方面的知识从七个方面对齐家文化就是夏文化这一观点进行了系统论证,证明了齐家文化就是夏文化。另外,我想谈一下具体学术研究中的"四通"问题。首先，古今相通，我们研究齐家文化和华夏文明不能就历史研究历史，而应与当下结合，我们应该看到，华夏文明与世界是相通的。其次，东西相通，也就是说，我们应该从世界史的角度来研究中国历史。再次，学科相通，一门学科往往很难解决问题，要强调多学科交叉使用，才有助于完备学科体系的建立。最后，官方与民间要相通，在具体的研究中，如果只依靠官方材料或民间资料中的一方面，那么，得出的结论往往是片面的，学术研究需要将两者紧密结合，发现他们之间的互补关系，才会对一个问题得到比较全面、系统的认识。我的感想很多，可以用武威文庙前的一副对联概括："量合乾坤明参日月，学兼中外道冠古今"。我希望在齐家文化发现100周年的时候，齐家文化是华夏文明之源这个观点能够得到普遍认可，并成为一个家喻户晓的结论。

（原载《丝绸之路》2015年第13期）

红山文化玉器的神话信仰研究概要

引言

　　红山文化玉器不是作为美术的装饰品而生产和使用的，而是作为宗教信仰的法器而存在。尽管今人可以从美术的和工艺的角度去看待史前古玉，但要读懂这批玉器的文化蕴涵，需要先回溯到8 000—5 000年前神话思维时代先民的精神世界，确认史前人对玉石的崇拜和玉雕形象造型的观念初衷。这是一项非常具有挑战意义的工作。因为现代性的知识体系以科学无神论为绝对基础和条件，其教育结果使得大部分知识人缺乏进入神话信仰想象世界的可能门径。仅靠逻辑三段论和科学检测方法，都不能推导出红山文化时代的玉器生产动机及心理效果。比较有效的解读方法需要借助于以下几个方面的新知识，尝试还原性地回到5 000年前的初民信仰世界：一是世界史前学的知识，二是比较神话学的知识，三是民族考古学的知识。

　　在国际学界近半个世纪的研究潮流中，如何将以上三方面知识融会贯通，成为一种具有引领性的学术创新示范区域。

一　从玉石神话信仰（玉教）看玉文化大传统

　　在文学人类学一派的术语系统中，大传统首先指先于文字书写而存在着、延续着的文化传统。与大传统概念相对而言的，是小传统概念，特指文字书写的传统。红山文化处于华夏文明王朝国家历史起源的前夜，属于前汉字时代，是东亚洲新石器时代后期北方文化的典型。将红山文化玉器当做先于汉字而出现的宝贵的精神文化符号象征体系，是当代知识人努力依据考古发现新材料重建中国文化大传统的关键资料。目前的学术难题在于如何认识和解读这些非文字符号材料。

关于人类文明的由来，19世纪的标准答案是环境说，如泰纳的"种族、地理和环境"。20世纪以来，德裔美国人卡尔·魏特夫"水利催生文明"说流行一时。基于考古学的新知识范式，以英国学者戈登·柴尔德《人类创造了自身》为标志。这本书是简明扼要地阐述人类文明起源奥秘的理论典范之作。柴尔德是"新石器革命"的理论倡导者，他精辟地指出，文明发生期的不同文化群落之间开始日渐频繁的贸易往来，是以某些特殊的石头为对象的。一旦在石头中发现可以冶炼的对象，就意味着人类冶金术的开始。柴尔德针对古埃及文明的情况写道："新石器时代的埃及村落里，见有来自红海和地中海的贝壳。在较晚的埃及墓葬里，除了有孔雀石和松香外，后来还有天青石和黑曜石；再往后又见到了紫水晶和绿松石，而且数量不断增加。孔雀石很可能产自西奈或努比亚东部的沙漠；松香出自叙利亚或阿拉伯南部森林覆盖的山区；黑曜石来自爱琴海的米洛斯岛、阿拉伯、亚美尼亚，或许还有埃塞俄比亚；天青石则可能产自伊朗高原。"柴尔德随后讲到苏美尔文明的类似情况："在苏美尔，在最古老的聚落里黑曜石和天青石的珠子共生，后者也许是来自印度甚至是亚美尼亚。在叙利亚北部和亚述，黑曜石的引入像苏美尔一样早，天青石与绿松石随之现身。"柴尔德注意到的这些玉石材料，在西文中通常称作宝石或半宝石，分明体现着玉器时代或铜石并用时代形成的"珍宝"和财富观念。其中的天青石（lapis lazuli）又译为"青金石"，后者是更为准确的译名。在西亚和北非，此类玉石先于金属而出现在文明前夜的社会分化中，其年代和东亚人崇奉各种地方玉石的时代基本相当。这就表明欧亚非大陆在玉石神话信仰方面的多样性表现形式。从学科分类上看，柴尔德的理论创新被概括为一个标志新兴交叉学科的关键词"认知考古学"。将考古学所发现的各个地方文化之演进，用人类认知的统合视角给予整体的、动力学的诠释，从而说明人类为什么会先后脱离狩猎采集、原始农耕和畜牧，终究迈进文明国家的门槛。

当今国际考古学和史前学方面的权威学者，英国考古学家伦弗瑞在《史前：文明记忆拼图》(原文：*Prehistory: Making of the Human Mind*, 2007.) 一书中指出，以柴尔德为鼻祖的认知考古学，其特色在于从考古学所关注的遗址与文物，转向遗址和文物所代表的史前人类心智及其进化过程，亦即文明化的过程。对于文明的判断，除了过去特有的一些物质指标，如城市、文字和青铜器等，伦弗瑞又添加了精神方面的指标：思想模式和由此带来的特定文化的价值观。他认为在物质与精神之间，起到关键性的动力要素是精神，而不是物质。"我们现在才刚开始了解人类思想模式的改变，这可能是人类环境中一些重大进展或转变的基础。"社会变迁的基础方面是思想观念，这在 19 世纪被看成是属于"上层建筑"，其下的基础则称为"经济基础"。究竟是以物质生产力为基础还是以人的观念为基础？当代认知考古学主张的是后者。

文明不同于史前的最大特点是，史前人类似乎走的是统一性的道路，从旧石器时代到新石器时代，再到文明时代。从狩猎采集到农耕或畜牧生产。总之是世界各地大体一致的演进历程。文明则完全不同，笼统而言的人类文明，其实是由若干地域性的文明国家构成的"拼图"。就其发生的时间顺序而言,有苏美尔文明、古埃及文明、阿卡德文明、巴比伦文明、印度文明、克里特文明、米诺文明、华夏文明、希腊文明等。这些文明国家中的任何一个,都与其他文明判然有别,所以史前史研究也就必然要从文化基因层面解释文明发生,不仅需要说明人类走出史前史而进入文明史的一般原因,而且要研究特定文明国家诞生的文化基因差异,说明是什么因素导致古埃及文明建造出金字塔一类的标志物,而古希腊文明则孕育出奥林匹克运动和悲剧诗人,华夏文明则以玉礼器和青铜器为权力标志物,并从巫史传统中催生出历朝历代延续不断的官修史书编撰模式。

对不同文明的文化基因考察,将揭示特定文明国家及其人群的特殊奥秘。就中国文明而言,需要从思想模式和价值观方面说明中国为什么是中国,中国人为什么是中国人,这理所当然地成为一部"中国文明发生史"的题中之意。从这一视角看,从兴隆洼文化到红山文化,其玉器符号的研究价值,首先在于从大传统符号的原型意义及其辨识,去重解汉字文化的书写小传统。立足于 8 000—10 000 年前的大传统视野,那时的人类群体中不可能有类似今日的科学无神论者,大家都是虔诚的信仰者,但不是在教堂或寺庙里念经书的信仰者,而是一群群自然宇宙的仰观俯察者,他们从仰望星空的神幻体验中发现超自然的存在,并由此孕育出神圣的观念和崇拜的精神。在大地上发现的有颜色并能够透光的玉石,就这样被初民理解为天界、神界恩赐给人间的圣物。史前拜物教信仰就这样在欧亚大陆某些出产玉石的地区逐渐聚焦到玉石这种物质对象上。从贝加尔湖到西辽河流域,就是这样的文化区域。

《史前:文明记忆拼图》一书第九章题为"古人的宇宙观",伦弗瑞在此明确提出:

在人类社会中，有形物质如何能够呈现意义而产生新的制度事实；人类创造了物质符号，于是形成可感知的现实。

新的物质性使得新的社会互动成为可能。

物质和财货是如何呈现价值与意义，之所以如此，是透过人类这种赋予无生命物质意义的特殊习性，因而使这些事物成为象征符号，但是它们不只是象征符号，实际上还能将财富具体化，而且能授予人类权力。

伴随特定的地域文明发生而产生的特定神话信仰观念，占据着异乎寻常的地位，对该文明的所有成员—从社会最高统治者到最下层平民，都发挥着潜在的行为支配作用。伦弗瑞对神话思维及其行为支配作用有清醒的意识，他引用唐诺（Donald, R., 1991, *Origin of the Modern Mind: Three Stages in the evolution of Culture and Cognition, Cambridge, Mass.*, Harvard University Press）的文化三阶段理论，称为"人类发展之神话阶段"：随着语言和叙事的发展，有关过去的经验的解释和传说必定会被用来解释现状。

我们无法直接接触到史前时期所构思出的神话故事。然而，我们确实能获得早期社会活动的痕迹，借由这些活动，人类试图透过他们在世上的行动与这些现实产生关联，他们的行动曾留下某种物质痕迹。

对于古埃及文明来说，古埃及人留下最显著的物质痕迹就是巨石建造的金字塔，其时间距今约5 000年。对于英格兰平原史前居民来说，所留下的最显著的物质痕迹是巨石阵，其时间距今也是5 000年。对于亚洲东端西辽河流域华夏文明起源期居民来说，最显著的物质遗迹并不借助于巨大的石块堆积，而是借助于小小的玉石雕琢：玉礼器。其大者不过几

图104　辽宁牛河梁女神庙出土红山文化女神"玉睛"形象

十厘米，如玉桶形器（或称玉马蹄形器）和勾云形玉佩，小者几厘米，如玉玦，玉睛（图104），用来标识人的耳朵或眼睛。其物质材料为万千种类的石头中特殊筛选出来的一种——有颜色的、半透光的玉石，用来加工成负载神话信仰意义的玉礼符号。借用伦弗瑞的说法："在我们尚未详细确认事项中，其中一项是人造器物在社会关系方面的具体意义。"因为人造器物也可以被赋予神性的特质，所以，"更精确地说，许多社会关系是靠财货与人工器物来维系。在欧洲新石器时代，打磨光亮的石斧（偶尔会以玉石制作）明显具有比较高的价值。当人类后来懂得识别与使用黄铜和黄金后，新的价值系统就出现了。欧洲青铜器时代即奠基于这样的价值系统，并伴随强大的武器工具，如由新材料制成的刀、剑等。"

石斧与玉斧（钺）在华夏史前史也同样重要，甚至更为重要，因为后来的青铜和黄金出现之后，玉斧（钺）的至高价值并没有被金属器物完全取代，而是形成微妙的新老圣物组合价值，所谓玉振金声或金玉良缘的说法，即是这种新老结合的明证。精致打磨的史前石斧玉斧，在世界不同地域的社会中具有跨文化的普遍意义，但是唯独在华夏文明中演变成象征王权的玉钺和铜钺，这种情况和华夏史前期长久的玉石神话信仰有不可分割的关系。距今8 000—5 000年的赤峰地区，玉斧玉钺玉锛之类玉质工具出现，同时伴随着玉教信仰的孕育和演进。在距今5 300年的安徽凌家滩文化中，在距今5 000—4 000年的环太湖地区良渚文化中，玉钺如何升格为首要的王权象征物，可以在合肥的安徽省博物馆以及杭州余杭区的良渚博物院展厅中得到直观的观照和体会。对照有关3 000多年前商周易代之际的历史叙事，周武王手执黄钺斩下殷纣王的头颅，再用玄钺斩下殷纣王妻妾的头颅之细节，也就有了基于文化大传统的深度理解之新知识条件。

换言之，5 000年前玉钺已经成为东亚地区的至高神物、圣物，3 000年的改朝换代大革命为何要让最高统治者用斧钺来完成最后一击，就容易理解了。这是从前文字时代的符号叙事大传统理解文字叙事小传统的生动案例。

我们依照韦伯论证西欧资本主义起源的理论模式（新教伦理与资本主义精神），提出"玉教伦理与华夏文明精神"的命题，希望揭示出使得华夏文明有别于其他文明的"文化基因密码"——物质与精神的互动关联及其所铸就的核心价值观。具体而论，笔者还提出，古人的每一种玉器形式，都不是随意生产出来的，而是根据某一种神话信仰观念加工出来的，在当时能够普及流行，一定伴随着神话观念的传教性的信仰知识普及过程。凡是没有类似的玉教信仰的地方，就不会出现玉礼器生产和使用的制度。目前的考古资料将中国玉器起源的地域聚焦在西辽河流域一带，使得兴隆洼文化和红山文化成为考察玉教信仰发生发展的最重要范型。

二　四类玉礼器的神话学释读

笔者的学术团队主攻比较神话学，其边缘学科建构方向称为"文学人类学"（为便于和国内高等教育的现行学科体制挂钩），其方法论命名为"四重证据法"，将出土文物和图像作为第四重证据。近年来主要从事的跨学科研究为神话学与考古学的互动，代表性工作是中国社会科学院重大课题《中华文明探源的神话学研究》，国家出版基金项目"神话学文库"（包括神话学专著和译著），尝试写作的红山文化玉器研究论文包括四个方面，分别针对四类史前玉器，以下依次加以陈述：

（一）玉玦见证"珥蛇"及中医人体神话观

近两年来本团队发表有关玉玦起源的神话学意义研究论文和札记文章6篇，《中国玉器起源的神话学分析》《玉玦起源的神话背景》《珥蛇与珥玉》《红山文化玉蛇耳坠与〈山海经〉珥蛇神话》《蛇-玦-珥：再论玉石神话与中华认同之根》《文化"大传统"之述与见——田家沟玉蛇耳坠出土意义再探》。这些论文的主要观点是，把古文献记载的《山海经》"珥蛇"神话作为一重证据，将出土的玉玦与玉蛇耳坠等视为四重证据，即珥蛇神话的大传统表现原型，突出揭示史前佩玉行为者的法术法器象征功能（通天、通神）。玉是神的显圣物，龙和蛇也是神的显圣物。佩戴玉玦不是全民的行为，而是社会中的少数人行为，其行为初衷是标志神性。

最早的中国史前玉器以玉玦为突出代表，根源在于神话人体观认为人头是通天通神的部位，耳朵作为人头上伸出的器官，又象征着缩微的人体（中医耳针的观念基础），耳垂部位则相当于胎儿状的人体之头部。制作表神圣意义的龙蛇形玉玦，再将玉玦佩戴在社会中公认的通神者的耳垂上，其神话信仰的符号标记作用先于美学的和装饰的作用。

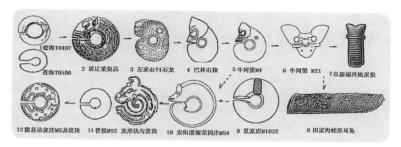

图 105　玉玦与神圣龙蛇的互喻关系演变图

图 106　"珥蛇"为神性符号：台北故宫藏
　　　　龙山文化玉圭图像：神人双耳佩戴
　　　　人面蛇身耳坠

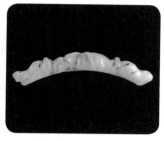

图 107　辽宁喀左东山嘴出土
　　　　红山文化双龙首玉璜

（二）玉璜的神话类比：神龙与虹桥

　　对龙蛇神话的背景分析表明，2012年发表的田家沟红山文化的玉蛇耳坠和先前已出土的红山文化双龙首玉璜一样，是以图像叙事的方式表达着神人沟通和天人沟通的神话想象。这就充分证明在史前期的大传统传承中，天人合一神话信仰早已经存在。同时还有助于说明，古代文献中一再提及的"夏后氏之璜"，作为文明早期文化记忆的重要标志物，并非出于向壁虚构的文学想象，而是玉文化大传统遗留在文献小传统中的王朝国家神权叙事母题。华夏早期玉器的两种形制（玦与璜），如何同龙蛇形象一起，从沟通天人的中介符号，逐渐演变成为统一的中华认同的形象符号，只要排列出玉璜母题叙事与夏启、姜太公、孔子等圣人的一线贯穿之关联，就可大致明白。

（三）玉鸮与鸟女神崇拜

文学人类学团队围绕这个主题发表的论述有5篇，分别为《红山文化鸮神崇拜与龙凤起源》《第四重证据：比较图像学的视觉说服力》《玄鸟神话的图像学探源》《红山文化"勾云形玉器"应改称"鸮形玉牌"说——玄鸟原型的图像学探源续篇》《鹰熊、鸮熊与天熊——鸟兽合体神话意象及其史前起源》。论述中强调红山文化玉鸮形象的批量存在（不只是立体圆雕表现的鸮，还有平面表现的所谓"勾云形玉佩"），向上对应着欧亚大陆旧石器时代末期和新石器时代早期的鸟女神象征谱系中的猫头鹰，向下开启着龙山文化玉圭上神鸟"漩涡眼"和商周玉器、青铜器、骨器上的玄鸟"车轮眼"造型传统，直到西周取代殷商之后大力宣扬"凤鸣岐山"的新王权神话，才使得有三千年造型传统的鸮类终究让出至尊神鸟的地位，又在儒家神话语境中受到不断地妖魔化、污名化，沦为"恶鸟"乃至"不孝鸟"。伴随着考古新发现，红山文化玉雕鸱鸮形象的批量重新问世，使得我们有可能穿透以龙凤为主导意象的现存中国神话生物谱表象，窥测到其大传统的原型脉络和若干真相。这对于重建大传统的中国文化观具有不可替代的重要意义。

（四）玉龙与玉熊崇拜

依据人类学调研的部落社会图腾崇拜通则，图腾动物皆为现实中的动物，如龟、蛇、狼、熊、乌鸦等。华夏文明的第一神话生物龙，显然属于半现实半虚构的神物。按照大传统的原型编码与小传统的变形再编码理论，龙的原型，来自史前神话想象中幻化的熊。熊头加上蛇身，就是标准化的龙形象主体。同样道理，与熊龙想象并行不悖的还有猪龙。"玉猪龙"这一名称已经成为红山文化玉器的代表性器形。根据国际上领先的神话考古学家金芭塔丝的女神文明理论，熊和猪，和上文讨论的鸮、鹰一样，都是欧亚大陆旧石器时代以来形成的母神信仰的主要动物化身。熊主要由于冬眠现象被初民理解为生命死而复生的神圣象征。汉字"熊"的本字是"能"，意味着生命之能量。国内的文学人类学派研究红山文化玉龙形象，先发表的论文有《猪龙与熊龙》《熊与龙：熊图腾神话源流考》，2006年4月到赤峰地区和辽宁建平牛河梁考察后，根据红山文化女神庙发现真熊头骨和泥塑熊的事实，又撰写《朝圣牛河梁，恍悟熊图腾》《大禹熊旗解谜》《二里头铜牌饰与夏代神话研究》，并扩大研究范围，将史前熊图腾神话的考察地域放在整个东北亚，如专书《熊图腾——中华祖先神话探源》和论文《熊图腾与东北亚史前神话》；2012年又参照北美洲印第安文化中的天熊想象，撰写出《天熊溯源：双熊首三孔玉器的神话学解释》，将长沙子弹库出土楚帛书和日本古籍《日本书纪》中的"天熊"叙事作为一、二重证据，将日本阿伊努人，中国鄂伦春族、鄂温克族，美洲印第安族的熊图腾自天而降神话作为三重证据，将1979年辽宁牛河梁遗址第十六地点3号墓西侧出土的红山文化玉雕双熊首三孔器和印第安仪式图像神熊宇宙图为第四重证据，论证神熊在天人合一神话观中的作用。2014年，又沿波讨源式地打通玉雕艺术史上的神熊造型传统，重新聚焦汉代玉器上的天熊形象，撰写《四重证据法的证据间性——以西汉窦氏墓玉组佩神话图像解读为例》。文学人类学提出的具有交叉学科意义的新方法论为四重证据法，上文回顾该方法论十年来的应用情况，专门讨论各重证据之间的互阐作用，以及作为图像叙事的第四重证据内部的不同材料间的互补互证效应，总结为"证据间性"问题，并以2001年西安窦氏墓出土西汉玉组佩为典型案例，以玉组佩顶端的熊纹猴纹透雕玉璧为解读入口，发挥先秦两汉时代大量积累的各种图像材料的系统化求证作用，包括铜牌饰、建筑装饰、玉器、画像石等，重建失落的上古时代天国神话想象景观，辨析围绕升天主题的运载神物（龙、凤）、升天目标"天门"及其玉璧象征、以及驾驭运载神物的神灵主体的动物化身形象"天熊"。通过有效利用证据间性实现上古图像整体解读的案例，说明四重证据法的知识创新作用。

三 展望：红山文化玉器谱系的神话学

从学术现状看，目前的兴隆洼—红山文化玉器研究大致上遵循的是学科本位主义的格局，处在新资料不断涌现和新观点不断积累的碰撞与起步阶段。认知考古学的思路和比较神话的视角相对欠缺，这也在一定程度上预示着未来可能的突破方向。以下从两个面特别提示跨学科视角的研究前景。

其一，西辽河地区是目前所知的玉石神话信仰（玉教）在史前中国的主要发源地。如果说玉教是前中国时期发挥着重要文化认同作用的精神凝聚力量和引导力量，也是拉动史前经济贸易交换活动和宗教奢侈品生产行为的重要驱动力，那么聚焦兴隆洼文化和红山文化玉器的学术努力，就可以逐步迈向文化整合方向，从力求重建当时人类的信仰世界观入手，获得器物文化、观念文化和经济行为相互作用的全局性把握。

诚如当今社会科学系统分析方法的倡导人赫斯特洛姆所言："社会科学里'合格的解释'应该是机制性解释。其核心思想是，把解释的方法定位为寻找和确认一系列相互关联进而导致某种被解释现象的主体和行为，比如行动者和他们的行动。"面对林林总总的红山文化玉器，需要追问的是，史前先民们出于什么样的动机而费时费力地生产这些五千年前的社会奢侈品？在每一种玉器形制背后，先民的神话想象和观念要素又是怎样的？

其二，兴隆洼文化和红山文化的玉器生产具有文化大传统的原型意义。中国北方的玉文化史虽然在夏家店下层文化之后发生了断裂，但是这种局部的断裂是以史前文化大传统整体地异地延续为补偿的。在兴隆洼—红山文化玉器生产繁荣之后，有山东大汶口文化、安徽凌家滩文化和江浙的良渚文化。这种情况类似于佛教产生于印度，却传播到中国和东亚、东南亚其他地区才得以发扬光大。需要从理论上追问的是：玉文化的大传统是如何异地辗转和顽强延续下来的？其异地传播的宗教信仰原因（信不信玉石代表神圣？）和物质原因（有没有当地的玉矿原料供给？）又是如何相互作用的？

笔者深信，兴隆洼-红山文化玉器是过去的20世纪里有关中国文化源头的最重要的新发现之一。每一个进入这一领域的研究者，既能感受到重新学习新知识的惊奇与快乐，也会逐渐觉悟到利用新资料超越传统旧观念的巨大挑战意义。

（原载《中外文化与文论》2015年第28辑，原文注释未保留）

附录四

探源中华文明 重讲中国故事
——中国文学人类学研究会会长叶舒宪先生访谈录

叶舒宪 杨骊 魏宏欢

叶舒宪（1954—　　），北京人，上海交通大学致远讲席教授，博士生导师，中国社会科学院研究员，中国民间文艺家协会副主席，中国比较文学学会副会长，中国文学人类学研究会会长。1994年获"享受政府特殊津贴专家"称号，国家百千万人才工程首批入选者。先后赴美国耶鲁大学，英国牛津大学、剑桥大学，荷兰皇家学院等名校讲学。著作有《中国神话哲学》《〈诗经〉的文化阐释》《老子与神话》《〈庄子〉的文化解析》《文学与人类学》《熊图腾》《河西走廊：西部神话与华夏源流》《金枝玉叶》等四十多部。译著有《结构主义神话学》《活着的女神》等。主编有"中国文化的人类学破译"丛书（湖北人民出版社）、"文学人类学论丛"（社会科学文献出版社）、"神话历史丛书"（南方日报出版社）以及"神话学文库"（陕西师范大学出版社）等。

近年主持国家社科基金项目一项，中国社会科学院重大项目一项，担任国家社科基金重大基础理论招标课题"中国文学人类学理论与方法研究"首席专家。曾在《中国比较文学》《上海文论》《文艺争鸣》《民族艺术》《百色学院学报》等刊物开辟专栏，在人文研究方法革新方面积极探索，所倡导的文学人类学研究已在国内形成声势可观的学术新潮流。

杨骊、魏宏欢，四川大学锦城学院中文系副教授和研究生。

杨骊、魏宏欢：叶老师，您好！非常感谢您接受我们的访谈。您的《图说中华文明发生史》新近出版，中国"夏商周"断代工程首席专家李学勤教授在该书的序言中向读者推荐，指出这是一本力图"突破文字小传统的成见束缚的书，对神秘的大传统之门进行了勇敢的叩问"。中国社科院考古研究所王仁湘研究员也认为您的研究是开创性的。两位在历史和考古学方面的资深专家对这本书推荐绝非溢美之词，可见这本书非同一般的学术价值，我们今天的访谈就从这本书研究的问题"中华文明的发生"开始说起吧。

4月6日，在北京刚刚举办了"早期文明的对话：世界主要文明起源中心的比较"国际学术研讨会，国内外的考古文博界专家济济一堂，共同探讨文明起源的问题。不难看出，文明的起源是目前全世界人文研究的焦点问题之一。在我国，从夏鼐、苏秉琦到严文明、李学勤，都在中国文明探源方面下了很多功夫。在这次研讨会上，北京大学考古文博学院李伯谦教授对考古学界的中国早期文明研究进行了归纳：目前中国文明起源与早期文明的研究成果是经过八十多年来几代考古学人的不懈探索得来的，基本可以勾勒出中国文明演进的发展脉络和模式。1. 中国古代文明演进历程经历了古国——方国——帝国三个阶段；2. 中国古代文明演进的模式是：突出神权模式，突出君权王权模式；3. 中国文明演进的特征是：虽然"多元"但趋"一体"，文化谱系绵延不绝，最终形成核心统一的信仰系统、文化价值和制度规范。这可以说是对中国近一个世纪以来的文明探源成果的高度总结。不过，在一般人看来，文明探源这样的问题，主要是历史学界和考古学界的学者在研究，而您以一位文学人类学学者的身份走进文明探源的研究，那么，您的研究跟考古学界的研究路径有什么不同呢？

叶舒宪：我们是学中文专业出身，但不能被文学这个现代的单一学科所局限。作为交叉学科的文学人类学研究，目前的攻关课题主要关注文明探源问题，但它更是一种全新的文化观、知识观。按照乐黛云老师的话来说，它才刚刚出来还没有定型，它是一项"on going"的研究，但它研究方向已经很明确了："老版"研究路径难以为继，需要有"新版"的研究路径。

杨骊、魏宏欢：您能否解释一下，这个"老版"和"新版"的研究路径，两者之间的差别何在呢？

叶舒宪：简单地说，"老版"的研究路径是单一学科，缺乏整体性，缺乏人类学视野的研究。"新版"的研究是跨学科或者破学科的，用人类学的整体性视野来进行大文化观照的一种研究。

杨骊、魏宏欢：我记得2011年在上海举行的中国比较文学第十届学术年会上，"人类学转向"成了那一届年会的热点话语之一。不过，当时的讨论更多地集中在文学领域的研究，而不是史学领域的研究。

叶舒宪：不能孤立地去看文学和史学。文学和史学是现代西方学科分制下的产物，中国的传统学问是文史不分家的。

杨骊、魏宏欢：说到学科分制，我想起了20世纪美国社会科学家华勒斯坦编著了《否思社会科学》和《开放社会科学》两本书，分别对19世纪的社会科学范式和1850年到1945年以来的现代学科制度进行了否思（unthinking）。他指出，现代社会科学范式和学科制度造成现代知识体系的诸多偏狭。当代文化研究已经突破了社会科学与人文科学的界限，而新的自然科学方法的出现突破了社会科学与自然科学的界限，这就意味着，自然科学与社会科学的区分界线也不是绝对的，需要建构"整体性科学"。我能否理解为：在现代学科分制下以单一学科视角进行人文研究类似于盲人摸象？

叶舒宪：2012年在重庆的文学人类学年会上，我们提出"重估大传统"，当时很多人还不明白其中的意义，几年后你会发现这其实是知识结构的升级，并且这种升级不是一个人或一个学科知识的升级，而是文史哲整个体系都向这个方向升级换代。这就是我们说的人文学科的"人类学转向"。

从这个角度上来说，它的意义就跟爱因斯坦的相对论出现是一样的——尽管牛顿的物理学很伟大，但相对论一出来，"老版"就必须要升级了，否则，它就跟不上今天知识的发展程度。举例来说，以前的研究者再卓越，像王国维、郭沫若，但如果他们没有看见过2012年石峁遗址发掘出来的巨大城池和玉器文物，那么他们对华夏源流的理解肯定会受到眼界的限制。

　　杨骊、魏宏欢：对，王国维从罗振玉的"大云书库"接触到大量的甲骨和钟鼎彝器，由此受到启发提出了二重证据法，这在当时已经是了不起的学术开拓了。不过，王国维走的还是传统金石学的路径，如果他能够看到现代考古学发掘出来的那么多东西，有了考古学的知识视野，肯定会有更多的创新想法。您在《图说中华文明发生史》中指出，要用四重证据法重新认识中华文明。对于您的研究，甚至对于文学人类学研究，多重证据法都是一个非常重要的方法论。您能详细讲一下吗？

　　叶舒宪：20世纪20年代，王国维在《古史新证》里提出了二重证据法，用地上的传世文献和地下文献（甲骨文、金文、竹简帛书等）互证的方式来研究古史，开拓了古史研究的新篇章。其后，郭沫若、郑振铎、闻一多、顾颉刚、徐中舒、孙作云等学人借鉴民俗学、神话学、人类学的理论和方法研究古史与文学问题，成为"三重证据法"的早期实验。20世纪90年代，我明确论证"三重证据法"的研究范式，第三重证据包括民间口传类和民族学考察的活态文化材料。新世纪初，我将考古实物、传世文物及图像命名为"第四重证据"，倡导采用多重证据来立体释古。由三重证据法到四重证据法的发展演变，多重证据法成为中国文学人类学界建构本土方法论的学术路径之一。多重证据法在逐步发展的过程中，从古史考证的方法论发展为文学—文化文本研究、神话历史研究的方法范式。

杨骊、魏宏欢：您这样一说，就能大致看出来多重证据法的优势了。对于传统的文史研究来说，以往只关注文字，不注重第三重证据和第四重证据的研究，是这样的么？

叶舒宪：四重证据法的提出和实践说明我们是以方法论创新而先行的。通过四重证据，我们看到了先于文字的文化传统，这才有了对"大小传统"概念的反弹琵琶式的重构。

杨骊、魏宏欢："大小传统"概念原本出自美国人类学家罗伯特·雷德菲尔德1956年发表的《乡民社会与文化：一位人类学家对文明之研究》。他在研究墨西哥乡民社会时，把社会空间内部的文明划分为两个不同层次的文化传统。所谓"大传统"指代表着国家与权力的，由城镇的知识阶级所掌控的书写文化传统；"小传统"则指代表乡村的，由乡民通过口传等方式传承的文化传统。后来这个概念被学界通用。

如果我没有记错的话，您最早是在2010年6月在凯里学院召开的第九届人类学高级论坛暨"人类学与原生态文化"研讨会中，在一场关于原生态问题的论战中提出这个概念的。您后来在《中国文化的大传统与小传统》等文章中提出，有必要从反方向上改造雷德菲尔德的概念。您把汉字编码的书面传统视为小传统，把时间和空间上所有无文字的文化传统视为大传统。文字书写系统的有无即是大小传统的分界线。小传统倚重文字符号，就必然对无文字的大传统造成遮蔽。您对前人最具颠覆性的命题就是"大小传统"理论，那么，您今天在四川大学的讲座中提到的那些伟大的人类学家和文学理论家，像弗莱、弗雷泽，他们都还停留在文字小传统上的吧？

叶舒宪：如果知识仅限于文字书写的方面，就是小传统的。我现在看文字，它既是传播媒介工具，也是一种"知识的牢房"。我们将文字历史称作小传统，将先于文字的历史传承称作大传统。中国的成文历史如果以甲骨文叙事为开端，只有三千多年。但是，不成文的历史以玉礼器生产和使用的兴隆洼文化为开端，延续至今却有八千多年，八千年的中国玉文化史无疑是大传统。今天很多人还把大传统当成是文字的、精英的，认为下里巴人的口传的是小传统的，其实不然。

举例说，读书人从学前班就开始学习认字，学习现在认为的一切知识、真理等。通常以为离了文字就没有知识了。人类学研究最重要的特色之一，它是研究无文字的社会，这就引领出人类学转向以后的一种新知识观。人类学研究不同于其他研究的优势就是关注无文字文化。不管是对史前文化，还是对当代的原住民文化，人类学家都有一套研究无文字文化的方法。你把那些有文字和没有文字资源进行整合，你的视野就会是一个完整的文化观，否则你怎么研究文明发生史啊？只靠文字，根本进入不到史前世界，但那恰恰是文明发生的源头。

杨骊、魏宏欢：我个人认为，对于考古学研究来说，从业者对第三重证据相关的民族学材料关注不够。虽然苏秉琦在《文化与文明》中提出要结合历史传说和考古来研究中华文明起源，严文明也提出了"以考古学为基础，全方位研究古代文明"，不过，目前的考古学研究在很大程度上还在遵循史语所时代傅斯年提倡的"证而不疏"的原则。另外，我发现很多做美术史研究的学者倒是对第四重证据关注得比较多。

叶舒宪：这两者的研究不是一回事。美术史研究也关注第四重证据，但他们的专业迫使他们更关注图像的形象、画法、造型等，很多美术史研究不管思想的问题，也不解决思想的问题。考古学对神话思维也不重视，除了陆思贤出过一本《神话考古》，考古学界的多数人受实证主义考古学影响，认为神话是子虚乌有的事情。我们则是把文化看成是一个精神物质互动的整体,在这个整体中的每个元素都会受神话思维的支配。因为没有神话的思维,就无法解释熊为什么变成熊神。

杨骊、魏宏欢:恩,您在今天的讲座当中已经从神话思维上讲明白了人们崇拜神熊的原因。说到神话思维,我想起了您在上个世纪写过一本书叫《中国神话哲学》,从神话现象中归纳出形上哲学。但在21世纪,您更多地讲"神话中国"这个词语,"神话中国"算是"神话哲学"的升级版么?我观察您最近的研究,似乎想在整个文明发展演变当中抽绎出一种统一的思维方式,即文明的起源过程中神话思维能够统摄一切,我这样的理解是否正确?

叶舒宪:最近提示的一个学术探索性的命题,叫"神话观念决定论"。就此写出一篇文章叫《神话观念决定论刍议》,就是讲的这个问题。神话观念是人类独有的文化现象,没有一种生物像人类这样活在自己创造的神话观念世界里。史前文化现象背后弥漫着这样那样的神话观念。这有待于今天的学者去一一辨析。这意味着当你没找到信仰的内容时,你解读不了它。

杨骊、魏宏欢:那是否可以这样认为,神话思维是人类文明最初的思维方式,同时也是信仰生成机制?

叶舒宪:首先是要信神,如果神都没有哪来的神话,所以神话的前提是信仰。进行纯文学研究的学者就不会往那个方向思考了,一般只做文本、人物、形象、语言等方面的研究,但不进入思维方式的深层分析,就触摸不到神话观及其对文化的支配作用。

杨骊、魏宏欢:对了,您还有一个学术身份是中国神话学会的会长,王倩在《探寻中国文化编码:叶舒宪的神话研究述论》对您的神话研究有一个述评:您是在原型、集体无意识的理论基础之上，结合国际上神话历史研究的成果，向前推进到了"神话中国"研究。您认可这样的述评么？

叶舒宪："神话思维"的观点，苏珊·朗格和卡西尔也曾提出，但他们是在纯理论上进行建构，本人对"神话思维"的探讨，是把世界仅存的一个古老而未曾中断的文明——即使用象形汉字的华夏文明，作为出发点、归宿和解析诠释的案例。假如说我还一些理论建构的兴趣，那除了借鉴西方理论以外，主要来自研究实践中看到的现象和问题，与纯理论研究不同的是它具有一定的应用性。像近年提出的大小传统论和文化的N级编码论，目的是解读文化的构成、特殊性、核心价值，以及回答它同国外研究的区别，需要解释文化特殊性和特殊的原因所在。希望能够进入本土文化的深度理解和解释，简单说来就是，人类学家吉尔茨研究的是巴厘岛一个部落的斗鸡，咱们研究的是一个古老文明的"密码"。

杨骊、魏宏欢：那能不能理解为国外原型理论的中国化呢？

叶舒宪：不只是原型理论，还包括是人类学解读文化和写文化的理论。

杨骊、魏宏欢：叶老师，您的研究博古通今打通中西，您所采用的理论资源也非常浩繁，一个晚辈后生看您的论著，首先就会被您书中那些汪洋大海一般的理论所淹没。您能概括一下您采用了哪些理论的西学源头吗？

叶舒宪：所借鉴的直接来源是原型理论，原型概念来自柏拉图、荣格和弗莱的研究。另外，人类学的口传文化观念来源于反思人类学派对"写文化"方式的探讨。你把这些整合在四重证据、N级编码研究中，就可以建立起自己的理论框架，它们就变成了给你提供工具的一个部分，你可以重新建构一个不被学科本位知识观所束缚的研究体系。一个学者没有理论，没有方法，很难在学术上有大的创获和建树，立不起来。看那些成功的大师们，每个人都是自成一派，都有自己的方法。国内的一般学人是把人家的理论拿来套用，用好都不容易。然而，你用到最后就要融会贯通，希望发展自己的理论。文学人类学的理论尝试要发展一种面向未来青年人探索的敞开的文化文本理论，要让它易学易记，而且具有可操作性。不想搞成玄虚或空疏、不实用的东西。

杨骊、魏宏欢：不过，我也有跟王倩论文中相同的疑问，"中国"这个概念在神话时代是不存在的，"神话中国"这个提法是否欠妥呢？

叶舒宪：这就对了！神话要比中国早得多。玉教信仰都有八千年了，八千年前有中国吗？没有。这就等于找到了一个催生国家和文明的根源性要素，找到了中国文化多元一体的承载物。玉就是华夏文明孕育和起源时期被神圣化的原型物质，现在看来没有玉教就没有中国，所以我叫"玉文化先统一中国"。为什么汉武帝要通西域？你看《史记》的叙事：为什么要等到西汉使者在新疆于阗地区采来和田玉，汉武帝才亲自查验古书给昆仑山命名？从玉教信仰的角度去看，一切都明白了。所以，文史哲要打通，神话不能只属于文学专业，这也是为什么我们要探讨"神话中国"，而不是局限于"中国神话"。"中国神话"就是西学东渐以来纯文学研究的旧提法。

杨骊、魏宏欢：叶老师，您近期的研究在玉石信仰方面特别用力，您本人也是学术圈子里人尽皆知的"玉痴"，能介绍一下您是怎样开始这一段学术历程的吗？

叶舒宪：简单地说，就是因为看到比文字记载更早的神话对象在史前玉器那里。如今我们知道，辽宁建平牛河梁的红山文化女神像被发掘，那女神的眼珠是用玉石镶嵌的。经研究它有五千年以上的历史，那么作为研究神话的学者应当如何面对它？问题就从这开始了，那时根本没有文字，但它是不是神、神话、信仰，一看那个女神像的造型就都明白了。那么，新的思考就被新的研究对象所打开：古人为什么用这个物质来象征神明？玉石之物是载体，其本身是神圣化的。它是如何被神圣化的？为什么非洲人不把玉石视作神，华夏先民把玉石视为神的原因是什么？如果要解释，怎么解释？我们的研究都是跟着研究对象自然而然得出结果的，你要解释它，必须得有话说。"玉帛为二精"，是华夏的文献小传统中所遗留的大传统的信仰之信息，光这一句话的解释就可以写十本书。"精"又是什么，古人的用字意义需要还原到先秦的信仰语境中才能得到合理的解释吧。一个"精"字已经可以凸显出华夏宗教史溯源研究的特色概念。为什么庄子把"精"和"神"两个近义词组合成"精神"这个新词？

杨骊、魏宏欢：在文明探源中加强对玉文化的研究，上个世纪考古学界的任式楠、牟永抗等人都提出过。关于玉石的信仰问题，杨伯达先生写过《巫玉之光》，还出了续集。不过，您自从2010年的《玉教与儒道思想的神话根源》一文中开始提出"玉教"一词以来，这个说法引起了学界越来越多的关注和争议。

叶舒宪：考古界人都知道玉文化研究，但是他们的职业研究对象可以不涉及理论问题。我认为这个问题是研究华夏文明起源最重要的一个入口和路径，但是，你不把它当作信仰而只是当作文物、工艺技术或者美术对象，就没有文化整体上的解释力。换句话说，如果不用神话观念决定论来剖析玉石对中国人精神世界的影响，就很难窥见文明发生史的精神源头。

文学专业习惯的研究对象是作家作品，我是把华夏人留到今天的文明当作一件伟大的作品,我要解释它的来龙去脉。玉教是不是宗教? 根据红山文化到大汶口文化、良渚文化和凌家滩文化,所有那些史前文化跨地域传播的现象,我们重构玉教的意义在于为此类文化传播现象寻找它的信仰之根。玉为什么成了中国人的国宝? 可以参看《国语》中的故事。有一天,楚王问为什么国家的祭祀礼仪要牺牲人间珍贵的东西来奉献神灵呢? 有一位叫观射父的人(相当于楚国的"翰林院院长")对楚王说:"一纯二精"。"一纯",就是祭神者内心要纯洁而专一。"二精"是什么? 玉帛为二精! 这一句是对玉教信仰的画龙点睛一般的解答。华夏神话,从女娲炼五色石(即玉石)补苍天,到《红楼梦》为什么要写玉,为什么题名为《石头记》,这些都在玉石信仰这个文化大传统的观念统摄之下。巫是原始宗教,神玉也是原始宗教。但是,玉石文化是比现在知道的儒道佛等宗教更早的原初的国教,或者说它是信仰的原型,这样就找出失落已久的一个根。

杨骊、魏宏欢:如果说玉石信仰是宗教,那么玉石是信仰的承载物,它背后信仰的内容有没有一个教义?

叶舒宪:每一种玉器背后都有专门的教义。史前用得最多的是钺、璧、琮、璋、璜,每一个器形背后都有它的教义,玉器所代表的就是其教义和支撑的神话,古人知道它的含义和用途。曾经有过玉柄型器、勾云佩等,虽然其名目后来都失传了,但并不代表其背后的信念不存在。这需要靠我们今天的研究去尽量还原。已经写出发表的有玉玦、玉璜、玉璧和玉柄型器的研究,还有汉代玉组佩的图像叙事研究。当有人向你提问,什么是玉教? 你去看每一篇的专题研究都在探讨其具体的教义。史前人不是疯子也不是狂人,因此先民做事一定有idea(理念)支配,关键是没有人去找它背后的idea(理念),如果找到了一定是神话思维的。张光直写过一篇研究玉琮长文，他的理论核心是贯通天地的法器说。不过，玉琮出现比较晚，是从良渚文化开始，大概有五千年历史。玉玦是最早的，有八千年历史；玉璧、玉璜都是七千多年的历史，我就按照这个顺序，研究每一种教义的产生。特别是玉璜，它太形象了，它就是一个玉制的天桥，是先民的升天神话观的产物。

杨骊、魏宏欢：在学术界，很早就有人提出了"玉器时代""玉器之路"。哈佛大学人类学系主任张光直先生在《中国青铜时代》中就曾反对西方考古学的三时期说（即石器时代、铜器时代、铁器时代），认为中国文化发展历程还有一个独特的玉器时代。杨伯达则在1989年提出"玉石之路"的猜想，根据丝绸之路和出土玉器勾勒出新疆和阗到安阳的玉石之路。不过，却是在您的大力推动下，2013年6月，在陕西省榆林市召开了第一届中国玉石之路与玉兵文化研讨会，在研讨玉石之路的同时对炙手可热的"丝绸之路"提出本土立场的思辨。那次会议还实现了考古学与文学人类学的第一次跨学科对话。那么，关于玉石之路的后续研究开展得怎样了呢？

叶舒宪：目前，玉石之路申遗调研受到各地政府和媒体的关注，因为和"一带一路"国家战略相关，日渐形成热点问题。央视百集电视片《中国通史》等节目采纳了本调研成果。甘肃人民出版社将推出7卷本玉帛之路丛书。我们正在建议中国文联协调整合各协会力量，全方位介入，以科学研究的知识创新为素材，发挥影视、摄影、戏剧、美术、民间文学等多方优势，培育讲好"中国故事"的精品力作。等条件成熟的时候，还要举办中国玉石之路展览，推动中国文化的特有观念走向世界。

2015年计划的调研重点为玉石之路草原道,主要是新疆、甘肃至宁夏、内蒙古的草原之路。依托国家社科基金重大招标项目"中国文学人类学理论与方法研究",联合内蒙古社科院等组建考察团,计划行程3 500公里,约10个县,撰写调研报告和报告文学,讲出知识创新版的"中国故事"。

杨骊、魏宏欢: 2010年4月,America: The Story of US(译为《美国:我们的故事》)在美国的历史频道首映后引起轰动,也引起了中国学者的反思,应该如何讲我们中国的故事。其实,据我个人的观察,中国学界从古史辨运动以来直到现在都有一种内在的焦虑,就是要寻求中国文明的合法性。中国人从信古到疑古,经历了古史辨运动的疑古之后,中国学界又走向释古时代。近二十年来,国家启动了声势浩大的"九五计划"夏商周断代工程和"十五计划"文明探源工程。然而,夏朝至今在国际学界上都不被承认。目前,随着中国国力日益强盛,我能感觉到学者们有一种喷薄欲出的学术激情和重讲中国故事的文化自觉,您怎么看这个问题?

叶舒宪: 法庭宣判的时候,不看原告不看被告,就看物证。中国人有民族情感,中国人认为中国的历史不仅有夏商周还有伏羲、盘古,但是这些在学术法庭上是没有证据效力的,只能是一面之词。如果国际承认中国的历史从商朝文明开始,那么中国的历史就只有三千多年。我们现在做的研究是什么?它是否叫夏朝不重要。我们要通过研究去发现比夏朝更早的是什么,有没有国家?有没有城墙?有没有玉?……当这一切呈现出来的时候,我们就有了实证。至于是否称作"夏",那只是命名的问题,可以明确的是比商朝早一千年,这就是文明起源。当这样的探索深入下去,升级版的知识就会出来了。假如,某一天跟夏有关的文字符号被发现,证明夏可能是夏,也可能不是夏，那不重要。重要的是我们终于大致看出比夏代更早的文明发生的渊源和脉络。

比如我今天讲座里说到那26个汉字的原型研究，是要把每一个字的原型都落实到实物上。也就是说，字是一个能指，真正的原型都在没有文字的时代的实物之中。找到每一个字背后的实物，就找到了造字的原型，物就是这个字的所指，它是几千年的历史就是几千年的历史。比如说，稷就是小米，你没有见过小米的样子，你就不知道它的原型是什么。以前，我们认为中国的原型在汉字里，它已经是经典，就得找到典故的出处。与大传统相比，文字，毕竟是一套新兴的符号。以前的知识人，并没有意识到比文字更古老的文化符号是哪些。这个知识是孔子、司马迁、章学诚和王国维那时代都做不到的，因为那时候没有考古发掘的新知识，更不成系统。今天，我们之所以可以重讲和必须重讲，是因为今天如此丰富的考古发现。

杨骊、魏宏欢：您最初提倡神话哲学、原型批评，后来提出了三重证据法、四重证据法，现在又是大小传统、N级编码、玉教信仰、文字原型。有的学者就对您产生了一种误解，认为您在不断地否定自己。

叶舒宪：与时俱进必须勇于超越。这是否定自己还是递进的阶梯呢？一种理论的形成有其自身的发展演变过程。你刚才说到的这些命题并不一定相互冲突，而是在一条逻辑链条上。因为要找文学原型，提出三重和四重证据法，通过它们确认原型不在文字里，而在实物。这一切都来自研究的实践。没有研究的需要就没有多重证据的想法，也就没有大小传统的再划分。因此，一切超越都是在一条逻辑链上，看似变化多端，实际是环环相扣的。

杨骊、魏宏欢：叶老师，说句心里话，我们看您这本《图说中华文明发生史》特别震撼。因为书中从全国到世界各地的博物馆图片都有，而这些大多数都是您亲自拍摄的，可以从中可以看出您治学的功夫和付出的巨大努力，真是让我们这些晚辈汗颜啊！

叶舒宪：这本书确实费了老大的劲儿，而且对美编的要求极高。一幅图处理不好又得去重弄，交稿时是2011年，结果折腾了这么多年才出版。光是黄河那张俯视图，我就得专门坐飞机去拍。封底一上一下的汉画像拓片图，美编以为都是配图，放哪都一样，但我要把中央的熊神一上一下严格对应起来，这样东、西、南、北的方位让人一看就明白了。我说我用的不是一般意义上插图，我的图像就是我的证据。美编也没接触过这样的研究，就得不断沟通，反复沟通。直到今天这样子。

杨骊、魏宏欢：对。彩图本确实很生动，而且语言深入浅出，一般的受众应该都能够读懂的，对于大众不啻是一顿丰盛的文化大餐。

叶舒宪：我觉得普及版还不够生动，还应该把那些引经据典的，文言文的，生僻的再去掉五万字，厚还是那么厚，但要把那些文字再压缩，变成更通俗的。字还要少，图还要更精美。现在是读图时代，图像叙事比文字叙事的表现力强大许多。不用说那么多废话，相信读者都是有感悟力的。

杨骊、魏宏欢：不过，我倒是更期待您的另一种重讲中国故事的方式。我在您那篇《我的石头记》里，看见您用玉石神话大传统梳理出中国八千年编年史体系表，从八千年前的珥蛇珥玉、七千年前的虹龙神话一直讲到距今二千多年的秦始皇和氏璧和传国玉玺，用玉石神话的方式对中国历史进行重写，感觉特别激动人心。

叶舒宪：原著是七十万字的学术版，下个月就要出版，题为《中华文明探源的神话学研究》。现在出版这本《图说中华文明发生史》是普及性彩图版。如果研究性的读者看了此书不满足，可再去看后面那本七十万字的书。

杨骊、魏宏欢：听您这么一说，真是盼望先睹为快了！祝愿《中华文明的探源神话学研究》早日出版！谢谢您接受我们的访谈。

（原载《四川戏剧》2015年第6期）

中国文化信仰之根的玉石叙事（访谈录）

华夏大地为何会形成中华文化认同？中华文明历经数千载绵延至今，其文化生命力又何以持久不衰？文学人类学一派学者以"玉石文化"为切入点，追根溯源，探讨中国文化信仰之根。

一 从玉石神话看中国文明发生

从玉石神话看中国文明发生

姚源清（《当代贵州》记者，以下简称"姚"）：中国文化源远流长，谈论中国文化信仰，必定离不开神话叙事，如何看待两者之间的关系？

叶舒宪（以下简称"叶"）：从世界文明史的大背景看，所有的史前文化都无疑受到一种相似的思维方式和共通的观念形态支配，用哲学家维柯和卡西尔的命名，这种史前的思维方式称作"诗性智慧"或"神话思维"。这个时期所能产生的思想观念，大都包裹在神话的象征叙事之中，而不是概念式的、推理的理论表述。中国文明发生期也不例外。

现代疑古派学者将中国上古史的前段视为"伪史"，用胡适的话说是"东周以上无史"。事实上，将神话传说视为"伪史"，这是对文化传统认识上的自我遮蔽。受到西学洗礼的现代学者要求用客观实证标准来确认文献记载的历史的可信性，将中国人的一部信史缩短到仅有二千多年，其根本误解在于将神话和历史看成完全对立的东西。而事实上，所有古文明国家的历史都是从神话叙事开始的，不论是《圣经旧约》讲述的希伯来历史，还是希罗多德《历史》讲述的古希腊历史。就我国的史书而言，不仅《尚书》离不开神话，就是《春秋》和

《史记》也都被神话思维和神话观念所支配,距离现代人所设想的"客观"历史或"历史科学",十分遥远。

因此,探讨中华文明中思想和精神的发生历程,首先需要还原到史前期的东亚人群主体之意识状态,尽量复原神话思维在这一地域的自然条件下催生出的特有的信仰和观念,解读后代文献中依稀存留的相关神话式记忆。

姚: 如何透过纷繁的神话叙事探寻中国文明的脉络,其有无典型的标志?

叶: 针对中国文化源远流长和多层叠加、融合变化的复杂情况,可以把由汉字编码的文化传统叫做小传统,将前文字时代的文化传统视为大传统。这样的划分,有助于知识人跳出小传统熏陶所造成的认识局限。

一般来说,判断文明的起源,国际学界通用的有三要素:文字、城市、青铜器。但在这三要素之外,华夏还有另外一个非常突出的文化要素:玉的信仰和玉器生产。如果说神话是中国大传统的基因,那么玉石则是中国大传统的原型符号,而对于华夏文明而言,文明发生背后的一个重要动力即玉石神话信仰。以女娲炼石补天为例,这是小传统讲述的流行神话,可谓家喻户晓。可是后人所熟知的神话情节却遮蔽了炼石补天观念的古老信仰渊源:史前先民将苍天之体想象为玉石打造,所以天的裂口要用"五色石"去弥补,之所以用"五色石",是因为它隐喻了万般吉祥的玉石。由此可见,这种文化特色鲜明的玉石神话观由来久远,并不是汉字书写的历史所能穷尽。

事实上,作为华夏大传统固有的深层理念,玉石神话对于构成华夏共同体起到的统合作用不容低估。在广大的地理范围内整合不同生态环境、不同语言和族群的广大人群,构成多元一体的国家认同,这是华夏文明发生和延续的关键要素。

二 "天人合一"的中介圣物

姚：当前，学界一些学者先后提出了"玉器时代"的概念。那么，由玉石神话信仰所衍生的玉文化大概出现在什么时候？其背后蕴藏的核心价值是什么？

叶：玉文化率先出现于中国北方地区，并且随后在辽河流域、黄淮流域和长江流域的广大的范围里长期交流互动，逐渐形成中原地区以外的几大玉文化圈，最后汇聚成华夏玉礼器传统，同后起的青铜器一起，衍生出文明史上以金声玉振为奇观的伟大体系。

例如北方西辽河流域的红山文化、南方环太湖地区的良渚文化、西北甘青地区的齐家文化，长江中游江汉平原的石家河文化，以及晋南的陶寺文化等，都发现有一定规模的玉礼器体系，以圆形玉璧和内圆外方的玉琮为主，其年代皆在四五千年以前。那时，像甲骨文这样的早期汉字体系还没有出现。若要上溯玉器制作这种"物的叙事"在华夏文明中的最早开端，则要算内蒙古东部一带出土的兴隆洼文化玉器，其年代距今有八千年。与最早使用的汉字体系——甲骨文所承载三千多年历史相比，大传统的年代悠久程度足足是小传统的一倍以上。

无论是五千年前的史前玉礼器，还是三千多年前的商代甲骨，都是一个完整的通神礼器符号传承脉络，而所有这些都用于宗教目的：人和天神或祖灵沟通。为什么人在沟通天神时要用玉？许慎《说文》的"巫以玉事神"说已点明答案。也就是说，美玉是本土文化中神人关系的现实纽带和"天人合一"的中介圣物。知道了这一点，就不难理解在上古中原人的神话想象中为什么要创造出一个位于遥远的西极、独自掌握永生不死秘密的女神形象——瑶池西王母，以及黄帝播种玉荣、夏启佩玉璜升天等典故了。透过玉石神话扑朔迷离的外表可以引出其基本理念：玉代表神灵，代表神秘变化，也代表不死的生命。这三者，足以构成玉文化的核心价值。

姚：*若依此看，史前玉文化似乎可以解读为中国的文化信仰之根。*

叶：是的。一般认为，中国文化史上的儒道释三教足以概括本土宗教的突出特色和多元互动倾向。然而从长时段上作文明发生学的审视，这三教产生的时间都比较晚，并不具有文化本源性质。近年来的考古新发现表明，华夏先民凭借精细琢磨的玉器、玉礼器来实现通神、通天的神话梦想，并建构出了一套完整的玉的宗教和礼仪传统（玉教），并且，玉石崇拜所具有巨大的传播力，从八千年前开始，大约用了四千年时间便已基本上覆盖了中国。

没有固定的教堂、教义、教规，也没有书写成文本的圣经，更没有统一的宗教组织，凭什么说它是一种宗教呢？原因有三：其一，"玉教"说可以彰显本土文化最突出的独有的特征；其二，玉教是迄今可知中国境内最早发生的信仰现象；其三，玉教满足东亚原始宗教建构的基本理论条件。

《尚书》所载禹获得帝赐的玉圭（玄圭）一事，穆天子在西行昆仑圣山之前，北上河套地区向黄河之神献上玉璧的仪式行为，都是玉教信仰所支配的神话叙事。后来的卞和献玉璞给楚王故事，完璧归赵故事等，也是如此。离开信仰的背景，就难以看清。因此，关注史前玉文化分布与演进线索，便可大致还原出中国史前信仰的共同核心和主线，揭示作为中国最古老宗教和神话的玉教底蕴，其对华夏礼乐文化的奠基作用。

三 重溯中华文化认同的起源

姚：有关中国文化主干的思考，现代以来的儒家主干说和道家主干说相持不下，而作为中国文化信仰之本源，玉教对后世儒道思想及中国文化是否产生了影响？

叶：在我看来，儒道两家的思想分歧处，只是属于小传统中的枝杈；而两家一致认同的观念要素，如玉和圣人信仰，则来自大传统，这才与文化主干相联系。老子《道德经》第七十章圣人"被褐怀玉"的标志，是异常深远的玉教信仰传统在老子时代的语言遗留，也是二千五百年前的知识人对八千年前开启的玉文化及其神话意识形态的一种诗意回顾和高度概括。再看孔子的反问之辞"礼云礼云，玉帛云乎哉"，也可从中领会到大传统的遗音。

需要注意的是，玉石神话铸就的意识形态除了包括大传统中以玉为神、以玉为天体象征、以玉为生命永生的象征等观念要素外，还因进入小传统而逐渐从宗教信仰方面延伸至道德人品方面，比如儒家由玉石引申出的人格理想（玉德说）和教育学习范式（切磋琢磨），以佩玉为尚的社会规则（君子必佩玉），以及围绕玉石的终极价值而形成的语言习俗，以玉（或者玉器）为名为号（从玉女、颛顼，到琼瑶、唐圭璋），以玉为偏旁的大量汉字生产，以玉石神话为核心价值的各种成语俗语等。以上方方面面通过文化传播和互动的作用，不仅建构成中原王权国家的生活现实，而且也成为中原以外诸多方国和族群的认同标的，从而形成整个中华文化认同的基本要素。

姚：史前玉文化是否仍然有所延续，对当下文化审视有何启示？

叶： 自兴隆洼文化的先民创造出体现崇拜及审美精神的早期玉器，到曹雪芹写出玉石神话大寓言式的长篇小说《石头记》为止，八千年来一直没有中断和失落的玉石神话历史传统，在西学东渐后的现代语境中有终告失落的表现。

中华文明的核心价值理念之所以被现代学院派人士失落掉，和其受到西学的学科范式宰制而迷失了本土文化自觉的思考方向不无相关。研究者不熟悉玉文化的"编码语言"，也不从汉字编码的价值体系本身去寻找，而是刻舟求剑一般依照外来的范畴体系去对号入座，最终遗失了洞见本土文化核心的可能性。因此，检讨使得华夏核心价值在现代失落的原因，需要从跨文化认识的理论方法方面有所反思，并达到充分自觉。只有对文化特性真正洞悉，才能引导对本土智慧之根的价值重估。

（原载《当代贵州》2015年第10期）